面向新工科普通高等教育系列教材

电路与信号分析

贾永兴　主　编

朱　莹　副主编

林　莹　陈　姝　陈　亮　参编

机 械 工 业 出 版 社

本书系统介绍了电路、信号和系统的基本概念、基本原理和基本分析方法。全书共 6 章，包括直流电阻电路分析、电路定理及安全用电常识、信号分析基础、动态电路系统的时域分析、信号与系统的频域分析以及 Multisim 仿真应用。各章均配有详细的例题讲解，以方便读者更好地掌握相关知识。

本书结构清晰、系统性强，注重基本原理和工程应用的结合，可作为高等学校电子信息、计算机等专业本科或专科学生的教材，也可供相关专业的自学者使用。

图书在版编目（CIP）数据

电路与信号分析／贾永兴主编．一北京：机械工业出版社，2020.12
（2024.8 重印）
面向新工科普通高等教育系列教材
ISBN 978-7-111-67092-6

Ⅰ．①电… Ⅱ．①贾… Ⅲ．①电路分析—高等学校—教材 ②信号分析—高等学校—教材 Ⅳ．①TM133 ②TN911

中国版本图书馆 CIP 数据核字（2020）第 249230 号

机械工业出版社（北京市百万庄大街 22 号 邮政编码 100037）
策划编辑：李馨馨 责任编辑：李馨馨 白文亭
责任校对：张艳霞 责任印制：邓 博

北京盛通数码印刷有限公司印刷

2024 年 8 月第 1 版·第 5 次印刷
184mm×260mm·14.75 印张·362 千字
标准书号：ISBN 978-7-111-67092-6
定价：59.00 元

电话服务　　　　　　　　　　网络服务
客服电话：010-88361066　　　机 工 官 网：www.cmpbook.com
　　　　　010-88379833　　　机 工 官 博：weibo.com/cmp1952
　　　　　010-68326294　　　金 书 网：www.golden-book.com
封底无防伪标均为盗版　　机工教育服务网：www.cmpedu.com

前　言

"电路与信号分析"是国内各高校非电类专业本科的电类通识教育课程，是学生学习电子信息技术的起点课程之一。为适应新的课程体系和教学内容改革的需要，让学生更好地理解和掌握相关知识，本书作者团队总结了多年从事电路与信号教学工作的经验，针对课程的基本要求和特点，编写了本书。

本书着眼于优化内容结构、注重物理意义、强调工程应用，按照从电阻电路到动态电路、从时域分析到变换域分析的思路，较全面地介绍了电路与信号系统分析的一般原理和基本分析方法。内容包括：第 1 章直流电阻电路分析，主要介绍电路分析的基本元器件、基本定律和一般分析方法；第 2 章电路定理及安全用电常识，主要介绍电路分析的常用定理以及用电常识；第 3 章信号分析基础，主要介绍信号的基本概念、描述和运算方法；第 4 章动态电路系统的时域分析，主要介绍动态电路系统的概念和时域求解响应的方法；第 5 章信号与系统的频域分析，主要从频域角度分析信号特性和系统特性，并讨论系统响应求解的一般方法；第 6 章 Multisim 仿真应用，主要利用 Multisim 软件对电路与信号分析课程中的一些常见电路系统和工程实例进行了仿真分析。

本书在编排上具有如下几个特点。

1）将电路分析和信号分析相关知识有机融合，注重从信号分析的角度来讨论电路中的电压和电流等变量，突出知识点之间的联系，保证了教材知识体系的完整性和连贯性。

2）强调从系统角度分析和解决电路问题，帮助读者建立系统分析的思维方式，拓展分析思路，建立多角度观察和解决问题的理念。

3）注重从基础入手，以基本原理和基本方法为主导，强调理论分析方法的物理意义；介绍知识的工程背景，揭示问题的本质和知识发现过程，并通过实例分析，使原理的讲解通俗易懂。

4）通过仿真实验，加强对理论的理解与掌握，全方位、多角度开发学生的创新意识和工程应用能力。

本书的配套教学资源（PPT、习题参考答案、测试试卷及答案）可在机械工业出版社教育服务网上（www.cmpedu.com）免费注册、审核通过后下载，或联系编辑索取（QQ：1009180632，电话：010-88379753）。

全书共 6 章，第 1 章由林莹编写，第 2 章由林莹和陈姝编写，第 3、4 章由贾永兴编写，第 5 章由陈亮和朱莹编写，第 6 章由陈姝和朱莹编写。全书由贾永兴统稿。本书的编写参考了大量已出版的相关资料，吸取了许多专家和同仁的宝贵经验，在此向他们深表谢意。本书在编写过程中得到了陆军工程大学通信工程学院领导和专家的关心和支持，也在此表示感谢。

由于编者水平有限，书中难免有不妥之处，望广大读者批评指正。

编　者

2020 年 9 月

目　　录

第1章　直流电阻电路分析

电路理论起源于物理学中电磁学的一个分支。早在1820年，丹麦物理学教授奥斯特就发现了电与磁之间的联系，这为电磁学理论的发展奠定了基础。1827年，德国物理学家欧姆提出欧姆定律，建立了电压、电流和电阻之间的关系。英国物理学家法拉第在1831年发现了电磁感应现象。进入20世纪以后，电气和电子技术的发展速度几乎以指数规律增长。随着技术的不断发展，电路理论已经逐渐形成为一门系统的工程学科。电路理论的内容十分广泛，它是电子、电气和信息科学技术的重要理论基础之一。本书主要介绍电路理论的一个分支——电路分析。通过本书的学习，能用相关理论知识去分析和解决实际生活中遇到的电路问题，为后续课程的学习打下基础。

本章首先从实际电路的模型化方法出发，首先介绍电路的基本变量和理想元件的电路模型；其次介绍电路分析的基本定律；然后介绍电路等效化简的方法；最后介绍了分析线性电路的一般方法——方程法。

1.1　电路与电路模型

1.1.1　电路

电路是电流的通路，它是由一些电气元器件（或电气设备）连接而成的整体，可以实现能量的传输和转换，也可以实现信息传递和处理。电路在日常生活和实际生产中随处可见，例如手机，计算机，电视机，信息化武器装备的通信设备、火控系统，电网系统等，都是由各种结构和功能多样的电路组成。电路的主要功能可以概括为两类：一类电路是对电能的传输、分配和转换。例如电网系统，它们的功能是实现电能的传输和转换，而图1-1所示简单的照明电路则完成能量的转换功能。另一类电路是传递和处理信息。例如通信电路，用于实现信号的处理和传递。如图1-2所示的扩音器电路，能实现对信号的传递和处理。送话器将话音或音乐转换成电信号（电压或电流），放大电路将信号进行滤波和放大，然后传递到受话器，再把电信号还原为话音或音乐。这一对信号的转换和放大的过程，称为信号处理。事实上，为使信号转换和放大，中间的放大电路还需加上电源，否则就不能正常工作。

图 1-1　简单的照明电路　　　　图 1-2　扩音器电路

实际电路由种类繁多的电路器件组成，这些器件一般可分为电源、负载和传输控制器等。

1）电源：是产生电能或者提供电信号的装置，它把其他形式的能量转换成电能，或把电能转换成其他形式的能量或电信号，例如电池、信号源、发电机等。

2）负载：是消耗电能或取用电信号的装置，它把电能转换成其他形式的能量。例如电灯、电动机等。

3）中间环节：是用来连接电源和负载，并对电路的工作状态进行控制。中间环节也可称为传输控制器，包括导线、开关和保护电器（如熔断器）等。

在电源的作用下，电路中产生了电压和电流，因此把电源称为激励源，而由激励所产生的电压和电流，则称为响应。根据激励和响应之间的因果关系，有时又把激励称为输入，把响应称为输出。

1.1.2　电路模型

在电路分析中，为了研究问题方便，常常用电路模型来代替实际电路。电路分析的对象并不是一个实际的电路器件，而是将实际电路抽象为理想化的电路模型，然后对电路模型进行分析。实际电路的种类繁多，功能各异，电路工作时各种电磁能量的消耗现象和储存现象交织在一起，并发生在整个电路中。若对这些现象或特征都加以考虑，会给分析电路带来许多困难。如果对这些电磁现象分别建立物理模型和数学模型，构造出几个理想的电路元件，那么一个实际电路器件，根据其电磁特性，可以用理想电路元件的组合来表示。这种由理想元件构成的电路，称为实际电路的电路模型。一般将理想电路元件简称为元件（Element），将电路模型简称为电路。注意，不应把实际器件与电路元件混为一谈。

当实际电路元件及实际电路的几何尺寸(d)远远小于其电磁量工作频率所对应的电磁波波长(λ)时，称这一条件为集总假设。满足集总假设条件可以定义出几种理想元件，作为实际元件的模型。在集总假设条件下，每一种理想元件只反映一种基本电磁现象，其电磁过程只在各元件内部进行，且可以由数学方法精确定义，这样的元件称为集总参数元件，简称集总元件。电阻元件 R 表征消耗电能的特性；电感元件 L 表征储存磁场能的特性；电容元件 C 表征储存电场能的特性，这些理想元件的模型如图 1-3 所示。由集总参数元件构成的电路称为集总参数电路。

电路模型是在集总假设条件下由理想的、抽象的电路元件组成，用以近似反映实际电路的主要特征。图 1-4 是简单的照明电路模型（称为电路图），其中电动势 E 和内阻 R_0 代表干电池，电阻 R 代表灯泡，开关 S 代表手电筒的开关。

图 1-3　理想元件模型　　　　　　　　图 1-4　简单的照明电路模型

本书对电路的分析对象主要是抽象后的电路模型。如果电路的尺寸与电路工作频率所对应的波长相比不可忽略，这时就必须要考虑元件参数的分布性，这种电路称为分布参数电路。本书主要讨论集总参数电路。

具有相同的主要电磁特性的不同实际器件，在一定条件下可以用同一个模型来表示。例如电灯、电熨斗、电磁炉等都是以消耗电能为主的元件和设备，可以用电阻元件作为这些耗能设备的模型。而同一个实际器件，由于不同的工作条件和对模型精度要求不同，应当用不同的电路模型来模拟同一实际电路。例如，实际电感线圈在不同工作条件下的模型如图 1-5
所示。当线圈电阻的影响可以忽略时，可以用电感元件作为线圈的电路模型，如图 1-5a 所示；当线圈工作于低频交流条件下，其电阻的影响不可忽略时，其电路模型如图 1-5b 所示，其中 R 表示绕线电阻；当线圈工作在较高频率条件下，线圈匝间电容不能忽略时，其电路模型如图 1-5c 所示，其中 C 表示匝间电容。

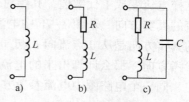

图 1-5　线圈的模型

1.2　电路的基本变量

本节介绍电路理论中的 3 个基本物理量——电压、电流和功率。无论是电子系统还是电气系统，这 3 个物理量都是最重要的。

1.2.1　电流、电压及其参考方向

1. 电流及其参考方向

电荷做有规则的定向运动，即形成电流。金属导体中的自由电子做有规律的逆电场运动形成电流；半导体中的自由电子和空穴做有规则的定向运动形成电流；电解液中带电离子做规则的定向运动形成电流。

将单位时间内通过导体横截面的电荷量 q 定义为电流强度，简称电流。一般用符号 i 或 $i(t)$ 表示，即

$$i(t)=\frac{\mathrm{d}q(t)}{\mathrm{d}t} \tag{1.2-1}$$

式中，电荷量的国际单位为库伦（C），时间的单位为秒（s），电流的国际单位为安培（A），简称安。

电流的常用单位还有微安（μA），毫安（mA），千安（kA）等。

$$1\ \mathrm{A}=10^{3}\ \mathrm{mA}=10^{6}\ \mathrm{\mu A}=10^{-3}\ \mathrm{kA}$$

如果电流的大小和方向均不随时间变化，而是保持恒定，则称其为直流电流（Direct Current，DC），如图 1-6a 所示，常用大写字母 I 来表示。如果电流大小和方向都随时间变化，则称其为时变电流，常用小写字母 i 表示。时变电流也称交流电流（Alternating Current，AC），常见形式是正弦电流，如图 1-6b 所示。

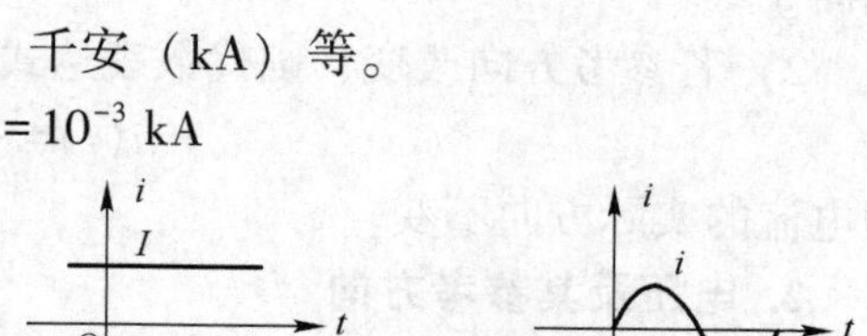

图 1-6　电流

电流的实际方向规定为正电荷流动的方向，也称真实方向。电流的真实方向有时能直接判断出来，如图 1-7a 中，电阻 R_1 和 R_2 的电流方向是由 a 点流向 b 点。但图 1-7b 中电阻 R_5 的电流方向却不能一看便知。如果电源是交变电源，则 R_5 的电流方向随时间而变化，若想

标出其真实方向就更困难了。然而电阻 R_5 的电流的真实方向，无非是由 c 点流向 d 点，或者由 d 点流向 c 点。因此，可以像其他代数量问题一样，任意假设某一方向为正电荷的运动方向，这种假设的方向称为电流的参考方向，在电路中用箭头表示。如图 1-7b 所示，电阻 R_5 的电流表示为 I_5，或用双下标表示（如 I_{cd} 表示电流的参考方向是从 c 点流向 d 点）。

规定参考方向与实际方向相同的电流为正值，参考方向与实际方向相反的电流为负值。这样电流变成了代数值，其绝对值用来表示电流的大小，其值的正、负号与参考方向表明电流的真实方向。若图 1-7b 中电流 $I_5<0$，说明电阻 R_5 的电流参考方向与真实方向相反，电流的真实方向是从 d 点流向 c 点。电流值的正负号是以设定了参考方向为前提的，若没有设定参考方向，那么计算出来的电流值的正、负号没有任何意义。电流的参考方向可以任意指定，同一个电路图中电流参考方向一旦设定，就不再改变。往后，电路图中标明的均是参考方向。

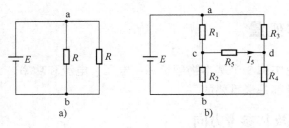

图 1-7　电流的参考方向

例 1-1　在图 1-8 所示参考方向下，已知 $i(t) = 2\cos(2\pi t + \pi/4)\mathrm{A}$，求：

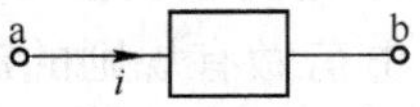

图 1-8　例 1-1 用图

1）$i(0)$、$i(0.5)$ 的实际方向。

2）若电流参考方向是由 b 点指向 a 点，则其表达式如何？$i(0)$、$i(0.5)$ 的实际方向有无变化？

解：1）$i(0) = 2\cos(\pi/4)\mathrm{A} = \sqrt{2}\ \mathrm{A}>0$，表明电流的实际方向与参考方向相同，电流从 a 点流向 b 点。

$i(0.5) = 2\cos(5\pi/4)\mathrm{A} = -\sqrt{2}\ \mathrm{A}<0$，表明电流的实际方向与参考方向相反，电流从 b 点流向 a 点。

2）若参考方向改变，则代数表达式也改变，即

$$i(t) = -2\cos(2\pi t + \pi/4)\mathrm{A}$$

但电流的实际方向不变。

2. 电压及其参考方向

在电路理论中，电压是表征电场性质的物理量之一，它反映了电场力移动电荷做功的能力。电场力把单位正电荷从 a 点移动到 b 点所做的功定义为两点之间的电压，用字母 u 或 $u(t)$ 表示，即

$$u(t) = \frac{\mathrm{d}w(t)}{\mathrm{d}q} \tag{1.2-2}$$

式中，功 $w(t)$ 的国际单位是焦耳（J），电压 $u(t)$ 的国际单位是伏特（V），简称伏。电压的常用单位还有微伏（$\mu\mathrm{V}$）、毫伏（mV）、千伏（kV）等。

$$1\text{ V} = 10^3 \text{ mV} = 10^6 \text{ μV} = 10^{-3} \text{ kV}$$

电压与电流一样也有方向。通常规定电位降落的方向为电压的实际方向（或称真实方向）。如果一个电压的大小和方向均不随时间变化，则称为直流（DC）电压，用大写字母 U 表示，否则称为交变（AC）电压。

同电流一样，电压也需要选定参考方向。通常在图中用"+"表示参考方向的高电位端，用"−"表示低电位端，如图 1-9 所示，电压 U 的参考方向是由"+"极指向"−"极，或用双下标表示（u_{ab}表示电压参考方向从 a 点指向 b 点）。在设定参考方向下，若电压值为正值，说明参考方向与实际方向相同；若电压值为负值，说明参考方向与实际方向相反。如

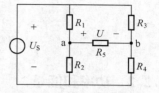

图 1-9　电压的参考方向

图 1-9 所示，设电压的参考方向是从 a 点指向 b 点，当计算结果大于零时，说明电压实际方向与参考方向相同，即 a 点电位高，b 点电位低；当计算结果小于零时，说明电压实际方向与参考方向相反，即实际方向是由高电位 b 点指向低电位 a 点。电压值的正负号是以设定了参考方向为前提的，未设定参考方向的情况下计算出来的电压的正、负号没有任何意义。电路中常用"电压降"表示电压下降的方向，用"电压升"表示电压上升的方向。

3. 电位

除了电压，电路分析中有时使用"电位"的概念。若设电路中的某一点为参考点，则任一点到参考点的电压称为该点的电位。如图 1-10a 所示，若选节点 d 为参考点（用符号 ⊥ 表示），节点 a 的电位即为 a 点到 d 点的电压，用 U_a 表示，$U_a = U_{S1}$。电路中两点间的电压等于这两点的电位之差，如 a、c 两点之间的电压 $U_{ac} = U_a - U_c$。电压和电位一般可以认为意义相同。电位的参考点可以任意选取，计算电路时通常选取大地、设备外壳或接地点作为参考点，并称为"地"，参考点的电位为零。若参考点改变，则各点电位也随之发生改变，而两点之间的电压（即电位差）不变。即任意一点的电位与参考点的选择有关，而任意两点间的电压与参考点的选择无关。

在电子电路中，一般把电源、输入信号和输出信号的公共端连接在一起，作为参考点。有时可省去电源的符号，只需标出各点电位的极性和数值，这种画法称为"习惯画法"。例如图 1-10a 可画为图 1-10b 的形式。

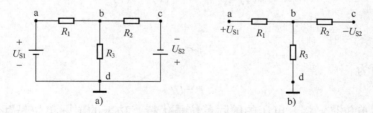

图 1-10　参考点与电位

4. 关联参考方向

在电路分析中，设定一个元件或一段电路上的电流、电压的参考方向时是任意设定的。为了方便分析电路，常采用关联参考方向，即将电流参考方向与电压参考方向"+"到"−"极的方向设为一致。如图 1-11a 所示，若电流的参考方向从电压的参考方向"+"极流入，"−"极流出，则称电压、电流的参考方向为关联参考方向；如图 1-11b 所示，若电

5

流参考方向从电压参考方向"−"极流入，"+"极流出，则称电压、电流的参考方向为非关联参考方向。

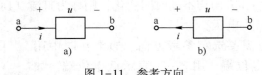

图 1-11　参考方向

1.2.2　功率和能量

电路中存在着能量的流动。电流经电路元件从高电位流向低电位，是电场力做功的结果，这时元件吸收电能；电流经电路元件从低电位流向高电位则必须由外力做功，这时元件发出电能。功率是用来表示电路或元器件在规定时间内做功（能量转换）的多少，即表示做功的速率。

定义单位时间内电场力所做的功或电路所吸收的能量为功率，用字母 p 或 $p(t)$ 表示，即

$$p(t) = \frac{\mathrm{d}w(t)}{\mathrm{d}t} \tag{1.2-3}$$

根据电压的定义

$$u(t) = \frac{\mathrm{d}w(t)}{\mathrm{d}q}$$

和电流的定义

$$i(t) = \frac{\mathrm{d}q(t)}{\mathrm{d}t}$$

有

$$\mathrm{d}w(t) = u(t) \cdot \mathrm{d}q(t) = u(t) \cdot i(t)\mathrm{d}t$$

故

$$p(t) = \frac{\mathrm{d}w(t)}{\mathrm{d}t} = u(t) \cdot i(t) \tag{1.2-4}$$

简写为

$$p = ui \tag{1.2-5}$$

在直流情况下写为

$$P = UI \tag{1.2-6}$$

电流的国际单位是安培，电压的国际单位是伏特，功率的国际单位是瓦特（W），简称瓦。功率的常用单位还有千瓦（kW），毫瓦（mW）等。

功率与电压和电流有紧密的联系。在电压、电流关联参考方向下，一段电路所吸收的功率等于该段电路两端电压和电流的乘积。若电压、电流采用非关联参考方向，则要在计算功率的公式前加负号，即 $p = -ui$。当计算结果 $p>0$，说明电场力做功，元器件（或一段电路）吸收电能，该元器件在电路中的作用为负载；而当 $p<0$，说明元器件（或一段电路）产生电能，该元器件在电路中的作用为电源。

6

当电路工作时进行着电能与其他形式能量的转换。在电路理论中，能量是功率对时间的积分，而功率是能量随时间的变化率即微分。因此，在从 t_0 时刻到 t 时刻电路吸收或产生的能量 w，即

$$w(t_0,t) = \int_{t_0}^{t} p(\tau) \mathrm{d}\tau = \int_{t_0}^{t} u(\tau)i(\tau) \mathrm{d}\tau \qquad (1.2\text{-}7)$$

吸收功率为 $1000\,\mathrm{W}$ 的家用电器，加电使用 $1\,\mathrm{h}$ 所吸收的电能（即消耗的电能）为 $1\,\mathrm{kW \cdot h}$，俗称 1 度电。

例 1-2　如图 1-12 所示，各元件 u、i 的参考方向及其表达式均已给出，试求各元件的功率。

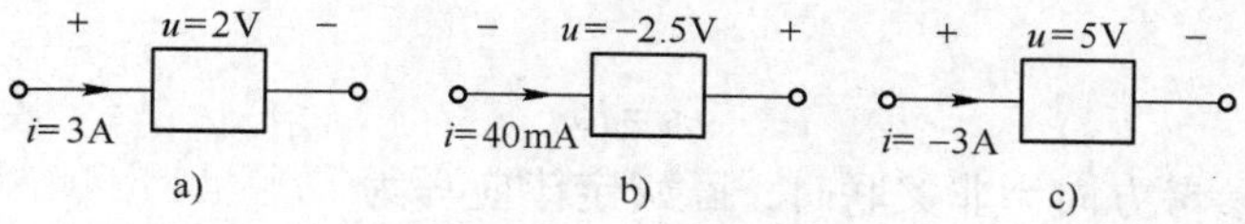

图 1-12　例 1-2 用图

解：1）图 1-12a 中电压和电流的参考方向关联，故

$$p = ui = 2 \times 3\,\mathrm{W} = 6\,\mathrm{W}$$

计算结果大于零，元件吸收功率为 6 W。

2）图 1-12b 中电压和电流的参考方向非关联，故

$$p = -ui = -(-2.5) \times (40 \times 10^{-3})\,\mathrm{W} = 0.1\,\mathrm{W} = 100\,\mathrm{mW}$$

计算结果大于零，元件吸收功率为 100 mW。

3）图 1-12c 中电压和电流的参考方向关联，故

$$p = ui = 5 \times (-3)\,\mathrm{W} = -15\,\mathrm{W}$$

计算结果小于零，元件发出功率为 15 W。

1.3　电路基本元件

集总参数电路中，电路元件是构成电路的最小单元。按照引出端子的个数，电路元件可分为二端元件、三端元件和多端元件等。例如，电阻、电容和电感是二端元件，晶体管是三端元件，受控源和变压器等是多端元件。按是否能向外部提供能量来分，电路元件还可分为无源元件和有源元件。电阻、电容和电感等是无源元件，电压源、电流源和受控源是有源元件。

对集总参数电路的分析，一般不关心其内部的情况，只关心元件的外部特性，即端口电压、电流的关系，简称伏安特性（或伏安关系，记作 VAR 或 VCR）。伏安关系可用数学关系式表示，也可描绘成 $u\sim i$ 平面的曲线，称为伏安特性曲线。本节首先讨论电阻元件。

1.3.1　电阻元件

电阻元件是实际电阻器件的理想化模型，它表征了电阻器消耗电能的特性。一些消耗电能的电器，如电阻器、电灯泡、电炉等在一定条件下可以用理想电阻元件作为其模型。

线性电阻元件的电路模型如图 1-13a 所示，电压和电流参考方向设为关联。在任意时

刻，其伏安关系可以用 $u \sim i$ 平面的一条过原点的曲线来
描述。由电阻元件的伏安特性，可将电阻分为线性电
阻、非线性电阻、时变电阻和非时变电阻等。如
图 1-13b 所示，若电阻元件的伏安特性曲线是过原点的
一条直线且不随时间变化，则称为线性时不变电阻元
件，简称电阻。本书涉及的主要是线性时不变电阻元件。具有电阻特性的一些实际元件，其
伏安特性曲线都有一定程度的非线性，但在一定的工作条件下，这些元件的特性曲线可近似
为直线，可以将其视为线性电阻元件。

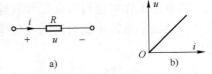

图 1-13 电阻的模型和伏安关系

在电压和电流关联参考方向下，线性电阻元件在任何时刻的电压与电流都服从欧姆定
律，即

$$u = Ri \tag{1.3-1}$$

当电压、电流参考方向为非关联时，欧姆定律应写为

$$u = -Ri \tag{1.3-2}$$

式中，u 为电阻两端的电压，i 为流经电阻的电流，R 表示电阻值，电阻的国际单位是欧姆
（Ω）。线性电阻元件的电阻值是一个与电压 u、电流 i 无关的常数。

欧姆定律也可以写成

$$i = Gu \quad （u,i\ 关联） \tag{1.3-3}$$

或

$$i = -Gu \quad （u,i\ 非关联） \tag{1.3-4}$$

式中，G 表示电导，国际单位为西门子（S），简称西。电导是电阻的倒数，即

$$G = \frac{1}{R} \tag{1.3-5}$$

电阻和电导是同一个问题的两个方面，电阻是反映物体对电流阻碍作用的一个物理量，
电导则反映物体对电流的导通作用。物体的电阻越大，其电导越小，反之，若电阻越小，则
电导越大。

由于电阻值 R 可以从零变化到无穷大，所以考虑电阻值的两种极限情况是很重要的。
若电阻 $R \to \infty$ 或电导 $G = 0$，则称为开路或断路，开路时电流为零，电压可以是任意值。若电
阻 $R = 0$ 或者电导 $G \to \infty$，则称其为短路，短路时电压为零，电流可以是任意值。

在电压、电流关联参考方向下，在任一时刻线性电阻元件吸收的电功率为

$$p = ui = Ri^2 = \frac{u^2}{R} = Gu^2 \tag{1.3-6}$$

式中，电阻 R 和电导 G 是正实数，所以电阻元件吸收功率永远是非负值。这说明，任何时
刻电阻元件都在吸收电能。由于电阻元件具有消耗电能的特性，所以电阻元件是耗能元件。

从 t_0 到 t 时刻电阻元件所吸收或消耗的能量 $w(t)$ 为

$$w(t_0,t) = \int_{t_0}^{t} p(\tau)\,\mathrm{d}\tau = \int_{t_0}^{t} Ri^2(\tau)\,\mathrm{d}\tau = \int_{t_0}^{t} \frac{u^2(\tau)}{R}\,\mathrm{d}\tau \tag{1.3-7}$$

1.3.2 独立电源

电路工作时需要电源提供能量。电源是由各种电能量（或电功率）产生的理想化模型。

独立电源是从实际电源抽象而来的理想化模型，分为理想电压源和理想电流源，简称电压源和电流源。

1. 电压源

电压源是一个二端元件，其两端的电压是恒定值 U_S 或为一给定的时间函数 $u_S(t)$，且与流过其的电流无关。电压源的电路模型如图 1-14 所示，正、负号表示电压源的极性。图 1-14a 所示的模型可表示直流电压源或随时间变化的电压源，而图 1-14b 所示只能表示直流电压源。直流电压源的伏安特性如图 1-14c 所示，其表达式为 $u=u_S(t)$。

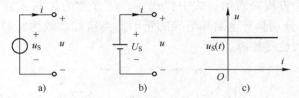

图 1-14　电压源的模型和伏安关系

由图 1-14c 所示伏安特性曲线，可归纳出电压源的基本性质：①电压源的端口电压总保持 $u=u_S(t)$，与流过它的电流无关；如果电压源的端口电压 $u_S(t)$ 值为零，则电压源相当于短路，其伏安特性与 i 轴重合。②电压源的电流由电压源和与它相连的外电路共同决定，可为任意值。由于电压源的电流方向可为任意值，因此，电压源的功率可正可负，即电压源可以发出功率或者吸收功率，其值可为无穷大。若电压源发出功率，则在电路中作为电源；若电压源吸收功率，则在电路中作为负载。理想电压源实际并不存在，因为电源内部不可能储存无穷大的能量。

2. 电流源

电流源是一个二端元件，其两端的电流是恒定值 I_S 或为一给定的时间函数 $i_S(t)$，且与其两端电压无关。电流源的电路模型如图 1-15a 所示，箭头表示电流源的方向。如图 1-15b 所示为电流源的伏安特性曲线，其表达式为 $i=i_S(t)$。

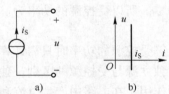

图 1-15　电流源的模型和伏安关系

由图 1-15b 所示伏安特性曲线，电流源也可归纳出两个基本性质：①电流源的端口电流总保持 $i=i_S(t)$，与其两端电压无关；如果电流源的电流 $i_S(t)$ 值为零，则表示电流源开路，其伏安特性与 u 轴重合。②电流源的电压由电流源和与它相连的外电路共同决定，可为任意值。电流源的功率可正可负，即电流源可以发出功率或者吸收功率，且值可为无穷大。同样，理想电流源实际并不存在，因为电源内部不可能储存无穷大的能量。

电压源的电压 u_S 和电流源的电流 i_S 均不受电路中其他因素的影响，是独立的，因此称为独立源。独立源在电路中起到"激励"作用，独立源在电路中所产生的电压或电流称为"响应"。

1.3.3　受控源

受控源是由实际半导体器件抽象而来的理想化模型。一些半导体电子器件如晶体三极管，其集电极电流受基极电流控制。因此，受控源是用于描述受到电路中某处支路电压或电流控制而产生电压或电流的一种模型。受控源包括受控电压源和受控电流源。晶体管的电路模型为受控电流源。

受控源有输入和输出两个端口，称为二端口元件。根据受控源的控制量是电压还是电流、受控量是电压源还是电流源，可把受控源分为 4 种类型：电压控制电压源（VCVS），电压控制电流源（VCCS），电流控制电压源（CCVS）和电流控制电流源（CCCS）。图 1-16 是 4 种受控源的电路符号及伏安特性，受控源的电源符号用菱形表示。受控源是二端口元件，其特性需要用两个方程来表示。式中，μ、g、r、β 称为控制系数，其中 μ 和 β 是比例系数，无量纲，r 和 g 分别具有电阻和电导的量纲。当这些系数为常数时，被控电源数值与控制量成正比，称为线性受控源。

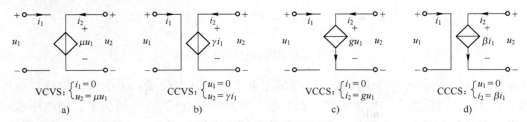

$$\text{VCVS}: \begin{cases} i_1 = 0 \\ u_2 = \mu u_1 \end{cases} \quad \text{CCVS}: \begin{cases} u_1 = 0 \\ u_2 = \gamma i_1 \end{cases} \quad \text{VCCS}: \begin{cases} i_1 = 0 \\ i_2 = g u_1 \end{cases} \quad \text{CCCS}: \begin{cases} u_1 = 0 \\ i_2 = \beta i_1 \end{cases}$$

a)　　　　　　　　b)　　　　　　　　c)　　　　　　　　d)

图 1-16　受控源的 4 种形式

受控源的功率计算应针对两个端口分别计算后再求和。受控源的功率 p 为

$$p = u_1 i_1 + u_2 i_2 \tag{1.3-8}$$

观察受控源的 4 种模型，不难发现，受控源的控制端口不是开路就是短路，故控制端功率为零。所以受控源的功率为

$$p = u_1 i_1 + u_2 i_2 = u_2 i_2 \tag{1.3-9}$$

即计算受控源的功率时只需计算受控支路的功率。

独立源与受控源的区别：独立源（电压源和电流源）在电路中对外提供能量，直接起激励作用，在电路中产生电流和电压；受控源反映电路某处的电压或电流对另一支路电压或电流的控制作用，本身不起"激励"作用。若受控源的控制量存在，则受控源存在，否则，当控制量为零时，受控源也为零。

图 1-17 是一个含受控源的电路，其中受控源为电流控制电压源。受控源的控制参数为 0.4I，表示了该受控电压源的大小为 0.4I（V）；I 称为控制量，说明控制该受控源的控制量是电流 I。

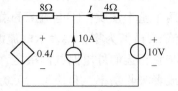

图 1-17　含受控源的电路

1.4　基尔霍夫定律

前面讨论了单个元件的伏安关系，即元件本身的电压与电流的约束关系，称为元件约束或特性约束。由一些元件相互连接组成一定几何结构形式的电路后，各支路的电压和电流之间也受到约束，称为拓扑约束或结构约束，基尔霍夫定律即阐述了这种约束。元件约束和拓扑约束，一起成为分析集总参数电路的基本依据。

基尔霍夫定律是由德国物理学家基尔霍夫提出的关于稳恒电路网络中电流、电压关系的两条电路定律，即著名的基尔霍夫电流定律（Kirchhoff's Current Law，KCL）和基尔霍夫电压定律（Kirchhoff's Voltage Law，KVL）。基尔霍夫定律是分析一切集总参数电路的根本依据，一些重要的定理、电路分析方法，都是以基尔霍夫定律为"源"推导、证明、归纳、总结得出的。在了解基尔霍夫定律之前，必须先熟悉几个有关的名词。

支路：一个二端元件或若干个二端元件的串联构成的每一分支。为了分析和计算方便，把电路中通过同一个电流的每个分支叫支路。在图 1-18 中，流过 6 V 电压源和 6 Ω 电阻的电流为同一个电流，可看成一个支路。图 1-18 中，共有 6 条支路：ab，bc，cd，da，ac，bd。

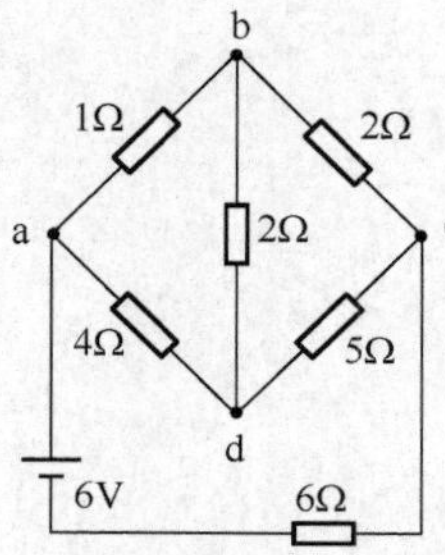

节点：支路与支路的连接点。在图 1-18 中，共有 4 个节点：a，b，c，d。

回路：电路中的任何一个闭合路径。图 1-18 中，有 7 个回路：abcda，abca，abda，cbdc，abdca，cbdac，adca。

网孔：内部不另含支路的回路。网孔一定是回路，但回路不一定是网孔。图 1-18 中，有 3 个网孔：abda，cbdc，adca。

图 1-18　电路图

1.4.1　基尔霍夫电流定律

基尔霍夫电流定律（KCL）：在集总参数电路中，任意时刻，流出或流入任一节点的所有支路电流的代数和等于零，即

$$\sum_{k=1}^{n} i_k(t) = 0 \tag{1.4-1}$$

式（1.4-1）为基尔霍夫电流定律的代数表达式，简称 KCL 方程。式中，n 为连接到节点的电流总数，$i_k(t)$ 表示第 k 条支路电流，$k = 1, 2, \cdots, n$。此式说明，将连接到节点的所有电流都看成是流出（或者流入）节点的话，那么这些支路电流的代数和等于零。既然是电流的代数和，那么需要先确定电流 $i_k(t)$ 前面的正负号。如果设定流入节点的电流前面取 "+" 号，则流出节点的电流前面取 "-" 号。当然也可设定相反的参考方向，即电流流入节点取 "-" 号，电流流出节点取 "+" 号。无论流出还是流入节点，式中的正、负号由参考方向来确定，与电流的实际方向无关。在建立 KCL 方程时，先要设定每一条支路的电流参考方向，然后依据参考方向来取号，电流流出或者流入节点可取正号或负号，但列写同一个 KCL 方程时取号规则应一致。

如图 1-19 所示，设节点 a 为集总参数电路中的某一节点，连接到节点上的电流共有 4 条，各电流的参考方向已指定。根据基尔霍夫电流定律，设流出节点的电流为 "+"，列写 KCL 方程为

$$i_1 - i_2 + i_3 - i_4 = 0 \tag{1.4-2}$$

将该 KCL 方程改写为

$$i_1 + i_3 = i_2 + i_4 \tag{1.4-3}$$

由式（1.4-3）可得 KCL 的另一种叙述方式：在集总参数电路中，任意时刻流出任一节点的电流之和等于流入该节点的电流之和。即

$$\sum i_{流出} = \sum i_{流入} \tag{1.4-4}$$

KCL 不仅适用于节点，还适用于电路中任意假设的封闭面（即广义节点）。如图 1-20 所示电路中虚线包围区域 S，设流入封闭面的电流取"+"，则有 $i_1+i_2+i_3=0$。

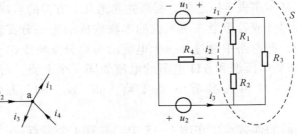

图 1-19　KCL 用于节点　　　　图 1-20　KCL 用于广义节点

基尔霍夫电流定律是电荷守恒定律和电流连续性在集总参数电路中任意节点处的具体反映，即对集总参数电路中的任何一个节点上，流入的电荷必须等于流出的电荷。电荷既不能产生，也不能消失。

基尔霍夫电流定律是对连接在节点上的各支路电流的一种约束，这种约束关系仅由元件相互间的连接方式所决定，与连接什么元件无关。

例 1-3　求图 1-21 所示电路中的电流 I_1 和 I_2。

解： 设流出节点的电流为正，先列节点 a 的 KCL 方程为

$$3+8+I_1=0$$

得

$$I_1=-11\ \text{A}$$

再列节点 b 的 KCL 方程为

$$-5-I_1-I_2+(-3)=0$$

得

$$I_2=3\ \text{A}$$

若作一个封闭面（广义节点）如图 1-21 虚线所示，电流 I_2 可由广义节点的 KCL 直接求得

$$I_2=-3+3+8-5=3\ \text{A}$$

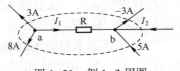

图 1-21　例 1-3 用图

1.4.2　基尔霍夫电压定律

基尔霍夫电压定律（KVL）：在集总参数电路中，任意时刻，沿任一回路绕行一周的所有支路电压的代数和等于零，即

$$\sum_{k=1}^{n} u_k(t)=0 \tag{1.4-5}$$

式（1.4-5）为基尔霍夫电压定律的代数表达式，简称 KVL 方程。其中，n 表示回路中出现的电压总段数，$u_k(t)$ 表示第 k 段电压，$k=1,2,\cdots,n$。此式说明，把回路中沿绕行方向的支路电压都看成是电压降（或电压升）的话，这些支路电压的代数和等于零。在建立 KVL 方程时，需要指定一个回路绕行方向。通常规定，电压参考方向与绕行方向一致的电

压（即电压降）取"＋"号，电压参考方向与绕行方向相反的电压（即电压升）取"－"号。

如图1-22所示，回路中共有6个元件电压，设回路的绕行方向为顺时针方向，根据已给出的参考方向，其KVL方程为

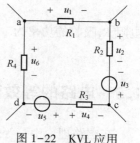

$$u_1+u_2-u_3-u_4+u_5-u_6=0 \qquad (1.4\text{-}6)$$

该KVL方程可改写为

$$u_1+u_2+u_5=u_3+u_4+u_6 \qquad (1.4\text{-}7)$$

由式（1.4-7）可得KVL的另一种叙述方式：在集总参数电路中，沿任一回路绕行一周的电压降的和等于电压升的和。即

图1-22　KVL应用

$$\sum u_{降} = \sum u_{升} \qquad (1.4\text{-}8)$$

与KCL类似，KVL也可推广到电路中任意假想的回路（广义回路）。如图1-22所示，ac之间没有直接的支路，但回路abca和acda是两个广义回路。设a、c两点之间电压为u_{ac}，沿顺时针方向绕行，则可列广义回路的KVL方程为

$$u_1+u_2-u_3=u_{ac}$$
$$u_{ac}=u_4-u_5+u_6$$

整理式（1.4-6），有

$$u_1+u_2-u_3=u_4-u_5+u_6 \qquad (1.4\text{-}9)$$

式（1.4-9）表明，方程等号的左边和右边分别是图1-22中a点到c点两条路径（路径abc和路径adc）所经过的各元件电压降的代数和。可见，不论沿哪条路径绕行，两点之间的电压都相等。即在集总参数电路中，任意两点a、b之间的电压，等于自a点出发，沿任意路径绕行到b点的所有电压降的代数和。

KVL的实质反映了集总参数电路遵从能量守恒定律。若单位正电荷从a点出发沿着闭合回路移动，最后回到a点，则其电压为u_{aa}，显然$u_{aa}=0$。即该正电荷既没有得到能量也没有失去能量。

与KCL类似，KVL规定了电路中任一回路内各元件电压的约束关系，这种约束关系仅与元件间的连接方式有关，与元件本身无关。

与一个节点相连的各支路，其电流必然受到KCL的约束；与一个回路相联系的各支路，其电压必然受到KVL的约束。

例1-4　如图1-23所示电路，已知$I_1=2\,\text{A}$，$I_2=1\,\text{A}$，$U_1=2\,\text{V}$，$U_3=3\,\text{V}$，$U_4=2\,\text{V}$，求电阻R_2、R_5的功率。

解：设流出节点a的电流取"＋"号，列KCL方程为

$$I_1-I_2+I_3=0$$

即

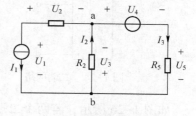

$$I_3=1\,\text{A}-2\,\text{A}=-1\,\text{A}$$

列写两个网孔的KVL方程有

图1-23　例1-4用图

$$-U_1+U_2-U_3=0$$
$$U_3+U_4+U_5=0$$

解得

$$U_2 = 5\ \text{V}, \quad U_5 = -5\ \text{V}$$

电阻 R_2 吸收的功率为

$$P_2 = U_3 I_2 = 3 \times 1\ \text{W} = 3\ \text{W}$$

电阻 R_5 吸收的功率为

$$P_5 = U_5 I_3 = -5 \times (-1)\ \text{W} = 5\ \text{W}$$

1.5 电路的等效变换

在电路理论中，等效分析法是一个重要方法。利用等效，可简化电路的分析和计算。

1.5.1 电路等效的概念

1. 二端网络的概念

在电路分析中，若把一组相互连接的元件看成是一个整体，这个整体对外部电路而言只有两个端子与之相连，并且从一个端子流入的电流等于从另一个端子流出的电流，则称这个整体为二端网络，也称一端口网络。电阻、电压源、电流源等理想电路元件可看成是二端网络的特例，此网络内部只含有一个元件。一个二端网络 N 通常用图 1-24 来表示。

二端网络端口的电压和电流的关系称为该二端网络的端口伏安关系，可用数学表达式描述为

$$u = f(i) \quad \text{或} \quad i = f(u) \tag{1.5-1}$$

二端网络的伏安关系由其内部的结构和参数决定，与外电路无关。

2. 等效的概念

如果两个结构、参数完全不同的二端网络的端口伏安关系完全相同，则称这两个二端网络是等效的，或称这两个二端网络互为等效电路。

如图 1-25 所示的两个二端网络 N_1 和 N_2，其内部结构可能不同，但只要它们的端口伏安关系完全相同，则 N_1 和 N_2 是等效的。也就是说两个二端网络 N_1 和 N_2 在电路中可以互相替换。只要 N_1 和 N_2 的端口伏安关系完全相同，则两个网络端口以外的变量 u、i 即相同，或者说，两个网络互相替代以后，端口以外的电路变量不受影响。

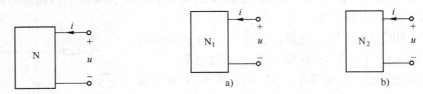

图 1-24　二端网络　　　　图 1-25　具有相同伏安关系的两个二端网络

如图 1-26 所示，若两个二端网络 N_1 和 N_2 等效，则两个二端网络分别连接到同一个任意的二端网络 M 时，不会影响到 M 内的电压和电流值。也就是说二端网络 N_1 和 N_2 对外电路 M 的作用完全相同，所以等效又为"对外等效"。

利用等效的概念，可用简单的二端网络去等效原来复杂的二端网络，从而实现化简电路的目的。若要求解某一支路的响应（电压或电流）时，可先把该支路以外的电路先进行化简等效，再用简单的二端网络去代替原来复杂的网络，这样求解就大大简化了。

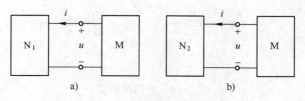

图 1-26　电路等效变换

例 1-5　利用等效定义，求图 1-27a 所示电路中的电流 i。

解：如图 1-27b 所示，先断开待求支路即 4 Ω 电阻，设端口电压为 U，电流为 I。求该图的最简等效电路，列写方程得端口伏安关系为

$$U=2\times(1+I)+10=2I+12^{\ominus}$$

由此伏安关系式，可画出最简等效电路如图 1-27c 所示。将待求支路接上，如图 1-27d 所示电路，于是求得

$$i=\frac{12}{2+4}\text{A}=2\text{ A}$$

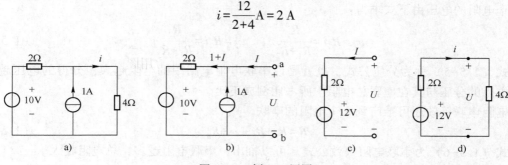

图 1-27　例 1-5 用图

以上利用等效定义先求出二端网络端口伏安关系，然后根据端口伏安关系得到简化的电路，再求待求支路响应的方法，称为端口伏安关系法。该方法适用于任何二端网络的等效化简。需要注意的是，两个互为等效电路的二端网络 N_1 和 N_2，它们的内部结构和元件参数可能完全不相同，然而对外电路来说，N_1 和 N_2 是等效的。而由于两个网络内部完全不同，所以其功率也不一样，对两个网络自身来说是不等效的，即“对内不等效”。

1.5.2　电阻的等效

本节利用等效的方法研究电阻串联、并联、星形和三角形联结电路的化简。

1. 电阻串联的等效变换

电阻 R_1、R_2 依次首尾相连，串行连接，如图 1-28a 所示，称为电阻的串联。串联电阻的电流是同一电流。

图 1-28a 中，根据欧姆定律和基尔霍夫电压定律，可得

$$u=u_1+u_2=R_1i+R_2i=(R_1+R_2)i \tag{1.5-2}$$

⊖ 本书述及的方程在运算过程中，为使运算简洁便于阅读，如对量的单位无标注及特殊说明，此方程均为数值方程，而方程中的物理量均采用 SI 单位，如电压 $U(u)$ 的单位为 V；电流 $I(i)$ 的单位为 A；功率 P 的单位为 W；无功功率 Q 的单位为 var；视在功率 S 的单位为 V · A；电阻 R 的单位为 Ω；电导 G 的单位为 S；电感 L 的单位为 H；电容 C 的单位为 F；时间 t 的单位为 s 等。

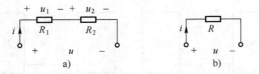

图 1-28　电阻的串联

令

$$R=R_1+R_2 \tag{1.5-3}$$

则式（1.5-2）可写为

$$u=Ri \tag{1.5-4}$$

由式（1.5-4）画出图 1-28b 所示电路。因为图 1-28a、b 所示的端口伏安关系相同，所以电阻的串联组合可以等效为一个电阻。由式（1.5-3）可知电阻串联的等效电阻等于每一个串联电阻的阻值之和。用 R 代替两个串联电阻后，对外电路来说其作用不变。图 1-28a 中每个电阻的电压由下式求得：

$$u_1=R_1 i=\frac{R_1}{R_1+R_2}u, \quad u_2=R_2 i=\frac{R_2}{R_1+R_2}u \tag{1.5-5}$$

式（1.5-5）称为分压公式，也就是说串联电阻电路中的电阻越大，分得的电压越多。每个电阻的分压与其在串联总电阻中所占比例成正比。

电阻串联等效还可推广到 n 个电阻的串联。

$$R=R_1+R_2+\cdots+R_n \tag{1.5-6}$$

式（1.5-6）为串联电阻等效公式。可以推出，串联电阻越多，总电阻越大。

2. 电阻并联的等效变换

如图 1-29a 所示，电阻 R_1 和 R_2 有两个公共的连接点，称为电阻的并联。

根据欧姆定律和基尔霍夫电流定律，得

$$i=i_1+i_2=\frac{u}{R_1}+\frac{u}{R_2}=\left(\frac{1}{R_1}+\frac{1}{R_2}\right)u \tag{1.5-7}$$

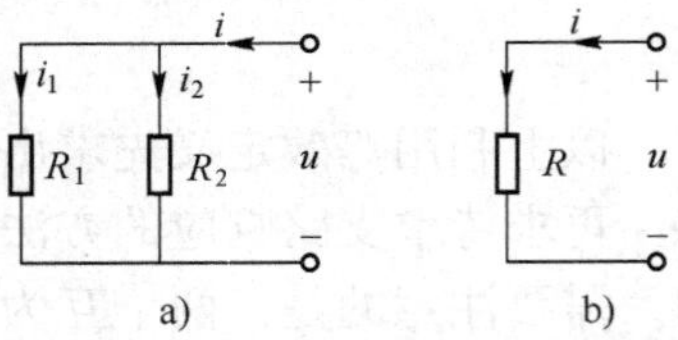

图 1-29　电阻的并联

令

$$\frac{1}{R}=\frac{1}{R_1}+\frac{1}{R_2} \tag{1.5-8}$$

则上式可写为

$$i=\frac{u}{R} \tag{1.5-9}$$

由式（1.5-9）可画出图 1-29b 所示电路。因为图 1-29a、b 的伏安关系完全相同，所以图 1-29a 和图 1-29b 互为等效电路。两个电阻并联等效时，由式（1.5-8）可得等效电阻为

$$R=\frac{R_1 R_2}{R_1+R_2} \tag{1.5-10}$$

通常记为 $R=R_1//R_2$。

当电阻并联时，图 1-29a 中每个电阻的电流为

$$i_1 = \frac{R_2}{R_1+R_2}i, \quad i_2 = \frac{R_1}{R_1+R_2}i \qquad (1.5\text{-}11)$$

式（1.5-11）称为分流公式，即并联支路的电阻越大，并联支路的电流越小，即电流总是寻找电阻最小的通路。

电阻并联的等效还可推广到 n 个电阻的并联，即

$$\frac{1}{R} = \frac{1}{R_1}+\frac{1}{R_2}+\cdots+\frac{1}{R_n} \qquad (1.5\text{-}12)$$

由于 $G=\frac{1}{R}$，上式还可写成电导的形式，即

$$G = G_1+G_2+\cdots+G_n \qquad (1.5\text{-}13)$$

由此可推出，电阻并联的等效电阻，比最小的电阻还小。

3. 电阻混联电路的等效变换

在电路中，若既有电阻串联又有电阻并联时，称为电阻的混联。在电阻混联的情况下，一般根据电路结构对其进行适当的化简：首先根据电阻串、并联的基本特征对其连接方式进行判断，然后根据电阻串联和并联的等效规律从局部到端口，逐级进行化简计算。

例 1-6 求图 1-30a 所示 ab 端口的等效电阻，设电阻均为 $6\,\Omega$。

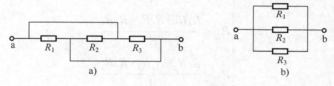

图 1-30　例 1-6 用图

解：采用"缩节点，画等效电路"的方法，如图 1-30b 所示，其等效电阻为

$$R_{ab} = R_1 // R_2 // R_3 = 2\,\Omega$$

例 1-7 求图 1-31a 所示端口的等效电阻。

解：如图 1-31b 所示，按从局部到端口的顺序，从电路图右侧往左侧方向，利用电阻串、并联等效方进行逐级化简可得

$$R = 10\,\Omega // 10\,\Omega = 5\,\Omega$$

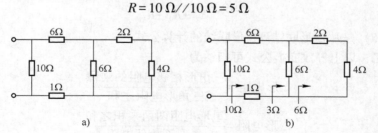

图 1-31　例 1-7 用图

4. 电阻星形和三角形联结的等效变换

在电路中常出现一些电阻既不是串联也不是并联的情况，如图 1-32 所示电路，是桥式电路，ab 端口以右的电阻连接方式既非串联，也非并联。对于桥式电路可利用等效变换的方法。将 1、2、3 节点连接（星形联结）的电阻（如图 1-33a 所示），变换为三角形联结

（如图 1-33b 所示）。变换后的电路会出现电阻串联和并联形式，此时问题转化为一般电阻混联电路的化简。

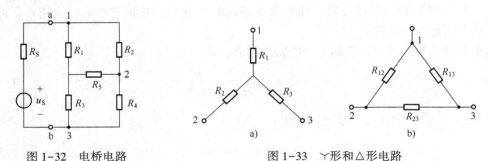

图 1-32 电桥电路   图 1-33 丫形和△形电路

电阻星形联结（丫形联结）和三角形联结（△形联结）都是通过 3 个端子与外电路相连，可看成是典型的两个具有公共端子的二端口电路。根据电路等效的定义，若图 1-33a 和图 1-33b 等效，则要求两电路端口伏安关系完全相同。具体来说，两个电路等效的条件是

$$\begin{cases} R_{12} = \dfrac{R_1R_2+R_2R_3+R_3R_1}{R_3} \\[2mm] R_{23} = \dfrac{R_1R_2+R_2R_3+R_3R_1}{R_1} \\[2mm] R_{13} = \dfrac{R_1R_2+R_2R_3+R_3R_1}{R_2} \end{cases} \qquad (1.5\text{-}14)$$

式（1.5-14）是从丫形联结到△形联结的计算公式。

$$\begin{cases} R_1 = \dfrac{R_{12}R_{31}}{R_{12}+R_{23}+R_{31}} \\[2mm] R_2 = \dfrac{R_{23}R_{12}}{R_{12}+R_{23}+R_{31}} \\[2mm] R_3 = \dfrac{R_{31}R_{23}}{R_{12}+R_{23}+R_{31}} \end{cases} \qquad (1.5\text{-}15)$$

式（1.5-15）是从△形联结到丫形联结的计算公式。

为便于记忆，以上等效变换公式可归纳为

$$\text{丫形电阻} = \frac{\text{三角形相邻电阻的乘积}}{\text{三角形电阻之和}} \qquad (1.5\text{-}16)$$

$$\text{△形电阻} = \frac{\text{星形电阻两两乘积之和}}{\text{星形不相邻电阻}} \qquad (1.5\text{-}17)$$

若三角形（或星形）连接的 3 个电阻相等，则变换后的星形（三角形）的 3 个电阻也相等。且有

$$R_\triangle = 3R_\curlyvee, \qquad R_\curlyvee = 1/3R_\triangle$$

式中 $R_\triangle$ 是三角形联结电阻，$R_\curlyvee$ 是星形联结电阻。电阻丫形和△形联结的等效变换在三相电路分析中是很有用的。

例 1-8 求图 1-34a 中所示桥式电路的电阻 R_{12}。

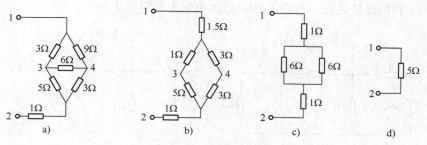

图 1-34   例 1-8 用图

解：先将图 1-34a 中节点 1、3、4 所连的 △ 形联结的电阻等效为丫形联结，如图 1-34b 所示。将图 1-34b 改画为如图 1-34c 所示，用串、并联方法求出 R_{12}，如图 1-34d 所示，为

$$R_{12} = 5\ \Omega$$

1.5.3   含受控源电路的等效变换

含受控源电路的等效变换，可通过求其端口的伏安关系来得到等效电路，该方法即端口伏安关系法。

例 1-9 求图 1-35a 所示电路的等效电阻 R_{ab}。

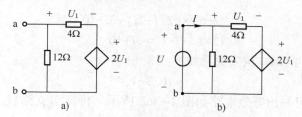

图 1-35   例 1-9 用图

解：为求出 ab 端口伏安关系，在端口施加一独立电压源（电压为 U），如图 1-35b 所示，应用两类约束，求出端口电压 U 作用下的端口电流 I。这种方法称为加压求流法。列写图 1-35b 的方程为

$$\begin{cases} U = U_1 + 2U_1 \\ I = \dfrac{U}{12} + \dfrac{U_1}{4} \end{cases}$$

解得

$$U = 6I$$

等效电阻为

$$R = 6\ \Omega$$

由此例可推广得到一个重要的结论：任何一个不含独立源（可含有受控源）的无源二端网络，均可等效为一个电阻。由于电路的性质（即端口伏安关系）只与电路的内部结构及元件参数有关，与外加激励无关，因此还可在端口施加一独立电流源 I，来求端口电压与电流的关系，这种方法称为加流求压法。无论是加压求流还是加流求压，都能求出等效

电阻。

例1-10 利用等效定义，求图1-36a所示电路中的电流I。

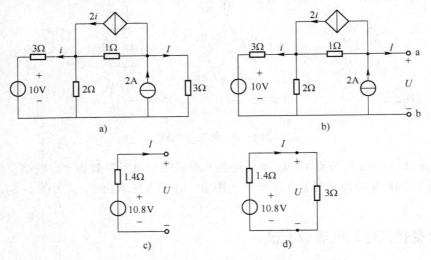

图 1-36 例 1-10 用图

解： 先断开待求支路，如图 1-36b 所示。设端口电压为 U，电流为 I，列写 KCL、KVL 方程为：

$$\begin{cases} U = 1 \times (2-I-2i) + 3i + 10 \\ 2 \times (2-I-i) = 3i + 10 \end{cases}$$

消去 i，可得图 1-36b 的端口伏安关系如下：

$$U = 10.8 - 1.4I$$

由此伏安关系，可画出等效电路如图 1-36c 所示。将待求支路接上，如图 1-36d 所示电路，于是求得

$$I = \frac{10.8}{1.4+3} \approx 2.45 \text{ A}$$

1.5.4 电源的等效变换

1. 理想电压源的串联

理想电压源在电路中可以串联。如图 1-37 所示，当 n 个理想电压源串联时，可以等效为一个电压源，且该电压源的电压等于该串联支路所有电压源电压的代数和，即

$$u_S = u_{S1} + u_{S2} + \cdots + u_{Sn} = \sum_{k=1}^{n} u_{Sk} \tag{1.5-18}$$

将多个电压源串联，可以提高或降低总电压。

2. 理想电流源的并联

理想电流源在电路中可以并联。如图 1-38 所示，当 n 个理想电流源并联时，可以等效为一个电流源，等效电流源的电流等于并联支路上所有电流源电流的代数和，即

$$i_S = i_{S1} + i_{S2} + \cdots + i_{Sn} = \sum_{k=1}^{n} i_{Sk} \tag{1.5-19}$$

将多个电流源并联，可以提高或者降低总电流。

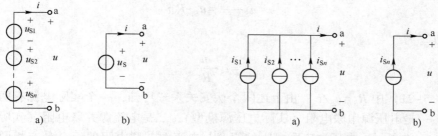

图 1-37　电压源的串联　　　　　　　　图 1-38　电流源的并联

3. 理想电压源与多余元件的并联

只有极性一致、电压值相等的电压源才允许并联，否则违背 KVL。如图 1-39a 所示，一个与电压源 u_S 的极性和大小不一致的元件 N 与该电压源 u_S 并联，称 N 为多余元件，等效时可断开该元件，等效电路如图 1-39b 所示。

4. 理想电流源与多余元件的串联

只有方向相同、电流值的大小相等的电流源才允许串联，否则违背 KCL。如图 1-40a 所示，一个与电流源 i_S 的电流方向和大小不一致的元件 N 与该电流源 i_S 串联，称 N 为多余元件，等效时可将该元件短路，等效电路如图 1-40b 所示。

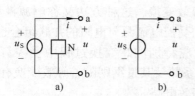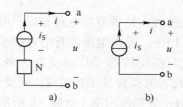

图 1-39　多余元件与电压源并联　　　　图 1-40　多余元件与电流源串联

注意，电压源不能短路，电流源不能开路。

5. 实际电源的模型及其等效变换

在现实中理想电源是不存在的，因为实际电源内部都有一定的内阻 R_S，存在能量消耗。图 1-41a 所示是一个实际电源外接一个电阻。实际电源的外部特性如图 1-41b 实线所示，一般可近似为一条直线，如图 1-41c 所示。其中 u_S 是电源的输出电流为零时的电压值，即开路电压 u_{OC}，i_S 是电源的输出电压为零时的电流值。

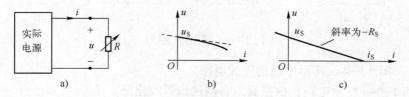

图 1-41　实际电源及其伏安关系

根据图 1-41c 的直线可写出其方程，其端口伏安关系为

$$u = u_\text{S} - \frac{u_\text{S}}{i_\text{S}}i = u_\text{S} - R_\text{S}i \qquad (1.5\text{-}20)$$

上式可以改写为

$$i = i_\text{S} - \frac{u}{R_\text{S}} \qquad (1.5\text{-}21)$$

式（1.5-21）中 $R_\text{S} = u_\text{S}/i_\text{S}$。由上述两个伏安关系式可知，一个实际电源有两种不同的等效模型：一是电压源串联电阻（实际电压源模型）；二是电流源并联电阻（实际电流源模型），如图 1-42 所示。电压源串联电阻的组合与电流源并联电阻的组合具有相同的伏安关系，所以这两种模型可以相互等效，变换时要注意 u_S 和 i_S 的参考方向。两个模型等效互换的条件是 $R_\text{S} = u_\text{S}/i_\text{S}$。通常将与电阻串联的电压源称为有伴电压源，将与电阻并联的电流源称为有伴电流源，将单独的理想电压源或理想电流源称为无伴电源。

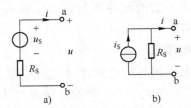

图 1-42　实际电源的等效电路模型及互换

实际电源的两种模型在电路分析中可以相互等效变换，这种方法又称电源模型互换法，简称模型互换法。受控电压源与电阻的串联组合和受控电流源与电阻的并联组合也可进行模型互换。此时把受控源当作独立源来处理。不过应特别注意变换过程中受控源的控制量（或控制支路）必须保证不被改变，而受控源控制系数及其量纲则随着等效变换有所变化。

例 1-11　分别作出图 1-43a、b 所示电路的等效电路。

解：对图 1-43a，电路对外提供一个恒定的 6 V 电压，与电流源无关，所以端口电压方程为 $U = 6\,\text{V}$，其等效电路为 6 V 的电压源，如图 1-43c 所示。

对图 1-43b，电路对外提供一个恒定的 5 A 电流，与电压源无关，所以端口电流方程为 $I = 5\,\text{A}$，其等效电路为 5 A 的电流源，如图 1-43d 所示。

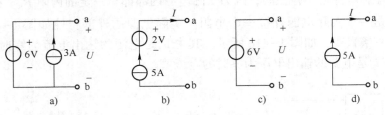

图 1-43　例 1-11 用图

例 1-12　求图 1-44a 所示电路的等效电路。

解：对图 1-44a 所示电路，由左侧向右侧逐步等效化简。

首先将图 1-44a 左侧的 6 V 电压源与 3 Ω 电阻串联的部分等效为 2 A 电流源与 3 Ω 电阻的并联，如图 1-44b 所示。再由电流源并联等效得图 1-44c，进一步将电路化简为图 1-44d，最

后利用电压源串联等效得到图 1-44e。

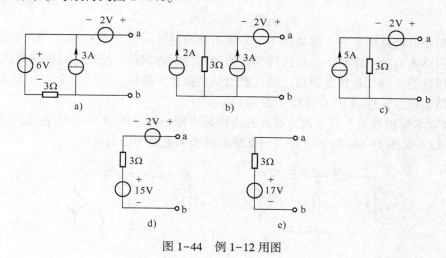

图 1-44 例 1-12 用图

1.6 方程法

前面已经介绍了元件约束和拓扑约束是分析电路的基本依据。利用两类约束和等效变换可对电路进行分析计算。但是对于一些复杂电路的分析还需要寻求某种系统化的一般方法。这类方法一般不改变电路的结构,其基本思路是选择一组适当的电路变量 (电压或电流),根据两类约束建立电路方程来求解这组变量,而后再求其他响应。对于线性电阻电路,其方程是一组线性代数方程,因此这类方程称为方程法,也叫一般分析法。

1.6.1 支路电流法

支路电流法是以支路电流为变量,先列写电路的 KCL 和 KVL 方程,先求出支路电流,再求解电路中其他未知量的方法,简称支路法。

若支路法共有 b 个支路电流变量,则有 b 个独立方程。下面以图 1-45 为例进行说明,图中有 3 条支路,即有 3 个支路电流变量。为求出这些电流变量,需要列写出的独立方程个数为 3 个。

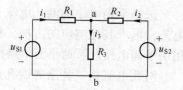

图 1-45 支路电流法示例

1) 设支路电流参考方向如图 1-45 所示。

2) 因为图 1-45 有两个节点,故两个节点的 KCL 方程是对偶的关系。只需列写 1 个节点的 KCL 方程,即

$$i_1 + i_2 - i_3 = 0$$

由电路网络图论可知具有 n 个节点的电路网络中,独立的 KCL 方程个数为 $n-1$ 个。

3) 列写独立回路的 KVL 方程。

除了独立节点的电流方程外,还需找到两个独立的 KVL 方程才能求出 3 个支路电流变量。若选择图 1-45 所示电路的两个网孔列写回路方程,则有两个独立的 KVL 方程,即

$$\begin{cases} R_1 i_1 + R_3 i_3 = u_{S1} \\ R_2 i_2 + R_3 i_3 = u_{S2} \end{cases}$$

以上两个方程是独立的，即其中一个方程不能由另外一个方程来表示。这两个独立方程所对应的回路称为独立回路。一般选择网孔作为列方程的回路，能保证列回路电压方程是独立的。可以证明，网孔是独立回路，网孔数也就是独立回路数。对于一个有 n 个节点，b 条支路的电路来说，独立的 KVL 方程个数为 $b-n+1$ 个。

4）联立求解独立的节点电流方程和独立回路方程，可求得图 1-45 中各支路电流。

例 1-13 如图 1-46a 所示电路，用支路电流法求电路中的电流 i_1。

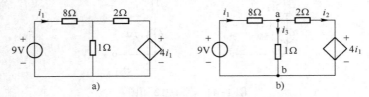

图 1-46 例 1-13 用图

解：该电路含有一个受控源，将其看作独立源。设各支路电流如图 1-46b 所示，电路中节点数为 2，支路数为 3。

首先列写 a 节点的 KCL 方程：

$$i_1 = i_2 + i_3$$

选择网孔为独立回路，列写 2 个网孔的 KVL 方程：

$$\begin{cases} 8i_1 + i_3 = 9 \\ 2i_2 + 4i_1 = i_3 \end{cases}$$

联立求解方程，得

$$i_1 = 0.9\,\text{A}$$

1.6.2 网孔电流法

选择平面电路的网孔电流作为电路变量，利用 KVL 列写网孔的电压方程，先求得网孔电流，再求其他响应的方法，称为网孔电流法。大多数电路都是平面电路，网孔电流法仅适用于平面电路。所谓平面电路是指除节点外所有支路都没有交叉的电路，其电路图是平面的。

网孔电流是一种沿着网孔边界流动的假想的电流。

在具有 n 个节点，b 条支路的平面电路中，可以证明，网孔数为 $b-n+1$ 个，因此有 $b-n+1$ 个网孔电流。如图 1-47 所示电路，共有 3 个网孔，其 3 个网孔电流为 i_a、i_b、i_c，分别沿着 acba、abda、bcdb 网孔边界流动。

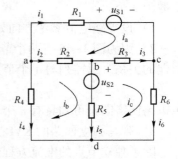

图 1-47 网孔电流法示例

网孔电流是独立的变量。根据电流连续性，对于图 1-47 中每一个节点，网孔电流流入节点一次，同时又流出该节点一次，因此网孔电流在节点上自动满足基尔霍夫电流定律。若以网孔电流为变量对节点 b 列 KCL 方程，有

$$i_a - i_a + i_b - i_b + i_c - i_c = 0$$

上式恒等于零。由于各网孔电流相互抵消，各网孔电流不受 KCL 约束，所以网孔电流具有独立性。

网孔电流是完备的变量。当电路中某条支路只有一个网孔电流流过时，该支路电流就是网孔电流；当有多个网孔电流同时流过某条支路时，该支路电流等于这些网孔电流的共同作用，即网孔电流的代数和。可见，电路中所有支路电流均可由网孔电流来表示

$$\begin{cases} i_1 = i_a \\ i_2 = i_b - i_a \\ i_3 = i_c - i_a \\ i_4 = -i_b \\ i_5 = i_b - i_c \\ i_6 = i_c \end{cases} \tag{1.6-1}$$

网孔电流自动满足 KCL，因此只需列写 KVL 方程。对于有 n 个节点，b 条支路的电路，其独立的 KVL 方程个数为 $b-n+1$ 个。以网孔电流为变量列写 $b-n+1$ 个网孔的 KVL 方程，该组方程称为网孔方程，联立求解可得网孔电流。下面以图 1-47 为例，利用式（1.6-1），用网孔电流表示支路电流，取网孔电流方向为绕行方向，列写各网孔的 KVL 方程如下。

网孔 a：$\qquad R_1 i_a - R_2(i_b - i_a) - R_3(i_c - i_a) = -u_{S1}$
网孔 b：$\qquad R_2(i_b - i_a) - R_4(-i_b) + R_5(i_b - i_c) = -u_{S2}$ $\tag{1.6-2}$
网孔 c：$\qquad R_3(i_c - i_a) - R_5(i_b - i_c) + R_6 i_c = u_{S2}$

整理得

$$\begin{cases} (R_1 + R_2 + R_3)i_a - R_2 i_b - R_3 i_c = -u_{S1} \\ (R_2 + R_4 + R_5)i_b - R_2 i_a - R_5 i_c = -u_{S2} \\ (R_3 + R_5 + R_6)i_c - R_3 i_a - R_5 i_b = u_{S2} \end{cases} \tag{1.6-3}$$

式（1.6-3）就是网孔方程，实际上，上述方程可以整理为一般形式：

$$\begin{cases} R_{11} i_a + R_{12} i_b + R_{13} i_c = u_{S11} \\ R_{21} i_a + R_{22} i_b + R_{23} i_c = u_{S22} \\ R_{31} i_a + R_{32} i_b + R_{33} i_c = u_{S33} \end{cases} \tag{1.6-4}$$

或写为矩阵形式为

$$\begin{bmatrix} R_{11} & R_{12} & R_{13} \\ R_{21} & R_{22} & R_{23} \\ R_{31} & R_{32} & R_{33} \end{bmatrix} \cdot \begin{bmatrix} i_a \\ i_b \\ i_c \end{bmatrix} = \begin{bmatrix} u_{Sn1} \\ u_{Sn2} \\ u_{Sn3} \end{bmatrix} \tag{1.6-5}$$

从上述网孔方程能总结出一些规律，利用这些规律列方程，会简化网孔电流方程的列写。

式（1.6-5）中，系数矩阵对角线元素 R_{kk} 称为网孔 k 的自电阻，它是网孔 k 中所有电阻之和。例如 $R_{11} = R_1 + R_2 + R_3$，$R_{22} = R_2 + R_4 + R_5$，$R_{33} = R_3 + R_5 + R_6$。由于列写 KVL 方程时设定了绕行方向为网孔电流方向，因此自电阻上产生的电压降总是正的，自电阻恒取正号。

式（1.6-5）中，非对角线元素，例如 R_{12} 是网孔 a 和网孔 b 公共支路上的电阻，称为互电阻。互电阻上的电压降可能为正，也可能为负，这取决于流经互电阻的网孔电流的参考

方向。当互电阻上的两个网孔电流方向相同时，互电阻取正号；当互电阻上两个网孔电流参考方向相反时，互电阻取负号。网孔 a 和网孔 b 的网孔电流方向相反，故 R_{12} 的符号取负号。如果各网孔电流参考方向设为一致，即同为顺时针方向，或同为逆时针方向，则各互电阻上相邻电流方向一定相反，互电阻符号均为负号。

式（1.6-5）中，等号右端的元素 u_{Snk} 表示网孔 k 中所有电压源电压升的代数和，例如回路 a 中电压源的电压升为 $-u_{S1}$，回路 c 中电压源的电压升为 u_{S2}。

总而言之，以网孔电流参考方向作为绕行方向，网孔方程的左端为（电阻的）电压降的代数和，方程的右端为电压源电压升的代数和。

按总结出来的规律，从电路直接列写网孔电流方程的通式为

自电阻 × 本网孔电流 + $\sum$ 互电阻 × 相邻网孔电流 = 本网孔所含电压源电压升的代数和

网孔分析法的解题步骤归纳如下。

1）设定网孔电流参考方向（通常同取顺时针或逆时针方向），绕行方向与参考方向一致。

2）列网孔方程组，联立求解，解出网孔电流。

3）由网孔电流求电路其他待求量。

网孔法的实质是网孔的 KVL 方程。若网孔含有电流源，由于电流源的电压要由外电路确定而不能直接用网孔电流来表示，故一般采用以下方法来处理。

1）若存在电流源并联电阻的有伴电流源，则将其并联组合等效为电压源串联电阻模型。

2）若某个无伴电流源所在支路单独属于某一个网孔，则与其关联的网孔电流为已知，该网孔电流方程可省去，其他网孔电流方程正常列写。

3）若某个无伴电流源为两个网孔所共有，可将电流源两端电压作为未知变量，从而增补一个辅助方程，使电流源电流与网孔电流相联系。

例 1-14　如图 1-48a 所示，试用网孔分析法求电流 i 和电压 u。

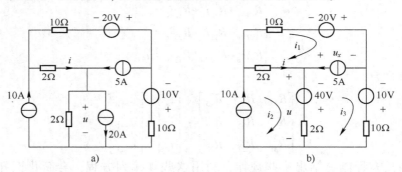

图 1-48　例 1-14 用图

解： 设网孔电流参考方向如图 1-48b 所示。图中 10 A 电流源是无伴电流源，该网孔电流 i_2 即等于 10 A 电流源。将 20 A 电流源和 2 Ω 电阻并联的有伴电源模型，等效为电压源串联电阻的模型，等效后的 u 应为串联支路的支路电压；5 A 电流源为两个网孔所共有，故增设其两端电压变量 u_x，如图 1-48b 所示，列写网孔电流方程：

网孔 1：　　　　　　　　　　　$(10+2)i_1-2i_2=20+u_x$

网孔 2：$\qquad\qquad i_2 = 10\,\mathrm{A}$

网孔 3：$\qquad\qquad (2+10)\,i_3 - 2i_2 = 10 - 40 - u_x$

辅助方程：$\qquad\qquad i_1 - i_3 = 5$

联立求解该方程组，可得 $\quad i_1 = 3.75\,\mathrm{A}$，$i_3 = -1.25\,\mathrm{A}$，$i = i_2 - i_1 = 6.25\,\mathrm{A}$

$$u = 2(i_2 - i_3) - 40 = -17.5\,\mathrm{V}$$

当电路中含有受控电源，可将受控源按独立源一样对待，列写网孔方程，增设一个辅助方程，即找出控制量与网孔电流的关系方程，下面通过例子来说明。

例 1-15 如图 1-49a 所示电路，求各网孔电流及受控源吸收的功率。

解： 设网孔电流如图 1-49b 所示，列写网孔电流方程：

$$\begin{cases} 12i_1 - 2i_2 = 6 - 8i_x \\ 6i_2 - 2i_1 = 8i_x - 4 \\ i_x = i_2 \end{cases}$$

联立求解得

$$i_1 = -1\,\mathrm{A}, \quad i_2 = 3\,\mathrm{A}$$

受控源的吸收的功率为

$$P = 8i_x(i_1 - i_2) = 8 \times 3 \times (-1-3)\,\mathrm{W} = -96\,\mathrm{W}$$

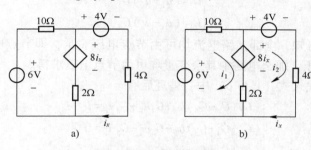

图 1-49　例 1-15 用图

1.6.3　节点电压法

在电路中任意选择一个节点为参考节点，假设其电位为零，电路中其他各节点到参考节点的电压称为节点电压（位）。如图 1-50 所示，选择节点 d 为参考点，则节点电压为 u_a，u_b，u_c。

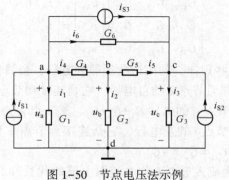

图 1-50　节点电压法示例

以节点电压为电路变量，直接列写独立节点的 KCL 方程，先求得节点电压进而求响应的方法，称为节点电压法，简称节点法。节点法以 $n-1$ 个独立节点电压为变量，根据 KCL 列出方程求解。

节点电压是相互独立的变量。因为各节点电压变量不可能处于同一个回路内，所以不能通过 KVL 方程把各个节点电压联系起来，即它们相互间不受 KVL 约束，具有独立性。

对图 1-50 中节点 a、b、c 分别列出 KCL 方程如下。

$$\begin{cases} i_1+i_4+i_6=i_{S1}-i_{S3} \\ i_2-i_4+i_5=0 \\ i_3-i_5-i_6=i_{S2}+i_{S3} \end{cases} \tag{1.6-6}$$

由于电路中任一条支路都与两个节点相连，因此支路之间的电压等于两个节点之间的电压之差。将上式支路电流用节点电压表示，有

$$\begin{cases} i_1=u_a G_1 \\ i_2=u_b G_2 \\ i_3=u_c G_3 \\ i_4=(u_a-u_b)G_4 \\ i_5=(u_b-u_c)G_5 \\ i_6=(u_a-u_c)G_6 \end{cases} \tag{1.6-7}$$

从式（1.6-7）可知，全部支路电流均可由节点电压表示，即节点电压是完备的变量。若设法先求出节点电压，那么电路中其余变量均可由节点电压求得。

将式（1.6-7）代入式（1.6-6）中，整理后有

$$\begin{cases} (G_1+G_4+G_6)u_a-G_4 u_b-G_6 u_c=i_{S1}-i_{S3} \\ (G_2+G_4+G_5)u_b-G_4 u_a-G_5 u_c=0 \\ (G_3+G_5+G_6)u_c-G_6 u_a-G_5 u_b=i_{S2}+i_{S3} \end{cases} \tag{1.6-8}$$

写为一般形式为

$$\begin{cases} G_{11}u_{n1}+G_{12}u_{n2}+G_{13}u_{n3}=i_{Sn1} \\ G_{21}u_{n1}+G_{22}u_{n2}+G_{23}u_{n3}=i_{Sn2} \\ G_{31}u_{n1}+G_{32}u_{n2}+G_{33}u_{n3}=i_{Sn3} \end{cases} \tag{1.6-9}$$

写成矩阵的形式为

$$\begin{bmatrix} G_{11} & G_{12} & G_{13} \\ G_{21} & G_{22} & G_{23} \\ G_{31} & G_{32} & G_{33} \end{bmatrix} \begin{bmatrix} u_{n1} \\ u_{n2} \\ u_{n3} \end{bmatrix} = \begin{bmatrix} i_{Sn1} \\ i_{Sn2} \\ i_{Sn3} \end{bmatrix} \tag{1.6-10}$$

从节点方程能总结出一些规律，利用这些规律列方程，会简化节点电压方程的列写。

式（1.6-10）中，G_{kk} 称为节点 k 的自电导，它是连接到节点 k 的所有支路的电导之和，恒取 "+" 号。例如连接到节点 a 的电导 $G_1+G_4+G_6$，是节点 a 的自电导。

$G_{kj}(k \neq j)$ 称为节点 k 与节点 j 的互电导，它是连接到节点 k 和节点 j 之间共有支路电导之和。恒取 "-" 号。例如 $G_{12}=G_{21}=-G_4$。

等式右边列的元素 i_{Snk} 为流入节点 k 的电流源电流的代数和。流入节点的电流源电流取

"+"号，否则取"-"号。

式（1.6-9）等号左边表示从电阻支路流出节点的电流，等号右边表示从电流源支路流入节点的电流，该式满足基尔霍夫电流定律。按总结出来的规律，从电路直接列写节点电压方程的通式为

自电导 × 本节点电压 + $\sum$ 互电导 × 相邻节点电压 = 流入本节点电流源电流的代数和

节点电压法的解题步骤归纳如下。

1）选取参考节点（设参考点电位为零），确定其余各节点电压变量。

2）列节点电压方程组，联立求解，求得各节点电压。

3）由各节点电压求其他变量。

节点方程的实质，是用节点电压表示各支路电流，从而列写各节点的 KCL 方程。若支路中含有电压源，由于电压源的电流由外电路确定而不能直接用节点电压表示，故一般采用以下方法处理。

1）若存在电压源串联电阻的有伴电压源，则将其串联组合等效为电流源并联电阻的组合。

2）若存在只含一个独立电压源（无伴电压源）的支路，取电压源支路的一端作为参考点，这时该支路另一端连接的节点电压为已知量，且等于该电压源电压。

3）若存在两个或两个以上无伴电压源支路，可对其中一个无伴电压源按上述第 2 种方法处理，将其余无伴电压源支路的电流作为未知量列入节点方程中，并增设辅助方程，将该电压源与节点电压相联系。

例 1-16 对图 1-51a 列写节点电压方程。

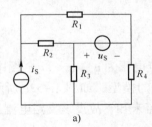 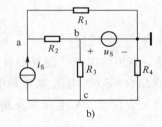

图 1-51 例 1-16 用图

解：图 1-51a 中电路含有无伴电压源 u_S 支路，选择该电压源负极为参考点，如图 1-51b 所示。设节点电压为 u_a、u_b、u_c，其中 b 点电压为已知量，即 $u_b=u_S$。u_a 和 u_c 为未知量，列写节点 a 和 c 的节点方程：

$$\begin{cases} \left(\dfrac{1}{R_1}+\dfrac{1}{R_2}\right)u_a-\dfrac{1}{R_2}u_b=i_S \\[2mm] \left(\dfrac{1}{R_3}+\dfrac{1}{R_4}\right)u_c-\dfrac{1}{R_3}u_b=-i_S \end{cases}$$

将 $u_b=u_S$ 代入以上两个方程中，联立求解即可求出 u_a、u_c。

上题若选择 a 点或 c 点为参考点，则需要列写 3 个方程；若选择电压源负极为参考点，则只需列两个方程。从上题求解过程可以看出，对于只含有一个独立电压源的支路，如果能够选取合适的参考点，可以减少需要列写的方程数目，简化求解过程。

例 1-17 如图 1-52a 所示电路，用节点法求电流 I。

解：【解法一】图 1-52a 中含有无伴电压源支路，选择该 2V 电压源的负极为参考点，则 $u_a = 2V$。设其余各节点电压为 u_b、u_c；图中 1 V 电压源与 2 Ω 电阻串联，将其串联组合等效为电流源并联电阻的模型，如图 1-52b 所示。

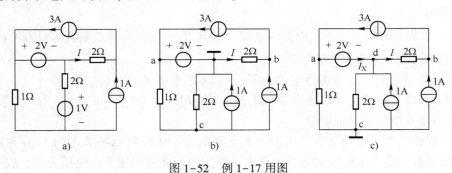

图 1-52 例 1-17 用图

列写各节点的节点方程为

$$\begin{cases} \dfrac{1}{2}u_b = 1-3 \\ \left(1+\dfrac{1}{2}\right)u_c - u_a = -1-1 \end{cases}$$

联立求解得

$$u_b = -4\,\text{V}, \quad u_c = 0\,\text{V}$$

则

$$I = -\dfrac{u_b}{2} = 2\,\text{A}$$

【解法二】选择 c 点为参考点，设其余各节点电压为 u_a、u_b、u_d，图中 1 V 电压源与 2 Ω 电阻串联，将其串联组合等效为电流源并联电阻的模型，如图 1-52c 所示。节点电压法列写的是节点的电流方程，由于 2 V 电压源支路电流未知，故设该支路电流为 I_X。列写各节点方程为

节点 a：
$$u_a = 3 - I_X$$

节点 d：
$$\left(\dfrac{1}{2}+\dfrac{1}{2}\right)u_d - \dfrac{1}{2}u_b = 1 + I_X$$

节点 b：
$$\dfrac{1}{2}u_b - \dfrac{1}{2}u_d = 1-3$$

辅助方程为

$$u_a - u_d = 2$$

联立求解得

$$u_a = 2\,\text{V}, \quad u_b = -4\,\text{V}, \quad u_d = 0\,\text{V}$$

则

$$I = \dfrac{u_d - u_b}{2} = 2\,\text{A}$$

以上讨论的电路只含有独立源，如果电路中含有受控源，先将受控源按照独立源一样地

对待，列写节点方程，再增加辅助方程，将受控源的控制量用节点电压来表示。

例 1-18 如图 1-53a 所示电路，求电压 u 和电流 i。

解： 图 1-53a 中节点 c 和 d 之间含有一个无伴电压源，选择该电压源的负极（节点 d）为参考点，设其余各节点电压为 u_a、u_b、u_c，其中 $u_c = 10\,\text{V}$，如图 1-53b 所示。列写节点 a 和节点 b 的节点方程为

$$
\begin{cases}
(1+1+2)u_a - u_b - 2u_c = 6 \\
(1+2)u_b - u_a - 2u_c = -3u \\
u_c = 10 \\
u = u_a
\end{cases}
$$

联立求解得

$$u_a = u = 7\,\text{V}, \quad u_b = 2\,\text{V}, \quad i = 2(u-10) = -6\,\text{A}$$

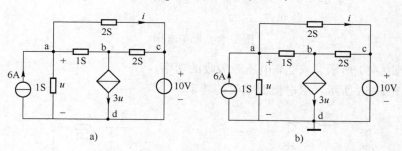

图 1-53 例 1-18 用图

前面介绍了电路分析的几种方法，对于有 n 个节点，b 条支路的电路而言，因为支路电流法、网孔电流法和节点电压法选择的变量不同，所以方程个数也不同，见表 1-1。支路电流法所需的方程数目较多，但应用比较灵活。节点法适用于支路数多，节点数少的电路。选取何种分析方法，关键在于采用选定的方法得到的联立方程个数更少。

表 1-1 方程法对比

分 析 方 法	方 程 数 量	变 量 数 量
支路法	b	b
网孔法	$b-n+1$	$b-n+1$
节点法	$n-1$	$n-1$

节点法的优点是选取独立节点电压比较容易。网孔法也容易选定网孔，但网孔法不像节点法那样通用，网孔法仅适用于平面电路。节点法适用于平面电路和非平面电路。目前，在计算机辅助网络分析中，节点法被广泛应用。

习题 1

1-1 如图 1-54 所示是电路中的一条支路，其电流、电压参考方向如图所示。

（1）如 $i = 1\,\text{A}$，$u = 4\,\text{V}$，求元件吸收的功率。

（2）如 $i = 2\,\text{mA}$，$u = -5\,\text{V}$，求元件吸收的功率。

（3）如 $u=-200\,\mathrm{V}$，元件吸收的功率为 $12\,\mathrm{kW}$，求电流 i。

1-2 如图 1-55 所示是电路中的一条支路，其电流、电压参考方向如图所示。

（1）如 $i=2\,\mathrm{A}$，$u=4\,\mathrm{V}$，求元件吸收的功率。

（2）如 $i=-5\,\mathrm{A}$，$u=-2\,\mathrm{mV}$，求元件吸收的功率。

（3）如 $u=120\,\mathrm{V}$，元件发出的功率为 $12\,\mathrm{kW}$，求电流 i。

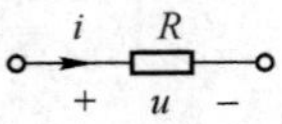

图 1-54　题 1-1 图 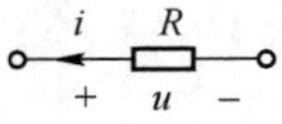　　　　　　　　图 1-55　题 1-2 图

1-3 电路如图 1-56 所示，求其端口电压 u_{ab}。

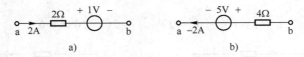

a)　　　　　　　　　　b)

图 1-56　题 1-3 图

1-4 如图 1-57 所示，求 2 V 电压源吸收的功率。

1-5 如图 1-58 所示，求电流源吸收的功率。

图 1-57　题 1-4 图　　　　　　　图 1-58　题 1-5 图

1-6 电路如图 1-59 所示，求电流 I。

1-7 电路如图 1-60 所示，求电压 u_{ad}。

1-8 电路如图 1-61 所示，求电流 I。

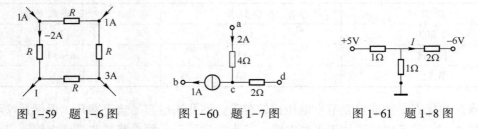

图 1-59　题 1-6 图　　　图 1-60　题 1-7 图　　　图 1-61　题 1-8 图

1-9 电路如图 1-62 所示，求电流 I。

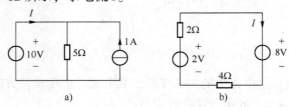

a)　　　　　　　　　　b)

图 1-62　题 1-9 图

1-10 如图 1-63 所示，求含受控源的电路中的电流 i 和电压 u 的值。

1-11 求图 1-64 所示电路中电阻 R 所吸收的功率。

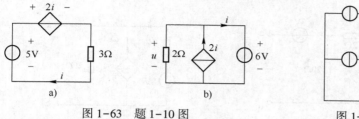

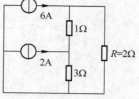

图 1-63 题 1-10 图

图 1-64 题 1-11 图

1-12 如图 1-65 所示电路，分别求其等效电阻。

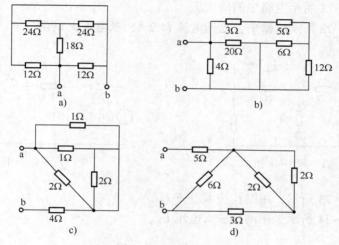

图 1-65 题 1-12 图

1-13 求图 1-66 中各电路的等效电阻 R_{ab}。

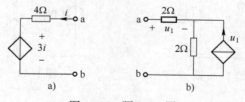

图 1-66 题 1-13 图

1-14 求图 1-67 所示电路的最简等效电路。

1-15 求图 1-68 所示电路的最简等效电路。

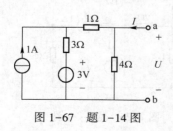

图 1-67 题 1-14 图

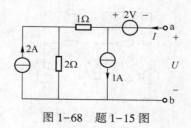

图 1-68 题 1-15 图

1-16 求图 1-69 所示电路的最简等效电路。

1-17 求图 1-70 所示电路的最简等效电路。

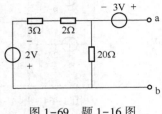

图 1-69 题 1-16 图

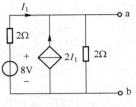

图 1-70 题 1-17 图

1-18 求图 1-71 所示电路中的电流 I。

1-19 如图 1-72 所示电路中，已知电流 $I=2\,A$，求电阻 R 的值。

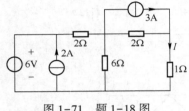

图 1-71 题 1-18 图

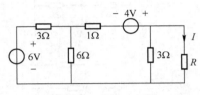

图 1-72 题 1-19 图

1-20 如图 1-73 所示，用网孔法求电流 I。

1-21 如图 1-74 所示，用网孔法求电压 U_1。

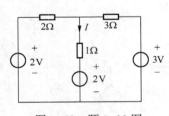

图 1-73 题 1-20 图

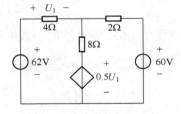

图 1-74 题 1-21 图

1-22 用网孔法和节点法分析图 1-75 所示电路所需的方程组（仅列方程，不必求解）。

1-23 如图 1-76 所示电路，参考点如图所示，试求各节点的节点电压。

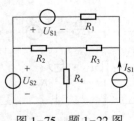

图 1-75 题 1-22 图

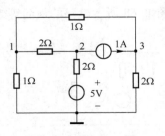

图 1-76 题 1-23 图

1-24 如图 1-77 所示电路，参考点如图所示，试求各节点的节点电压。

1-25 如图 1-78 所示电路，参考点如图所示，试分别列出节点方程（仅列方程，不必求解）。

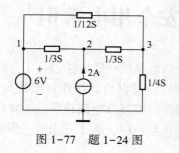

图 1-77 题 1-24 图

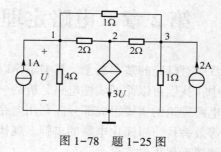

图 1-78 题 1-25 图

第2章　电路定理及安全用电常识

在第 1 章中对电路的基本概念、基本定律以及分析电路的一般方法进行了介绍。从电阻电路的分析中，我们可以循到线性电路分析的一些规律，可以将其当作一般性定理来使用。这些定理是电路理论的重要组成部分。利用电路定理可以将复杂电路化简或者将电路的局部用简单电路等效替代，以简化电路的求解。现代生活、生产中，离不开用电。因此，要保障安全生产，就要确保用电安全。

本章主要介绍分析电路中常用的基本定理和安全用电常识。首先介绍电路定理，包括齐次定理、叠加定理、等效电源定理（戴维南定理和诺顿定理），最大功率传输定理等；然后介绍安全用电的基本概念、安全用电的原理和防触电的技术等。

2.1　齐次定理和叠加定理

由线性电路元件和电源组成的电路称为线性电路。线性电路有两个重要性质：齐次性（或比例性）和叠加性（或可加性）。由这两个性质可总结为两个重要定理：齐次定理和叠加定理。电路中的许多定理和方法要依靠线性性质推导出来。

2.1.1　齐次定理

齐次定理描述了线性电路中只有一个激励作用时激励和响应之间的关系。其具体内容是：具有唯一解的线性电路，当电路中只有一个激励源（独立电压源或独立电流源）作用时，其响应（电压或电流）与激励成正比。

例如，若激励是电流源 i_S，响应是电压 u，则有 $u = ki_S$。式中，k 为常数，只与电路结构和元件参数有关，而与激励无关。

例 2-1　如图 2-1 所示，求图中的 I_1。若电压源变为 10 V 时，求 I_1。

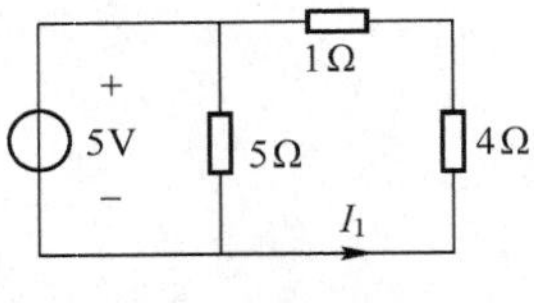

解：图 2-1a 中，利用电阻并联分流公式，解得

图 2-1　例 2-1 用图

$$I_1 = -\frac{5}{5//(1+4)} \cdot \frac{5}{5+(1+4)} A = -1 A$$

当电压源变为 10 V 时，解得

$$I_1 = -\frac{10}{5//(1+4)} \cdot \frac{5}{5+(1+4)} A = -2 A$$

由计算结果可知，当电路中只有一个激励源时，响应与激励成正比关系。当电路中所有激励同时激励增大 K 倍，响应也增大 K 倍。

例 2-2　如图 2-2 所示电路中，$i_S = 15 A$，求电流 I_0。

解：利用齐次定理求解。

不妨先假设电流 $I_0 = 1\ \mathrm{A}$，由图很容易计算出

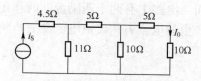

$i_\mathrm{S} = 5\ \mathrm{A}$。根据齐次定理，当 $i_\mathrm{S} = 15\ \mathrm{A}$ 时，$I_0 = \dfrac{1}{5} \times$

$15\ \mathrm{A} = 3\ \mathrm{A}$。

图 2-2　例 2-2 用图

2.1.2　叠加定理

叠加定理是线性电路的一个重要定理。叠加定理的内容是：对于具有唯一解的线性电路，多个激励源共同作用时引起的响应（电压或电流）等于各个激励源单独作用时（其他独立源置零）所引起的响应的代数和。独立源单独作用，是指每个或一组独立源作用时，其他独立源均置零（即独立电压源短路，独立电流源开路），而电路的结构、所有电阻和受控源均不得变化。

例 2-3　求电路图 2-3a 所示电路中的 I。

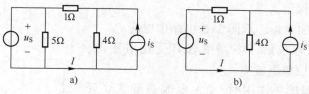

图 2-3　例 2-3 用图

解： 图 2-3a 中 5 Ω 电阻与电压源并联，电路可等效为图 2-3b。采用网孔法求解。设网孔电流与 I 和 i_S 一致（大小和参考方向均相同），则网孔方程为

$$5I - 4i_\mathrm{S} = -u_\mathrm{S}$$

解得

$$I = -\frac{1}{5}u_\mathrm{S} + \frac{4}{5}i_\mathrm{S}$$

由该计算结果可知，当两个激励 u_S 和 i_S 同时作用时，响应 I 是这两个激励的线性组合。

再看原电路，当电流源 $i_\mathrm{S} = 0$ 时，电路中只有电压源单独作用，如图 2-4a 所示，此时的电流 $I = I_1$ 为

$$I_1 = -\frac{u_\mathrm{S}}{5 /\!/ (1+4)} \cdot \frac{1}{2} = -\frac{1}{5}u_\mathrm{S}$$

而当电压源 $u_\mathrm{S} = 0$ 时，电路只有电流源单独作用，如图 2-4b 所示，此时的电流 $I = I_2$ 为

$$I_2 = i_\mathrm{S} \times \frac{4}{1+4} = \frac{4}{5}i_\mathrm{S}$$

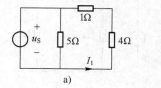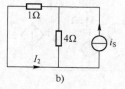

图 2-4　叠加定理示例

而当电路中有两个激励源同时作用时，如图 2-3a 所示，可以看作仅由电压源 u_S 单独作用时产生的电流 I_1 和仅由电流源 i_S 单独作用时产生的电流 I_2 的代数和。因此有

$$I = I_1 + I_2 = -\frac{1}{5}u_\mathrm{S} + \frac{4}{5}i_\mathrm{S}$$

响应与激励的这种规律，不仅对于本例才有，所有具有唯一解的线性电路都具有这种规律。

叠加定理是线性电路的重要定理，应用叠加定理时应注意以下几点。

1）叠加定理只适用于线性电路（包括线性时变电路），对非线性电路不适用。

2）叠加定理只适用于计算电压和电流。应用叠加定理时，要注意电流和电压的参考方向。

3）求功率时不能按叠加的方法计算，因为功率与激励不是一次函数关系。

4）含有受控源的有源线性电路，叠加定理也适用，但受控源不能置零。即在独立源单独作用时，受控源应保留。

例 2-4 利用叠加定理，求图 2-5 电路中电流 I。

解：利用叠加定理求解。电路中含有受控电压源，当独立源置零时，受控源不置零。

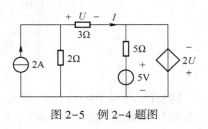

图 2-5 例 2-4 题图

1）当 5 V 电压源单独作用时，2 A 电流源置零（开路），设网孔电流如图 2-6a 所示，列网孔电流方程，有

$$\begin{cases} (2+3+5)I_1 - 5I_3 = -5 \\ 5I_3 - 5I_1 = 5 + 2U \\ U = 3I_1 \end{cases}$$

解方程组，得

$$I_1 = 0$$

2）当 2 A 电流源单独作用时，5 V 电压源置零（短路），如图 2-6b 所示，有

$$\begin{cases} 2(I_2 - 2) + 3I_2 - 2U = 0 \\ U = 3I_2 \end{cases}$$

解方程组，得

$$I_2 = -4\ \mathrm{A}$$

故由叠加定理可得

$$I = I_1 + I_2 = -4\ \mathrm{A}$$

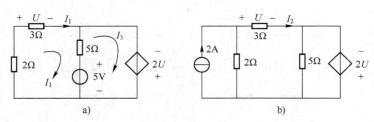

a)   b)

图 2-6 例 2-4 用图

例 2-5　如图 2-7 所示电路中，N_0 为不含有独立源的线性电路。已知：当 $u_S = 1\,V$，$i_S = 1\,A$ 时，测得电压 $u = 0$；$u_S = 10\,V$，$i_S = 0$ 时，测得电压 $u = 1\,V$。求当 $u_S = 0\,V$，$i_S = 10A$ 时，电压 $u = ?$

解：根据叠加定理，可将电路中的激励源分为两组，分别为电压源 u_S 和电流源 i_S。

设仅由电压源 u_S 作用时产生的响应为 u_1，则 $u_1 = au_S$（齐次定理）。

仅由电流源 i_S 作用时产生的响应为 u_2，则 $u_2 = bi_S$。

于是，叠加后为

$$u = u_1 + u_2 = au_S + bi_S$$

将已知条件代入得

$$\begin{cases} 1a + 1b = 0 \\ 10a + 0 = 1 \end{cases} \Rightarrow \begin{cases} a = 0.1 \\ b = -0.1 \end{cases}$$

则当 $u_S = 0\,V$，$i_S = 10\,A$ 时，电压为

$$u = (0.1 \times 0) + (-0.1 \times 10) = -1\,V$$

例 2-6　如图 2-8 所示电路中，N 为含有独立源的线性电路。已知：当 $u_S = 0\,V$ 时，测得电流 $i = 4\,mA$；$u_S = 10\,V$ 时，测得电流 $i = -2\,mA$。求当 $u_S = -15\,V$ 时的电流 i。

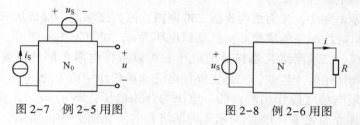

图 2-7　例 2-5 用图　　　　图 2-8　例 2-6 用图

解：根据叠加定理，可将电路中的激励源分为两组，分别为电压源 u_S 和 N 内所有的独立源。

设仅由电压源 u_S 作用时产生的响应为 i_1，则 $i_1 = au_S$（齐次定理）。

仅由 N 内所有独立源共同作用产生的响应为 i_2，则 $i_2 = b$。

于是，叠加后为

$$i = i_1 + i_2 = au_S + b$$

将已知条件代入得

$$\begin{cases} 0 + b = 4 \\ 10a + b = -2 \end{cases} \Rightarrow \begin{cases} a = -0.6 \\ b = 4 \end{cases}$$

则当 $u_S = -15\,V$ 时，电流为

$$i = [-0.6 \times (-15) + 4]\,mA = 13\,mA$$

2.2　等效电源定理

在电路分析中，有时只需求出电路中某一条支路的响应，此时可将该支路以外的电路用等效电路来代替，等效为电路求解提供了很大的方便。第 1 章曾介绍了电路的等效分析法：端口伏安关系和模型互换法。本节介绍的等效电源定理也是一种等效变换的方法。

等效电源定理说明的就是如何将线性有源二端网络（内部含独立源、线性电阻和线性

受控源的二端网络）等效为一个电源，即戴维南定理和诺顿定理。两个定理具有对偶性。

1. 戴维南定理

任何一个线性含源二端网络 N，对外电路的作用可用一个理想电压源和电阻的串联组合来等效，该理想电压源的电压 u_{OC} 等于该网络在端口处的开路电压，电阻 R_0 等于该含源二端网络内所有独立源置零后的等效电阻。这就是戴维南定理，如图 2-9 所示。这个定理是由法国电报工程师戴维南（Leon M. Thevenin）于 1883 年提出来的。

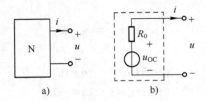

图 2-9　戴维南定理

上述理想电压源和电阻的串联组合，称为戴维南等效电路，电阻 R_0 又称为戴维南等效电阻。

下面对戴维南定理进行证明。

图 2-10a 所示电路中，N 为线性含源二端网络。因为二端网络端口伏安关系与外电路无关，所以可在端口处施加一电流源 $i_S = i$，端口电压为 u，如图 2-10b 所示。

根据叠加定理，二端网络 N 端口处的电压 u 可以看作由两个部分组成：一是由网络 N 内所有独立源共同作用时产生的，二是由外加电流源单独作用产生的。

当网络 N 内所有独立源作用时，端口电压为开路电压，即 $u_1 = u_{OC}$，如图 2-10c 所示；当 N 网络内所有独立源置零（用 N_0 表示无源网络）时，如图 2-10e 所示，仅由外加电流源作用时的端口电压为 $u_2 = -R_0 i$，R_0 为 N_0 的等效电阻。

因此，该二端网络 N 的端口电压为

$$u = u_1 + u_2 = u_{OC} - R_0 i \qquad (2.2-1)$$

式（2.2-1）是线性有源二端网络 N 的端口伏安关系。由此伏安关系可画出等效电路如图 2-10e 中虚线框内的电路所示。图 2-10a 和图 2-10e 具有相同的伏安关系，也就是说这两个电路是等效。证毕。

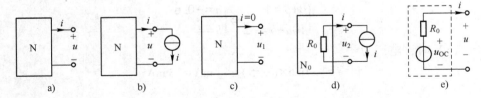

图 2-10　戴维南定理的证明

等效电源定理在网络分析中有广泛应用，可以将复杂的二端网络等效为简单的实际电源模型，特别适用于计算复杂电路中某一条支路的电压或电流。应用等效电源定理分析电路的基本步骤可归纳如下。

1）断开待求支路，求出待求支路以外的有源二端网络的开路电压 u_{OC}。

2）将二端网络内所有独立源置零（即电压源短路，电流源开路），求该无源二端网络的等效电阻。

3）画出戴维南等效电路，接上待求支路，求取响应。

等效电源定理求解等效电路，包括一个电压源和一个电阻。电压源的电压是二端网络端口开路时的开路电压。可用之前介绍的电阻电路的各种分析法直接求解。下面总结等效电阻 R_0 的 3 种求解方法。

1）不含受控源（纯电阻网络）时采用电阻等效变换法。若二端网络 N 为纯电阻网络（不含受控源），则可以直接利用电阻串并联等效和Y-△转换等规律来计算。

2）含受控源时采用外加激励法：即先将二端网络 N 内独立源置零，再在网络 N_0 端口处施加一个电压源 u，求出端口的电流 i，如图 2-11a 所示，称为加压求流法；或者在网络 N_0 端口处施加一个电流源 i，求出端口的电压 u，如图 2-11b 所示，称为加流求压法。二端网络内等效电阻为端口电压与端口电流的比值，即 $R_0 = u/i$。

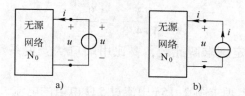

图 2-11　外加激励法

3）含受控源时采用开路-短路法：分别求得含源二端网络 N 的开路电压 u_{OC} 和短路电流 i_{SC}，如图 2-12 所示，于是，等效电阻 $R_0 = \dfrac{u_{OC}}{i_{SC}}$。

📖 注意：前两种方法在求取等效电阻时，需将二端网络 N 内的独立源置零，而第三种方法求取等效电阻时，应保留网络 N 内的所有独立源。

例 2-7　如图 2-13 所示电路，求电阻 R 为 1Ω 时的电流 i。

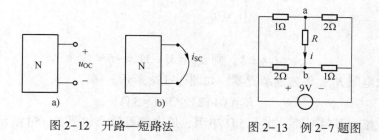

图 2-12　开路—短路法　　　　图 2-13　例 2-7 题图

解：利用戴维南定理求解。先断开待求支路电阻 R，得到图 2-14a 所示电路，求 ab 端口开路电压为

$$u_{OC} = \left(9 \times \frac{2}{1+2} - 9 \times \frac{1}{1+2} \right) V = 3\ V$$

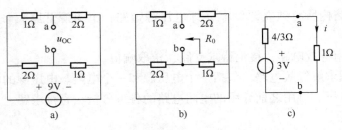

图 2-14　例 2-7 用图

再求电路的等效电阻。将 9 V 电压源短路,如图 2-14b 所示,由图可得等效电阻 R_0 为

$$R_0 = \left[(1//2) + (2//1) \right] \Omega = \frac{4}{3} \Omega$$

画出戴维南等效电路,接上电阻 R 后,原电路等效为图 2-14c 所示。

待求支路电流为

$$i = \frac{3}{1+4/3} A = \frac{9}{7} A$$

显然,利用等效电源定理求解此题,要比用端口伏安关系法和电源模型互换法更加简单。

例 2-8　用等效电源定理求图 2-15a 中流过 5 Ω 电阻的电流 i。

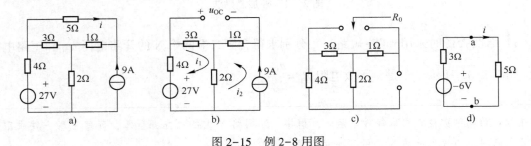

图 2-15　例 2-8 用图

解: 1) 求开路电压 u_{OC}。断开待求 5 Ω 电阻,如图 2-15b 所示。列网孔电流方程

$$\begin{cases} (4+3+2)i_1 + 2i_2 = 27 \\ i_2 = 9 \end{cases}$$

求得

$$i_1 = 1\,A, \quad 则 \ u_{OC} = 3i_1 - 1i_2 = -6\,V$$

2) 求等效电阻 R_0,将独立源置零,如图 2-15c 所示,得

$$R_0 = (4+2)//3 + 1 = 3\,\Omega$$

3) 画出戴维南等效电路,接上 5 Ω 电阻,原电路等效为如图 2-15d 所示,则

$$i = \frac{-6}{3+5} A = -0.75\,A$$

2. 诺顿定理

任何一个线性含源二端网络 N,对外电路的作用可用一个理想电流源和电导的并联组合来等效,该理想电流源的电流 i_{SC} 等于该网络在端口处的短路电流,电导 G_0 等于该含源二端

网络内所有独立源置零后的等效电导。这就是诺顿定理，如图 2-16 所示。这个定理是由美国电气工程师诺顿（E. L. Norton）于 1926 年提出的。

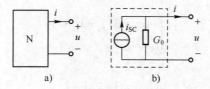

图 2-16　诺顿定理

　　上述理想电流源和电导的并联组合，称为诺顿等效电路，电导 G_0 称为诺顿电导。诺顿定理中等效电阻的定义和戴维南定理中等效电阻的定义相同，因此求解等效电阻的方法也相同。实际电压源模型和实际电流源模型可以等效互换，因此戴维南等效电路和诺顿等效电路也可以等效互换，其等效条件是：$u_{OC} = R_0 i_{SC}$ 或 $i_{SC} = \dfrac{u_{OC}}{R_0}$，$G_0 = \dfrac{1}{R_0}$。

　　一般来说，二端网络的两种等效电路都存在。但当网络内含有受控源时，其等效电阻可能为零，这时戴维南等效电路即为理想电压源，其诺顿等效电路不存在。如果网络等效电导为零，这时诺顿等效电路即为理想电流源，其戴维南等效电路不存在。

　　例 2-9　用诺顿定理求图 2-17 所示电路中的负载电阻的电流 i。

　　解：1）先断开待求支路，求端口短路电流 i_{SC}，如图 2-18a 所示。图中 3 Ω 电阻被短路，根据两类约束列方程为

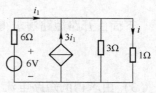

图 2-17　例 2-9 题图

$$\begin{cases} 6i_1 = 6 \\ i_1 + 3i_1 = i_{SC} \end{cases}$$

联立求解得

$$i_{SC} = 4\text{ A}$$

　　2）求等效电阻 R_0。

　　方法一：外加激励法。将电压源置零（短路），受控源保留，在端口加一电压源 u，得电路如图 2-18b 所示。

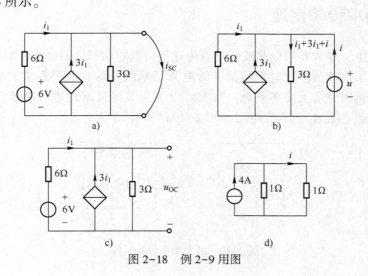

图 2-18　例 2-9 用图

设端口电流为 i，则等效电阻 $R_0 = \dfrac{u}{i}$。故找出该无源二端网络端口电压 u 和电流 i 的伏安关系即可求得等效电阻，即

$$\begin{cases} -6i_1 = 3(i_1 + 3i_1 + i) \\ u = -6i_1 \end{cases}$$

联立求解得

$$i_1 = -\frac{1}{6}i, \quad u = i,$$

即等效电阻

$$R_0 = \frac{u}{i} = 1\,\Omega$$

方法二：开路短路法。

先求开路电压 u_{OC}：断开待求 $1\,\Omega$ 电阻，如图 2-18c 所示。列方程为

$$\begin{cases} 6i_1 + 3(i_1 + 3i_1) = 6 \\ u_{OC} = 3(i_1 + 3i_1) \end{cases}$$

联立求解得

$$i_1 = \frac{1}{3}\,\text{A}, \quad u_{OC} = 4\,\text{V}$$

下面由开路短路法求得等效电阻为

$$R_0 = \frac{u_{OC}}{i_{SC}} = \frac{4}{4} = 1\,\Omega$$

3) 由求得的短路电流 i_{SC} 和等效电阻 R_0，可画出原二端网络的诺顿等效电路，再接上负载，如图 2-18d 所示。根据分流公式，负载上的电流为

$$i = 4 \times \frac{1}{1+1}\,\text{A} = 2\,\text{A}$$

2.3 最大功率传输定理

在电子技术中，经常要求电源或信号源传递到负载的功率达到最大。本节介绍的最大功率传输定理说明了负载为多大时能从给定的电源（或信号源）获得最大的功率。下面以戴维南等效电路为例研究最大功率问题。对实际电源用戴维南定理进行等效，如图 2-19a 虚线框所示。设负载电阻 R_L 为可变电阻，图 2-19a 中电流 I 为

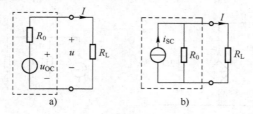

图 2-19 最大功率传输示例

$$I = \frac{u_{OC}}{R_0 + R_L}$$

负载电阻 R_L 吸收的功率为

$$P = I^2 R_L = \left(\frac{u_{OC}}{R_0 + R_L}\right)^2 R_L \qquad (2.3\text{-}1)$$

等式两边同时对 R_L 求导得

$$\frac{dP}{dR_L} = u_{OC}^2 \cdot \frac{(R_0 + R_L)^2 - 2(R_0 + R_L)R_L}{(R_0 + R_L)^4} = u_{OC}^2 \cdot \frac{(R_0 - R_L)}{(R_0 + R_L)^3} \qquad (2.3\text{-}2)$$

为解出 P 的最大值，令式（2.3-2）等于零，由此可得负载电阻 R_L 从有源二端网络获得最大功率的条件为

$$R_L = R_0 \qquad (2.3\text{-}3)$$

这一结论即为最大功率传输定理：负载电阻 R_L 能从给定的二端网络获得最大功率的条件，是负载电阻 R_L 与该负载所连接的二端网络的戴维南等效电阻 R_0 相等（即负载与电源间匹配）。

将式（2.3-3）代入式（2.3-1）中，可求得电阻 R_L 获得的最大功率为

$$P_{max} = \frac{\left(\dfrac{u_{OC}}{2}\right)^2}{R_0} = \frac{u_{OC}^2}{4R_0} \qquad (2.3\text{-}4)$$

上述结论是通过戴维南等效电路得到的，如用诺顿等效电路，如图 2-19b 所示，则电阻 R_L 获得的最大功率为

$$P_{max} = \left(\frac{i_{SC}}{2}\right)^2 R_0 = \frac{1}{4}i_{SC}^2 R_0 \qquad (2.3\text{-}5)$$

由以上分析可知，求解最大功率传输问题的关键，是求二端网络的戴维南等效电路或诺顿等效电路。

例2-10　如图2-20a所示，当ab端接可调电阻 R_L，问其为何值时能取得最大功率？此最大功率为多少？

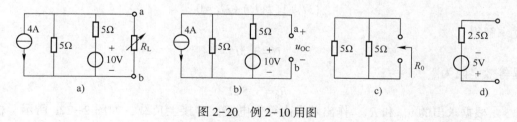

图 2-20　例 2-10 用图

解：根据戴维南定理和最大功率传输定理求解。

1）断开待求支路的电阻 R_L，求端口开路时的开路电压 u_{OC}，如图2-20b所示，以 u_{OC} 为变量列节点的 KCL 方程为

$$\frac{u_{OC} - 10}{5} + \frac{u_{OC}}{5} + 4 = 0$$

解得

$$u_{OC} = -5 \text{ V}$$

令网络内部独立源置零，如图 2-20c 所示，利用电阻串并联法求得等效电阻为

$$R_0 = 5//5\,\Omega = 2.5\,\Omega$$

根据求出的 u_{OC} 和 R_0，画出原电路的戴维南等效电路，如图 2-20d 所示。

2）根据最大功率传输定理可知，当 $R_L = R_0 = 2.5\,\Omega$ 时，其获得的最大功率为

$$P_{max} = \frac{(-5)^2}{4 \times 2.5} \text{ W} = 2.5 \text{ W}$$

例 2-11 如图 2-21 所示，当 R_L 为何值时能取得最大功率？该最大功率为多少？

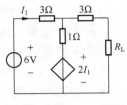

图 2-21　例 2-11 题图

解： 根据戴维南定理和最大功率传输定理求解。

1）断开 R_L 支路如图 2-22a 所示，求开路时的电压 u_{OC}。

列左边网孔 KVL 方程为

$$6 = 3I_1 + 1I_1 + 2I_1$$

解得

$$I_1 = 1 \text{ A}$$

由 KVL 得

$$u_{OC} = 1I_1 + 2I_1 = 3 \text{ V}$$

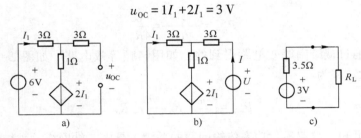

图 2-22　例 2-11 用图

2）将独立源置零，得图 2-22b 所示电路，外加电源法求等效电阻，即

$$\begin{cases} U = 3I + 1(I + I_1) + 2I_1 \\ 3I_1 + 1(I + I_1) + 2I_1 = 0 \end{cases}$$

联立求解得

$$U = 3.5I$$

于是等效电阻为

$$R_0 = 3.5\,\Omega$$

3）根据求出的 u_{OC} 和 R_0，作出戴维南等效电路，并接上负载，如图 2-22c 所示。根据最大功率传输定理可知，当 $R_L = R_0 = 3.5\,\Omega$ 时，负载可获得最大功率为

$$P_{max} = \frac{3^2}{4 \times 3.5} \text{ W} \approx 0.64 \text{ W}$$

2.4　安全用电技术

众所周知，电能是现代人类社会赖以生存和发展的极其重要的物质技术基础，信息技

46

术、人工智能等高新技术无一不是建立在电能应用的基础上，电能的应用为人类带来了光明、动力和现代文明。然而事物总有两面性，电能在造福人类的同时，却也存在着诸多隐患，用电不当就会造成危害甚至是灾难。

电能造成的危害主要有两个方面：一方面是对电力系统自身的危害，例如短路、过电压、绝缘老化等；另一方面是对用电设备和人员的危害，比如触电、电气火灾、过电压造成的用电设备损坏等。因此，我们在利用电能的同时要提高安全意识。在我国，安全用电管理已纳入了法制框架，每个单位、企业及个人都有安全用电的义务，只有认真实施安全用电，电气系统才会安全运行，人身和财产安全才能得到保障。本节将以安全用电技术为重点，介绍触电的危害和形式、触电的预防技术、触电急救、安全用电的方法等内容。

2.4.1 触电的危害和形式

所谓触电是指当人体接触带电导体或者靠近高压带电导体时，人体与导体之间或人体与大地之间就会形成电流回路，从而使人体遭受伤害。触电对人体的伤害，可分为电击和电灼伤两种形式。

电击是指电流通过人体内部对人体内部器官造成伤害，使人的肌体产生病理生理性反应，轻的有刺痛感，或出现肢部痉挛、血压升高、心律不齐以致昏迷等暂时性的功能失常；重的可引起呼吸停止、心搏骤停、心室颤动等危及生命的伤害。

电灼伤是指电流或者电弧对人体外部造成的伤害，使人的肌体遭受灼伤、组织炭化坏死及其他难以复原的永久性伤害，包括电灼伤、电烙印、皮肤金属化等。

日常生产、生活中的触电事故，绝大部分都是由电击造成的，且这种电击多是低压触电伤害事故。而在高压触电事故中，电击和电灼伤往往同时发生。高压触电若发生在人体尚未接触到高压带电体时，高压电弧就会使人体灼伤，此时电流不会通过人体内部，因而仅发生电灼伤；若在高压线路上作业的人体触及高压后，由于强烈的疼痛感使肢体肌肉痉挛收缩而不能自主摆脱高压带电体，就会造成电击事故。同时，人体触电事故还会引起二次事故，如高空跌落、机械伤人、因痉挛而摔倒等。由此可见，无论是高压还是低压触电事故对人体的伤害都是非常严重的，甚至于危及生命，因此在用电过程中，不管是高压电还是低压电都要注意安全，不可掉以轻心。

触电造成人体伤害的直接原因是电流，下面就讨论电流对人体伤害程度的影响因素。

（1）电流强度

实践证明，通过人体的电流越大，人体的生理反应就越明显，人的感觉就越强烈，破坏心脏正常工作所需的时间就越短，致命的危险也就越大。表2-1描述了不同的电流值对人体造成的影响。

表2-1 电流强度对人体影响

通过电流/mA	对人体的影响	通过电流/mA	对人体的影响
<0.6	无感觉	≥50	引起心室颤动
>0.6--3	有感觉，无痛苦	≥75	血液循环障碍
≥4--9	有痛苦的感觉	≥250	心脏纤维性颤动
≥10	肌肉痉挛	≥400	心脏停搏
≥30	引起肺部窒息	≥500	动脉、神经纤维破坏

感知电流是引起人的感觉的最小电流。资料表明，对于不同的人，感知电流也不相同，成年男性平均感知电流约为 1.1 mA，成年女性约为 0.7 mA。感知电流一般不会对人体造成伤害，但当电流增大时人体感觉增强，反应变大，可能导致坠落等二次事故。由于感知电流为 1 mA 左右，可以建议小型携带式电气设备的最大泄漏电流为 0.5 mA，重型移动式电气设备的最大泄漏电流为 0.75 mA。

当通过人体的电流超过感知电流时，肢体肌肉收缩增加，刺痛感觉增强，感觉部位扩展，至电流增大到一定程度，触电者将因肌肉收缩、产生痉挛而紧抓带电体，不能自行摆脱带电体。而人体触电后能自行摆脱带电体的最大电流，就称为摆脱电流。摆脱电流值与个体生理特征、电极形状、电极尺寸等因素有关。不同的人摆脱电流值也不相同，成年男性最小摆脱电流约为 9 mA，成年女性约为 6 mA。摆脱电流是人体可以忍受而一般不致造成不良后果的电流，当触电电流略大于摆脱电流，立即切断电源，人体即可恢复并无不良影响，但如触电时间过长，则可能造成昏迷甚至死亡。

致命电流是指在较短时间内危及生命的最小电流。当较大的触电电流通过人体，通过时间超过某一界限值时，人的心脏正常活动将被破坏，心脏跳动节拍被打乱，不能进行强力收缩，从而失去循环供血的机能，这种现象就叫作心室颤动。开始发生心室颤动的电流称为心室颤动电流，也叫致命电流。有关它的大小，世界各国研究者得到的结论大体相似，通常认为：人的体重越重，发生心室颤动的电流值就越大；电流作用于人体的时间越长，发生心室颤动的电流就越小；当通电时间超过心脏搏动周期（人体的心脏搏动周期为 0.75 s，是心脏完成一次收缩、舒张全过程所需要的时间）时，心室颤动的电流值急剧下降，也就是说，触电时间超过心脏搏动周期时，危险性急剧增加。一般来说，致命电流为 50 mA（持续时间 1 s 以上）。

（2）电流通过人体的时间

人体通电时间越长，电流的热效应和化学效应将会使人出汗和组织电解，从而降低人体的电阻，使流过人体的电流逐渐增大，加重触电伤害。同时在上文中已经提到，通过电流时间越长，心室颤动电流越小，则致命的可能性也就越大。

（3）电流的频率

实验证明，直流、低频交流和高频交流电流通过人体时，对人体的危害程度是不同的。其中交流相比直流电流对人体的伤害程度更为严重，特别是 40～60 Hz 的交流电对人体极为危险。例如低频交流电流可能引起心室颤动数值为 50 mA（持续时间 1 s 以上），而直流电流可能引起心室颤动数值约为 500 mA（持续时间 3 s 以上）。而当交流电流频率达到 1 kHz 以上时，对人体的伤害程度明显减轻，例如射频电流可用于医疗器具。

（4）电流通过人体的途径

电流通过任何途径都可以致人死亡，但其中以通过心脏、中枢神经（脑、脊髓）、呼吸系统最为危险。因此，从左手到前胸是最致命的电流途径，此时心脏、肺部、脊髓等重要器官都处于电路内，很容易引起心室颤动和中枢神经失调而死亡；从右手到脚的危险性要小些，但要注意也会因触电痉挛而摔倒，导致电流通过全身或造成二次事故。

（5）人体的状况

触电危险性还与人体状况有关，触电者的性别、年龄、健康状况、精神状况都会对触电后果产生影响。一般来说女性比男性耐受电流损害的能力弱，年长者和婴幼儿比青壮年耐受能力弱，患病者比健康人耐受电流能力弱得多。人的心理状态越健康、心情越愉悦耐受电流损害的能力越强。

同时人体电阻也是影响触电后果的重要原因，但人体电阻会随时、随地、随人等不确定因素变化。人体电阻由体内电阻和皮肤电阻两部分组成，其中体内电阻为 500 Ω，与接触电压等级无关；而皮肤电阻则随电流频率、接触电压等级高低和皮肤表面干燥程度发生较大变化。从人身安全角度考虑，人体电阻值通常取平均值 1700 Ω。

下面介绍人体触电的形式。人体触电的主要形式有单相触电、两相触电、跨步电压触电三种，此外还有高压电弧触电、接触电压触电、雷电触电、静电触电等。由于篇幅有限，本书仅对三种主要触电形式进行详细介绍。

单相触电是指人体站在地面或其他接地体上，人体的某一部位触及电气装置的任一相相线所引起的触电。如图 2-23a 所示，人体直接触碰相线，相线经由人体的手部到脚部流入大地，再由零线与大地间的分布电阻、分布电容回到零线，从而形成电流通路，引发单相触电事故。如图 2-23b 所示，各种电器的非带电金属部分，如电动机、洗衣机、电冰箱等电器的金属外壳，在正常运行情况下，由于绝缘物的隔绝，人碰触并不危险。但因种种原因，例如运行时间过久、绝缘老化、受潮、受损，绝缘物失去绝缘作用发生外壳漏电时，人体接触漏电的设备外壳，也属于单相触电。在单相触电事故中，人体承受相电压 220 V，触电电流大小取决于人体的电阻。

图 2-23 单相触电示意图

两相触电指的是人体不同部位同时接触两相电源带电体而引起的触电，如图 2-24 所示。此时电流通过触电者双手及内部器官形成通路，由于此时人体承受的电压是线电压 380 V，且电流途径人体重要器官心脏和肺部，其危险程度远高于单相触电，轻者导致烧伤或致残，重者会引发死亡。

跨步电压触电指的是在接地点故障附近行走时，由于两脚间存在电压差而导致的触电事故。如图 2-25 所示，在导线断落发生单相接地故障时，电流由接地点流入大地，向四周扩散，在导线接地点及周围形成强电场，若此时有人在电场圆内行走，人的两脚之间将产生电位差，这就是我们平时所说的跨步电压。电流将经由行走者双脚、双腿与大地形成通路引发触电。跨步电压差与接地故障点的远近及跨步步幅有关。人离接地故障点越近及步幅越大，跨步电压也越大。一般离故障点 8～10 m 范围内，跨步电压对人体比较危险；而离故障点达到 20 m 时，跨步电压几乎为零，可视为安全区。所以遇到这种情况，应单脚跳跃或迅速远离故障区域，提出注意的是处在电场圆内的所有金属器件也都将带电，不可触碰。

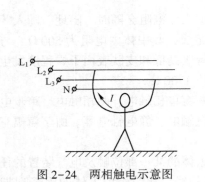

图 2-24　两相触电示意图　　　　　图 2-25　跨步电压触电示意图

2.4.2　防触电技术

要做到安全用电就要熟知如何去预防和避免触电，必须采取先进的防护措施和管理措施，最大限度地防止触电事故的发生。从目前来看，造成触电事故的主要原因有线路架设不合规格、电气操作制度不严格、用电设备不合要求和用电不规范等。而从触电类型上分析，人体触电主要有直接触电和间接触电。所谓直接触电是指人体直接接触或过于接近带电体而触电；间接触电是指人体触及正常时不带电而发生故障时才带电的金属导体。下面将主要就用电设备的直接接触触电防护和间接接触触电防护技术进行介绍。

1. 直接接触防护技术

绝缘、屏护、间距、安全电压、漏电保护等措施是防止电气事故中最基本、最重要的安全技术措施，也是电气设备正常运行的必要条件，称为直接接触防护措施。

（1）绝缘

所谓绝缘，是指用绝缘材料把带电体封闭起来，实现带电体相互之间、带电体与其他物体之间的电气隔离，使电流按指定路径通过，确保电气设备和电路正常工作，防止人身触电。常用的绝缘材料有：玻璃、云母、木材、塑料、橡胶、胶木、布、纸、漆、SF_6 等。绝缘保护性能的优劣决定于材料的绝缘性能。绝缘性能主要用绝缘电阻、耐压强度、泄漏电流和介质损耗等指标来衡量，其中绝缘电阻是衡量绝缘性能优劣的最基本的指标。绝缘电阻大小用兆欧表测量；耐压强度由耐压试验确定；泄漏电流和介质损耗分别由泄漏试验和能耗试验确定。

绝缘安全用具可分为基本安全用具和辅助安全用具。基本安全用具的绝缘强度能长时间承受电气设备的工作电压，使用时，可直接接触电气设备的有电部分。辅助安全用具的绝缘强度不足以承受电气设备的工作电压，只能加强基本安全用具的保安作用，必须与基本安全用具一起使用。常用的绝缘安全用具有绝缘手套、绝缘靴、绝缘鞋、绝缘垫和绝缘台等。

但是应当注意，触电事故的发生原因之一就是绝缘破坏。导致设备绝缘破坏的原因是多方面的：一是由于绝缘物在强电场的作用下丧失绝缘性能，此为电击穿现象。气体绝缘击穿后能自行恢复绝缘性能，固体绝缘击穿后则不能恢复绝缘性能；二是由于绝缘物在外加电压的作用下，由于流过泄漏电流引起温度过分升高所导致的击穿，即热击穿；三是由于设备在运输、安装调试、使用和维修过程中受到机械方面的损伤，造成绝缘层剥落等；此外，绝缘材料在腐蚀性气体、蒸汽、潮气、粉尘作用下都会使绝缘性能降低或丧失，很多良好的绝缘材料受潮后会丧失绝缘性能。

（2）屏护

屏护是采用屏护装置控制不安全因素，即采用遮拦、护罩、护盖、箱闸、阻挡物等把带电体同外界隔绝开来。采用阻挡物进行保护时，对于设置的障碍必须防止这样两种情况的发生：一是身体无意识地接近带电部分；二是在正常工作中，无意识地触及运行中的带电设备。遮拦和外护物在技术上必须遵照有关规定进行设置。开关电器的可动部分一般不能包以绝缘，而需要屏护。其中，防护式开关电器本身带有屏护装置，如开启式开关熔断器组的胶盖、封闭式开关熔断器组的铁壳等。

（3）间距

为了防止人体触及或接近带电体造成触电事故，避免车辆或其他器具碰撞或过分接近带电体造成事故，防止火灾、过电压放电和各种短路事故，且为了操作方便，在带电体与地面之间、带电体与其他设施和设备之间、带电体与带电体之间均需保持一定的距离。在检修中为了防止人体及其所携带的工具触及或接近带电体，必须保持最小距离，在低压工作中，检修安全间距不应小于 0.1 m，操作者背后的物体与操作者背部的安全间距应不小于 0.5 mm。

（4）安全电压

在上文中提到人体皮肤电阻会随电流频率、接触电压等级高低和皮肤表面干燥程度发生较大改变。其中皮肤电阻与频率成反比地下降，比如 500 Hz 时皮肤阻抗仅为 50 Hz 时的 1/10，甚至可忽略不计。电压等级和皮肤湿度升高也会致使皮肤电阻非线性变小，从而引发触电事故并加重触电后果，因此世界各国对安全电压都有规定。不带任何防护设备，对人体各部分组织均不造成伤害的电压值，称为安全电压。国际电工委员会（IEC）规定安全电压限定值为 50 V，而我国规定 12 V、24 V、36 V 三个电压等级为安全电压级别。在湿度大、狭窄、行动不便、周围有大面积接地导体的场所（如金属容器内、矿井内、隧道内等），应采用 12 V 安全电压；在危险环境、特别危险环境的局部照明灯，高度不足 2.5 m 的一般照明灯，携带式电动工具等，若无特殊的安全防护装置或安全措施，均应采用 24 V 或 36 V 安全电压；正常环境（即环境地面和空气比较干燥，且没有导电气体和粉尘的一般环境）的安全电压一般为 36 V。事实上，由于人们与高压电接触较少，且在思想上较为重视高压电，高压触电事故反而比低压触电事故要少。

（5）漏电保护

电流型漏电保护器是一种利用发生单相接地故障时产生的剩余电流来切断故障电路或设备电源的保护电器，如图 2-26a 所示。它动作灵敏，切断电源时间短，因此只要能够合理选用和正确安装、使用，除了保护人身安全以外，还有防止电气设备损坏及预防火灾的作用。如图 2-26b 所示，正常工作时相线和零线电流大小相等，方向相反，在互感器中产生的磁场正好抵消，脱扣器不动作；而当单相接地事故发生时，通过人体的漏电流导致相线和零线电流不再平衡，磁场不再抵消，线圈中产生电流，脱扣器的电磁体产生吸合动作，从而使开关锁脱扣，开关在弹簧作用下跳闸，切断电源。

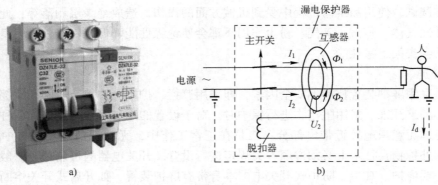

图 2-26 单相电流型漏电保护器

2. 间接接触防护技术

保护接地与保护接零是防止间接接触触电最基本的措施。所谓间接触电防护措施是指防止人体各个部位触及正常情况下不带电，而在故障情况下才变为带电的电器金属部分的技术措施。根据配电系统接地方式的不同，把低压配电系统分为 IT、TT、TN 三种形式。将电气设备平时不带电的金属外壳通过接地装置与大地相连接称为保护接地，其原理就是给人体并联一个很小电阻，以保证发生外壳带电时，减小流过人体的电流和承受的电压，所以接地电阻越小越好。IT 系统和 TT 系统采用的就是保护接地。

IT 系统是指电源系统带电部分不接地或通过高阻抗接地，而电气设备外露导电部分接地的系统。第一个字母"I"表示配电网不接地或经高阻抗接地，第二个字母"T"表示电气设备金属外壳接地。电气装置的外露可导电部分单独直接接地或通过保护导体接到电源系统的接地极上。IT 系统适用于各种不接地配电网，包括低压不接地配电网（例如井下配电网）和高压不接地配电网，还包括不接地直流配电网。

电力系统有一个直接接地点（中性点接地），电气装置的外壳、底座等外露可导电部分接到电气设备上的与电力系统接地点无关的独立接地装置上，称为 TT 系统。第一个字母"T"表示配电网中性点接地，第二个字母"T"表示电气设备金属外壳接地。由于电源的接地电阻和外壳的接地电阻同在一个数量级，所以外壳漏电时漏电压几乎不可能被限制在安全范围内。因此，一般情况下不能采用 TT 系统，如不得不采用 TT 系统，则必须将故障持续时间限制在允许范围内（故障最大持续时间原则上不得超过 5 s），这样才能减小电流对人体的危害。TT 系统主要用于低压共用用户，即用于未装备配电变压器，从外面引进低压电源的小型用户。

将电气设备在正常情况下不带电的金属外壳与电源变压器中性点引出的工作零线或保护零线相连接，这种方式称为保护接零，称为 TN 系统。第一个字母"T"表示配电网中性点直接接地，第二个字母"N"表示电气设备金属外壳接零。目前，我国地面上低压配电网绝大多数都采用中性点直接接地的三相四线配电网，在这种配电网中，TN 系统是应用最多的配电及防护方式。该系统保护线 PE 和零线 N 是合一的，记为 PEN 线。当外壳漏电时，将通过 PE 线和 PEN 线变成单相短路事故，造成熔断器熔断或者开关跳闸，切除电源，因此采用保护接零是防止人身触电的有效手段。TN 系统适用于中性点接地的低压配电系统。

最后，对上述三种间接接触防护技术进行小结和比较，见表 2-2。

表 2-2　三种间接接触防护技术

类　　别	保护接零（TN 系统）	保护接地	
		IT 系统	TT 系统
原理	接零线使漏电形成单相短路电流，进而使保护装置动作	限制漏电设备对地电压	接地线使漏电形成对地短路电流进而使保护装置动作
适用范围	适用于中性点接地低压配电系统	适用于中性点不接地的高、低压配电系统	适用于中性点接地的低压配电系统
线路结构	系统有相线、工作零线、保护零线、接地线和接地体	系统只有相线、接地线和接地体	系统只有相线、工作零线、接地线和接地体
保护方式	防止间接触电	防止间接触电	防止间接触电
接线部位	相同	相同	相同
接地装置	相同，接地电阻应不大于 4Ω	相同，接地电阻应不大于 4Ω	相同，接地电阻和共同接地电阻应不大于 4Ω

2.4.3　触电急救与生活安全用电

在用电过程中，一旦发生触电事故，应采用安全有效的方法使触电者迅速脱离电源，并迅速组织现场急救。现场急救的一般方法主要有以下几种。

1）触电者触及低压带电设备时，救护人员应设法迅速切断电源，例如拉开电源开关或刀开关，拔除电源插头等；或使用绝缘工具等不导电物质解脱触电者；救护人员也可站在绝缘垫上或干木板上，绝缘自己再进行救护。如果电流通过触电者入地，并且触电者紧握电线，可设法用干木板塞到触电者身下，使之与地面隔离；也可用干木把斧子或有绝缘柄的钳子等将电线剪断。

2）触电者触及高压带电设备时，救护人员应迅速切断电源或用适合该电压等级的绝缘工具解脱触电者。救护人员在抢救过程中应注意保持自身与周围带电部分必要的安全距离。如果触电者触及断落在地上的带电高压导线，且尚未证实线路无电，救护人员在未做好安全措施前，不能接近断线点（8~10 m 范围），防止跨步电压伤人。触电者脱离带电导线后，应迅速移至 8~10 m 以外，并立即实施触电急救。

3）触电人员脱离电源后，如神志清醒，应使其就地躺平，严密观察，暂时不要让其站立或走动。

4）触电人员如神志不清，应让其就地仰面躺平，且确保呼吸道通畅，并用 5 s 时间，呼叫伤员或轻拍其肩部，以判定伤员是否意识丧失。禁止摇动伤员头部呼叫伤员。

5）如触电者意识丧失，应在 10 s 内，用看、听、试的方法，判定伤员呼吸、心跳情况。看伤员的脑部、腹部有无起伏动作；用耳贴近伤员的口鼻处，听有无呼气声音；试测口鼻有无呼气的气流。再用两手指轻试一侧喉结旁凹陷处的颈动脉有无搏动。

6）触电伤员呼吸和心跳均停止时，应立即按心肺复苏法就地抢救。所谓心肺复苏法，就是支持生命的三项基本措施，即通畅气道、口对口（鼻）人工呼吸、胸外挤压等。

触电急救必须分秒必争，触电后 1 min 内抢救，90% 触电者可救活；触电后 2~4 min 内抢救，60% 触电者可救活；超过 10 min 抢救，获救的概率就很小了。因此现场急救后要拨打急救电话，尽早与医疗部门联系，争取医务人员尽快接替救治。

为了避免触电事故给个人、单位和家庭带来的伤害，我们应该在思想上重视安全用电、在技术上采取安全措施、在规则上规范安全操作。

具体来说，任何电气设备在未确认无电以前，应一律视为有电，不要随便触及；尽量避免带电操作，尤其是手潮湿时；不盲目信赖开关或控制装置，家用电淋浴器在洗澡时一定要断开电源；自己经常接触和使用的配电箱、配电板、刀开关、按钮、插座、插销以及导线等，必须保护完好、安全，不得有破损或将带电部分裸露出来；入户电源避免过负荷使用，破旧老化的电源应及时更换；隐藏在墙壁内的电源线要放在专用阻燃护套内，电源线的截面应满足负荷要求；"弱电"线路要与"强电"线路分开敷设，以防"强电"窜入"弱电"，不准乱拉乱接；遇雷雨天气，不要在大树下躲雨，不要站在高处，不要接听手机，更不应手持金属物件；使用室外天线时，应装避雷器或防雷用的转换开关；遇有电火灾，应先切断电源后再救火并及时报警，扑灭电火灾时，应选择 CO_2 灭火器、1211 灭火器、干粉灭火器或黄沙来灭火，不得用水或普通灭火器来灭火；防止静电点燃某些易燃物体而发生爆炸，增加空气湿度，将可能带上静电的物体用导线连接起来并接地。

2.5　应用实例

2.5.1　电桥电路

电桥是一种用比较法测量各种量（如电阻、电感、电容等）的仪器，由 4 个电阻构成。按照使用方式可分为两种电桥：平衡电桥和非平衡电桥。平衡电桥是通过调节平衡，将待测电阻和标准电阻进行比较，直接测得待测电阻值。惠斯登电桥是典型的电桥电路，如图 2-27a 所示，检流计 G 等效为电阻 R_g。当电桥平衡时，R_g 支路中电流 I_g 为零，b、d 两点是自然等电位点（两点间电压与电流均为 0），因此 b、d 两点既可以作断路处理，如图 2-27b 所示，也可作短路处理，如图 2-27c 所示。电桥平衡时，有

$$\frac{R_1}{R_2}=\frac{R_3}{R_4}或 R_1R_4=R_2R_3$$

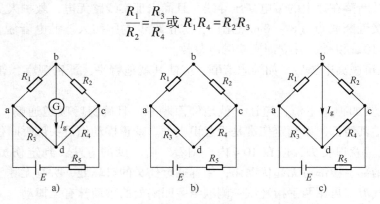

图 2-27　电桥电路

此式称为电桥平衡条件。显然，电桥平衡的状态与电源无关。根据这一关系，在已知其他 3 个电阻的情况下，可确定第 4 个电阻的阻值。因此惠斯登电桥可用于测量电阻。当电桥平衡时，电路中出现等电位点。把等电位点用短路线连接或者断开，不会使电路中其他元件

的电流发生变化，却能使电路得到简化，形成串并联结构。

2.5.2 万用表分压/分流电路

万用表是一种常用的电工测量仪表，由电流表、电压表和欧姆表等各种测量电路通过转换装置组成。各测量电路的基本原理就是由被称为微安计的基本电流表头与电阻串/并联组成。下面介绍直流电流、直流电压的测量电路工作原理。

1. 直流电流的测量

万用表的表头只能测量小于它灵敏度的电流。一只表头测量的最大电流为该表头的量程。为了扩展电流表量程，需要在万用表的表头并联分流电阻。如图 2-28 所示，流过表头的电流仅为整个被测电流的一部分。由并联分流原理可知，量程越大，在表头两端并联的分流电阻越小；量程越小，并联电阻越大。图 2-28 中 R_0 是表头支路的调整电阻，主要起调整表头内阻误差的作用。

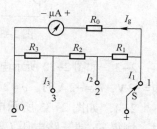

图 2-28　用万用表测量直流电流

根据表头内阻的大小，表头允许的最大电流以及要测量的量程范围，可以计算出扩展表头后万用表的测量直流电流的量程。例如表头允许通过的最大电流为 I_g，当用 "0""3" 端钮测量时，"2""1" 端钮开路，则根据分流原理可得

$$I_g = \frac{R_3}{R_1 + R_2 + R_3 + R_0} I_3$$

当用 "0""2" 端钮测量时，"3""1" 端钮开路，则根据分流原理可得

$$I_g = \frac{R_3 + R_2}{R_1 + R_2 + R_3 + R_0} I_2$$

同理，当用 "0""1" 端钮测量时，"2"、"3" 端钮开路，则根据分流原理可得

$$I_g = \frac{R_3 + R_2 + R_1}{R_1 + R_2 + R_3 + R_0} I_1$$

通过在表头并联电阻，电流表量程得到扩展，且用扩展量程后的电流表测量电流时，电流表的内阻比表头的内阻小很多。

2. 直流电压的测量

一只灵敏度为 I_g，内阻为 r 的表头，其本身就是量程为 $U_g = I_g r$ 的电压表，但可测电压通常很小。如图 2-29 所示，若串联一个电阻 R，则该电压表能够测量的最大电压为

$$U_g = I_g(r + R)$$

一般来说，如要将电压表的量程扩大至原来的 A 倍，则串联电阻的值应为原来内阻的 $A-1$ 倍。实际的电压表的内阻是比较大的，其量程越大，内阻也越大。

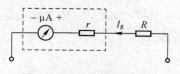

图 2-29　万用表扩程原理

习题 2

2-1　如图 2-30 所示电路，用叠加定理求电流 i_1。

2-2 如图 2-31 所示电路，应用叠加定理求 I_a。

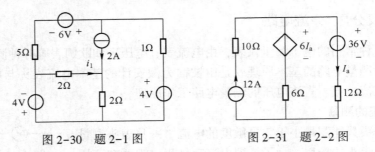

图 2-30 题 2-1 图　　　　图 2-31 题 2-2 图

2-3 如图 2-32 所示电路，N 为含独立源的线性电路。已知当 $u_S=6\,V$，$i_S=0$ 时，$u=4\,V$；$u_S=-3\,V$，$i_S=-2\,A$ 时，$u=2\,V$；当 $u_S=0$，$i_S=4\,A$ 时，$u=0$。求当 $u_S=3\,V$，$i_S=3\,A$ 时的电压 u。

2-4 如图 2-33 所示电路，N_0 为不含独立源的线性电路。当电压源 $U_S=2\,V$，$I_S=3\,A$ 时，测得 ab 端开路电压 $U=0$；当 $U_S=3\,V$，$I_S=5\,A$ 时，开路电压 $U=-0.5\,V$。求当 $U_S=6\,V$，$I_S=4\,A$ 时，U 为何值？

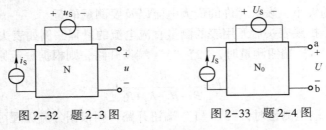

图 2-32 题 2-3 图　　　　图 2-33 题 2-4 图

2-5 求图 2-34 所示电路 ab 端的戴维南等效电路或诺顿等效电路。

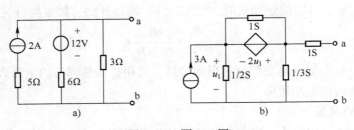

图 2-34 题 2-5 图

2-6 如图 2-35 所示电路，用戴维南定理求网络的最简等效电路。

2-7 如图 2-36 所示电路，可调负载电阻 R_L 为何值时才能得到最大功率？其最大功率是多少？

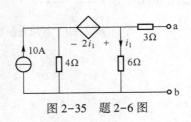
图 2-35 题 2-6 图

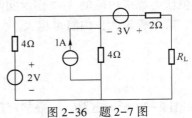
图 2-36 题 2-7 图

2-8 如图 2-37 所示电路，可调负载电阻 R_L 为何值时才能得到最大功率？其最大功率是多少？

2-9 如图 2-38 所示电路，求电阻 R_L 为何值时才能得到最大功率？其最大功率是多少？

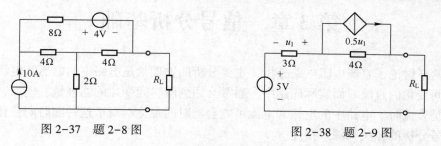

图 2-37 题 2-8 图   图 2-38 题 2-9 图

2-10 （1）求图 2-39 所示电路 ab 端的戴维南等效电路或诺顿等效电路。

（2）当 ab 端接可调负载电阻 R_L 为何值时才能得到最大功率？其最大功率是多少？

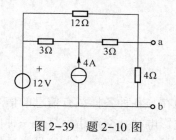

图 2-39 题 2-10 图

第3章 信号分析基础

前面两章讨论了直流电阻电路分析，主要分析的物理量是电路中的电压和电流，它们都是不随时间变化的直流。而实际应用中，通常会遇到随时间变化的物理量，例如，当电路中的电源不是直流时，电路中的电压和电流可能会随时间变化。对于这种随时间变化的物理量可以用信号分析的相关知识来描述。

本章从信号概念出发，讨论一些常用信号的数学表示、时域波形图及其特征，并介绍信号基本运算和信号分解的相关知识，为后续动态电路系统分析打下基础。

3.1 信号的描述与分类

3.1.1 信号的概念与描述

在信息时代，我们随时随地在与各种各样载有信息的信号密切接触。手机通话、收音机广播是一种信号——声信号；电影电视、交通指示灯是一种信号——光信号；我们身边无处不在、看不见摸不到的电磁波也是一种信号——电信号。这些声、光、电信号，虽然具体物理形态不同，但共同特点都是在向人们传递这样那样的信息或消息。可见，信号是消息的表现形式，是反映消息的物理量，消息则是信号的具体内容。

由于电信号具有传播速度快（以光速传播）、传播方式多（如有线、短波、微波和卫星等）等众所周知的优点，因此电信号是传递信息的主要方式之一。许多非电的物理量，如压力、流速、声音、图像等，也都可以利用各种传感器变换为电信号来进行处理和传输。本书所讨论的电信号，主要是随时间变化的电压或电流。

信号通常可以用函数表达式、波形图和数据表等方式来描述。函数表达式是将信号看作一个或多个自变量的函数，从函数特点来分析信号。波形图是将信号的变化情况用图形的方式来描述，有时这种描述方法更加直观和形象。在某些情况下，只能得到信号的测量值，而无法得到一个确定的函数关系时，也可用数据表格的方式将信号值罗列出来。本章从时间的角度来分析信号特性，主要采用函数表达式和波形图来描述信号。由于信号随时间变化的关系，可以用数学上的时间函数来表示，所以本书中信号与函数两个名称通用。

3.1.2 信号的分类

信号是反映消息的物理量，它所包含的信息就蕴含在这些物理量的变化之中。不同类别的信号具有不同的特性，本节主要介绍几种常用的信号分类方法，让读者从整体上对信号特性有所了解。

1. 确定性信号和随机信号

如果信号的变化可以用一个确定函数来描述，给定时刻就可知道该时刻的信号值，就称该信号为确定性信号。例如前两章讨论的电阻电路，只要给定了电路结构和元器件，就可以得知某一时刻电路中的电压和电流值。如果信号的变化具有不可准确预知的随机性，就称为随机信号。例如空气中的噪声信号就具有随机性，无法获得某一个时刻它的准确值。对于这类信号可以通过它的统计特性来描述。本书主要讨论确定性信号的分析，也就是每个信号都可以用确定函数来描述，它也是随机信号分析的基础。

2. 周期与非周期信号

周期信号与非周期信号是根据信号是否重复某一规律来进行划分的。如果信号的变化按照某一个时间间隔周而复始不断重复，则称该信号为周期信号。周期信号的数学表达式通常可以写为

$$f(t)=f(t\pm nT), \quad n=0,1,2,3,\cdots \tag{3.1-1}$$

其中式（3.1-1）中最小的重复时间间隔 T 称为周期。如果信号的变化不具有周期重复性，则称为非周期信号。

从信息传输的角度来看，周期信号并没有实际意义，但是在分析信号特性时，有时可利用信号的准周期特点，从信号中提取一些有意义的参数。例如语音信号具有短时平稳性，在一定时间内可近似为周期信号，从而可以分析出语音信号的特征参数。

3. 连续时间信号与离散时间信号

连续时间信号和离散时间信号是根据信号在时间轴上取值是否连续来划分的。如果信号在时间轴取值是连续的（除有限个间断点外），则称该信号为连续时间信号，简称连续信号。图 3-1 所示为两种连续时间信号，其中图 3-1a 所示信号在幅度上也是连续的，通常也称为模拟信号。

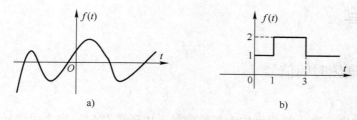

图 3-1　连续时间信号

离散时间信号在时间轴的取值是离散的，即信号只在某些离散时刻有定义，而在其他时间无定义，如图 3-2 所示。对于离散时间信号，通常函数取值的时刻为某个时间间隔 t_0 的整数倍，所以横轴为 n，表示时间为 nt_0。离散时间信号既可以直接产生，也可以从连续时间信号中等间隔采样获得。本书重点讨论连续时间信号，在第 5 章介绍采样定理时会涉及离散时间信号。

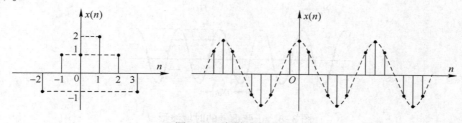

图 3-2　离散时间信号

4. 能量信号与功率信号

按信号的能量和平均功率是否有限，信号可区分为能量信号和功率信号。当信号可看作是随时间变化的电压或电流时，信号$f(t)$在单位电阻上的瞬时功率为$|f(t)|^2$。定义在$-\infty < t < \infty$整个时间域上的信号能量E和平均功率P分别为

$$E = \int_{-\infty}^{\infty} |f(t)|^2 dt \qquad (3.1-2)$$

$$P = \lim_{T \to \infty} \frac{1}{T} \int_{-\frac{T}{2}}^{\frac{T}{2}} |f(t)|^2 dt \qquad (3.1-3)$$

若信号$f(t)$是实函数，其能量和平均功率的定义式分别为

$$E = \int_{-\infty}^{\infty} f^2(t) dt \qquad (3.1-4)$$

$$P = \lim_{T \to \infty} \frac{1}{T} \int_{-\frac{T}{2}}^{\frac{T}{2}} f^2(t) dt \qquad (3.1-5)$$

若信号的能量有限，其平均功率为零，这样的信号称为能量有限信号，简称能量信号；若信号的平均功率有限，其能量为无限大，这样的信号称为功率有限信号，简称功率信号。实际工程应用中的周期信号和直流信号通常为功率信号，而持续时间有限的有界信号一般是能量信号。

5. 因果与非因果信号

按信号所存在的时间范围，可把信号分为因果信号与非因果信号。如果当$t<0$时，信号$f(t)=0$，则信号$f(t)$称为因果信号，反之，称为非因果信号。

3.2 典型信号

3.2.1 常用的连续时间信号

1. 正弦信号

随时间按正弦规律变化的信号称为正弦信号。由于正弦信号与余弦信号两者仅在相位上相差$\pi/2$，习惯上将两者统称为正弦信号。正弦信号的时域表达式为

$$f(t) = A_m \sin(\omega t + \theta) \qquad (3.2-1)$$

正弦信号的时域波形如图3-3所示。式（3.2-1）中振幅A_m（$A_m > 0$）、角频率ω和初相位θ统称为正弦信号的三要素。为确保初相位取值的唯一性，通常规定初相位取值范围为$|\theta| \leqslant \pi$。

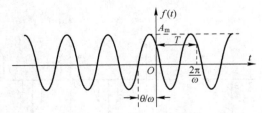

图3-3 正弦信号的时域波形

正弦信号是周期信号，其周期 T、角频率 ω 和频率 f 满足以下关系：

$$T = \frac{2\pi}{\omega} = \frac{1}{f} \tag{3.2-2}$$

在实际生活中正弦信号有着广泛的应用，如电力系统中的电压、电流及电源几乎都为正弦信号的形式。在对正弦信号进行研究时，除了随时间变化的瞬时值，有时在工程上为了衡量其效应还需要研究其平均效果，因此引出了有效值的概念。

有效值是从能量的角度来定义的。如图 3-4 所示，令正弦电流 $i(t)$ 和直流电流 I 分别通过两个阻值相等的电阻 R，如果在相同的时间 T 内电阻 R 消耗的能量相同，则对应的直流电流 I 的值即为正弦电流 $i(t)$ 的有限值。

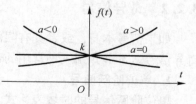

图 3-4   正弦信号和直流通过电阻 R

这里假设 T 取正弦信号的一个周期，则当电流为正弦电流 $i(t)$ 时，一个周期内电阻消耗的能量为

$$E_1 = \int_0^T p(t)\,\mathrm{d}t = \int_0^T Ri^2(t)\,\mathrm{d}t = R\int_0^T i^2(t)\,\mathrm{d}t$$

当电流为直流电流 I 时，在时间 T 内电阻消耗的能量为

$$E_2 = I^2 RT$$

令 $E_1 = E_2$，可得

$$I = \sqrt{\frac{1}{T}\int_0^T i^2(t)\,\mathrm{d}t} \tag{3.2-3}$$

即有效值为 $i(t)$ 的方均根值。设 $i(t) = I_m\cos(\omega t + \theta)$，则有效值为

$$I = \sqrt{\frac{1}{T}\int_0^T \left[I_m^2\cos^2(\omega t + \theta)\right]\mathrm{d}t} = I_m\sqrt{\frac{1}{T}\int_0^T \frac{1 + \cos 2(\omega t + \theta)}{2}\mathrm{d}t} = \frac{\sqrt{2}I_m}{2} \approx 0.707 I_m \tag{3.2-4}$$

即正弦电流或电压的有效值是振幅值的 0.707 倍。

有效值的概念在实际电路中应用十分广泛，例如民用日常生活中的电压 220 V，指的就是有效值，其振幅值为 311 V。

2. 实指数信号

当指数信号的指数因子是实数时，称之为实指数信号。实指数信号的时域表达式为

$$f(t) = ke^{at}\quad(a\ \text{为实数}) \tag{3.2-5}$$

其波形如图 3-5 所示（假设系数 $k > 0$）。根据 a 取值不同，分为以下 3 种情况。

1）当 $a>0$ 时，$f(t)$ 随时间指数增长。

2）当 $a<0$ 时，$f(t)$ 随时间指数衰减。

3）当 $a=0$ 时，$f(t) = k$ 为直流信号。

$|a|$ 的大小反映了信号 $f(t)$ 随时间增长或衰减的速率。

图 3-5   实指数信号的波形

由于指数信号的微分和积分仍然是指数信号，利用指数信号可使许多运算和分析得以简

化，所以在信号分析理论中，它是一种常用的基本信号。

3. 复指数信号

当指数信号的指数因子是复数时，称之为复指数信号。复指数信号的时域表达式为

$$f(t) = ke^{st} = ke^{(\sigma+j\omega)t} \tag{3.2-6}$$

式中 $s = \sigma + j\omega$ 为复数，其实部和虚部分别为 σ 和 ω。复指数信号在物理上是不可实现的，但是它概括了多种情况。例如，当 $\sigma = 0$、$\omega = 0$ 时，$f(t) = k$ 为直流信号；当 $\omega = 0$ 时，复指数信号成为实指数信号 $f(t) = ke^{\sigma t}$；当 $\sigma = 0$ 时，复指数信号成为虚指数信号 $f(t) = ke^{j\omega t}$。式 (3.2-7) 通常称为欧拉公式，它给出了正余弦信号与虚指数信号之间的转换关系，即

$$\begin{cases} \cos(\omega t) = \dfrac{1}{2}(e^{j\omega t} + e^{-j\omega t}) \\[2mm] \sin(\omega t) = \dfrac{1}{2j}(e^{j\omega t} - e^{-j\omega t}) \end{cases} \tag{3.2-7}$$

本书第 5 章讨论信号与系统的频域分析时，就会利用式 (3.2-7) 将正余弦信号展开为虚指数信号。

4. 抽样信号

在通信及信号处理的很多应用中，经常会用到抽样信号，其时域表达式为

$$\mathrm{Sa}(t) = \frac{\sin t}{t} \tag{3.2-8}$$

其波形如图 3-6 所示。$\mathrm{Sa}(t)$ 信号波形具有以下特点。

1) $\mathrm{Sa}(t)$ 是偶函数，即 $\mathrm{Sa}(t) = \mathrm{Sa}(-t)$。
2) $t = 0$ 时，$\mathrm{Sa}(t)$ 取得最大值，$\mathrm{Sa}(0) = 1$。
3) $t = \pm n\pi$（$n = 1, 2, 3, \cdots$）时，$\mathrm{Sa}(t)$ 过零点，即 $\mathrm{Sa}(t) = 0$；
4) $\mathrm{Sa}(t)$ 随 $|t|$ 增大而振荡衰减，当 $t \to \pm\infty$ 时，$\mathrm{Sa}(t) \to 0$。

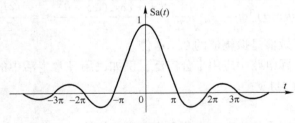

图 3-6 抽样信号的波形

3.2.2 奇异信号

如果信号本身，或者其有限次导数，或者其有限次积分存在不连续点，这类信号统称为奇异信号。本节介绍三种常用的奇异信号，即单位阶跃信号、单位门函数和单位冲激信号。

1. 单位阶跃信号

单位阶跃信号的时域表达式为

$$\varepsilon(t) = \begin{cases} 0 & t < 0 \\ 1 & t > 0 \end{cases} \tag{3.2-9}$$

单位阶跃信号的波形如图 3-7 所示。注意信号 $t=0$ 时幅值发生了跳变，在跳变点信号值没有定义。

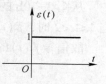

图 3-7 单位阶跃信号的波形

阶跃信号可用来描述开关的动作或信号的接入特性，所以有时称为"开关函数"。例如图 3-8a 所示电路中，$t<0$ 时开关一直在位置"1"，$u_{ab}=0$ V，当 $t=0$ 时开关切换至位置"2"，则 $t>0$ 时 $u_{ab}=1$ V，所以对于电路网络 N 而言，等效于图 3-8b 中用一个单位阶跃电压源激励网络 N。

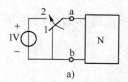
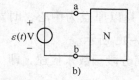

图 3-8 用阶跃信号描述开关作用

若信号幅值跳变发生于 t_0 时刻，就称为延时的单位阶跃信号，其时域表达式为

$$\varepsilon(t-t_0)=\begin{cases} 0 & t<t_0 \\ 1 & t>t_0 \end{cases} \tag{3.2-10}$$

图 3-9a、b 分别为 $\varepsilon(t+1)$ 和 $\varepsilon(t-1)$ 的波形，分别是 $\varepsilon(t)$ 的波形左移 1 个单位和右移 1 个单位。

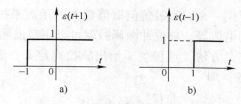

图 3-9 单位阶跃信号的延时波形

例 3-1 已知信号 $f_1(t)$ 和 $f_2(t)$ 的波形如图 3-10 所示，利用阶跃函数写出它们的表示式。

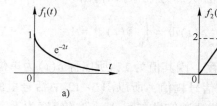

图 3-10 例 3-1 用图

解： 从图 3-10a 的波形可以看出，信号 $f_1(t)$ 用分段函数可写为

$$f_1(t)=\begin{cases} e^{-2t} & t>0 \\ 0 & t<0 \end{cases}$$

利用阶跃信号的表示方法，信号 $f_1(t)$ 的表达式为

$$f_1(t)=e^{-2t}\varepsilon(t)$$

从图 3-10b 的波形可以看出，当 $0 \leqslant t < 1$ 时，$f_2(t) = 2t$，可以用 $2t[\varepsilon(t) - \varepsilon(t-1)]$ 表示；当 $1 \leqslant t < 2$ 时，$f_2(t) = 2$，可以用 $2[\varepsilon(t-1) - \varepsilon(t-2)]$ 表示；当 $t < 0$ 和 $t > 2$ 时，$f_2(t) = 0$。

故信号 $f_2(t)$ 的表达式为

$$f_2(t) = 2t[\varepsilon(t) - \varepsilon(t-1)] + 2[\varepsilon(t-1) - \varepsilon(t-2)]$$
$$= 2t\varepsilon(t) + (2-2t)\varepsilon(t-1) - 2\varepsilon(t-2)$$

从上面的例题可以看出，利用阶跃信号可以方便地表示分段信号的存在区间，给信号的描述带来了方便。

2. 单位门函数

单位门函数 $G_\tau(t)$ 是以原点为中心，时宽为 τ、高度为 1 的矩形单脉冲信号，波形如图 3-11 所示。

单位门函数可以用分段函数来描述，即

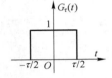

图 3-11　单位门函数的波形

$$G_\tau(t) = \begin{cases} 1 & |t| < \dfrac{\tau}{2} \\[2ex] 0 & |t| > \dfrac{\tau}{2} \end{cases} \quad\quad (3.2\text{-}11)$$

若用阶跃信号描述门函数，则可以表示为

$$G_\tau(t) = \left[\varepsilon\left(t + \frac{\tau}{2}\right) - \varepsilon\left(t - \frac{\tau}{2}\right)\right] \quad\quad (3.2\text{-}12)$$

3. 单位冲激信号

对某些物理现象，需要用一个时间极短但取值极大的函数来描述，例如子弹射出枪膛、抽杀乒乓球、瞬时无穷大的电流等。单位冲激函数就可以用来描述这些物理现象。

单位冲激函数有多种定义方法，这里主要给出狄拉克定义。满足式（3.2-13）条件的函数 $\delta(t)$ 称为单位冲激函数，即

$$\begin{cases} \displaystyle\int_{-\infty}^{+\infty} \delta(t)\,\mathrm{d}t = 1 \\[2ex] \delta(t) = 0 \quad t \neq 0 \end{cases} \quad\quad (3.2\text{-}13)$$

单位冲激信号的波形如图 3-12 所示。式（3.2-13）中定义的 $\delta(t)$ 函数除了 $t = 0$ 之外，函数值都为零，而函数的积分值（面积）为 1，可以得出

$$\int_{-\infty}^{+\infty} \delta(t)\,\mathrm{d}t = \int_{0_-}^{0_+} \delta(t)\,\mathrm{d}t = 1 \quad\quad (3.2\text{-}14)$$

通常把这个积分值称为冲激强度，因其值为 1，所以称 $\delta(t)$ 为单位冲激信号。注意，冲激信号通常只标出冲激强度，不标信号幅值，所以图 3-12 中括号里的值 "1" 表示的是冲激强度（即信号面积），实际上单位冲激信号在 $t = 0$ 时刻的幅度为无穷大。

单位冲激信号也可以由门函数取极限来逼近。图 3-13 所示是一个脉冲宽度为 τ，幅度为 $1/\tau$，面积为 1 的门函数。当脉宽 $\tau \to 0$ 时，幅度 $1/\tau \to \infty$，矩形面积始终为 1。所以门函数在 $\tau \to 0$ 时的极限情况可以定义为单位冲激函数 $\delta(t)$，即

$$\delta(t) = \lim_{\tau \to 0} \frac{1}{\tau}\left[\varepsilon\left(t + \frac{\tau}{2}\right) - \varepsilon\left(t - \frac{\tau}{2}\right)\right] \quad\quad (3.2\text{-}15)$$

图 3-12 单位冲激信号的波形

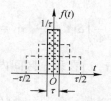

图 3-13 门函数逼近冲激函数

冲激信号具有以下性质。

（1）相乘性

若有界函数 $f(t)$ 在 $t=t_0$ 处连续，则

$$f(t)\delta(t-t_0)=f(t_0)\delta(t-t_0) \qquad (3.2-16)$$

当 $t_0=0$ 时，有

$$f(t)\delta(t)=f(0)\delta(t) \qquad (3.2-17)$$

（2）抽样性

若有界函数 $f(t)$ 在 $t=t_0$ 处连续，则

$$\int_{-\infty}^{\infty} f(t)\delta(t-t_0)\mathrm{d}t = f(t_0) \qquad (3.2-18)$$

当 $t_0=0$ 时，有

$$\int_{-\infty}^{\infty} f(t)\delta(t)\mathrm{d}t = f(0) \qquad (3.2-19)$$

抽样性体现了冲激函数对连续信号 $f(t)$ 的作用，其效果是"筛选"出冲激作用时刻所对应的信号值 $f(t_0)$。

（3）$\delta(t)$ 是偶函数

即 $\delta(t)=\delta(-t)$。

（4）尺度特性

$$\delta(at) = \frac{1}{|a|}\delta(t) \qquad (3.2-20)$$

式中，a 为非零实常数。

例 3-2 计算下列各式的值。

（1）$e^{-2t}\delta(t)$ （2）$\sin\dfrac{\pi}{4}t \cdot \delta(t-2)$

（3）$\displaystyle\int_{-\infty}^{\infty} e^{-t}\delta(t+3)\mathrm{d}t$ （4）$\displaystyle\int_{-3}^{2} \sin\left(t-\dfrac{\pi}{4}\right)\delta\left(t-\dfrac{\pi}{2}\right)\mathrm{d}t$

（5）$\displaystyle\int_{2}^{4} \delta(t-1)(t+e^{-2t})\mathrm{d}t$ （6）$\displaystyle\int_{-1}^{4} \sin t\,\delta(2t)\mathrm{d}t$

解：（1）$e^{-2t}\delta(t)=e^{-2t}\big|_{t=0}\cdot\delta(t)=\delta(t)$

（2）$\sin\dfrac{\pi}{4}t \cdot \delta(t-2)=\sin\dfrac{\pi}{4}t\big|_{t=2}\cdot\delta(t-2)=\sin\dfrac{\pi}{2}\delta(t-2)=\delta(t-2)$

（3）$\displaystyle\int_{-\infty}^{\infty} e^{-t}\delta(t+3)\mathrm{d}t = e^{-t}\big|_{t=-3}=e^{3}$

(4) $\int_{-3}^{2} \sin\left(t - \dfrac{\pi}{4}\right) \delta\left(t - \dfrac{\pi}{2}\right) \mathrm{d}t = \sin\left(t - \dfrac{\pi}{4}\right) \Big|_{t = \frac{\pi}{2}} = \dfrac{\sqrt{2}}{2}$

(5) 因冲激 $\delta(t-1)$ 在积分区间内值为 0，故 $\int_{2}^{4} \delta(t-1)(t + \mathrm{e}^{-2t}) \mathrm{d}t = 0$

(6) $\int_{-1}^{4} \sin t \delta(2t) \mathrm{d}t = \dfrac{1}{2} \int_{-1}^{4} \sin t \delta(t) \mathrm{d}t = \dfrac{1}{2} \sin t \big|_{t=0} = 0$

单位冲激函数的引入，使得函数在间断点处的导数乃至高阶导数都可以进行数学描述，扩展了可描述信号的范围，为物理现象和过程的描述和分析提供了强有力的工具。

3.3 信号的波形变换与基本运算

3.3.1 信号的波形变换

1. 信号的时移

信号在传输过程中会产生一定的延时，这种延时可以用信号的时移来描述。通常把信号 $f(t)$ 沿着时间轴的移动称为信号的时移，可以用 $f(t \pm t_0)$ 表示。若 $t_0 > 0$，则 $f(t+t_0)$ 是信号 $f(t)$ 左移 t_0，$f(t-t_0)$ 是信号 $f(t)$ 右移 t_0。图 3-14a、b、c 所示分别为信号 $f(t)$、信号 $f(t+2)$ 和信号 $f(t-2)$ 的波形。

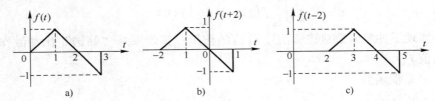

图 3-14　信号及其时移波形

2. 信号的反褶

信号 $f(t)$ 以 $t=0$ 为轴进行折叠，称为信号的反褶，通常用 $f(-t)$ 表示。图 3-15a、b 即为原信号与其反褶信号的波形示意。注意，信号的反褶是时间轴上的反褶，幅度翻转的信号通常用 $-f(t)$ 表示。

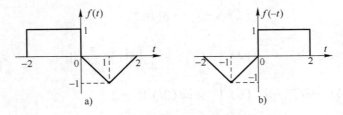

图 3-15　信号及其反褶波形

3. 信号的尺度变换

信号的尺度变换通常也称为信号的压缩或扩展，通常用 $f(at)$ 表示。当 $a > 1$ 时，$f(at)$ 称为 $f(t)$ 的时域压缩，其波形是信号 $f(t)$ 在时间轴上压缩为原来的 $1/a$；当 $0 < a < 1$ 时，

$f(at)$ 称为 $f(t)$ 的时域扩展，其波形扩展为原信号 $f(t)$ 的 $1/a$ 倍。信号 $f(t)$ 及其压缩和扩展的波形如图 3-16a、b、c 所示。

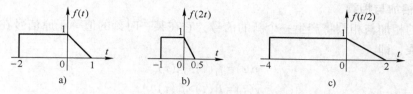

图 3-16　信号及其尺度变换波形

当信号的波形变换涉及几种变换的综合时，就需要先分析其变换具体涉及哪些类型，然后按照一定的变换顺序，分步画出各变换对应的信号波形，直至最终得到复合变换的信号。

例 3-3　已知信号 $f(t)$ 的波形如图 3-17 所示，画出
$f\left(-\dfrac{1}{2}t+1\right)$ 的波形。

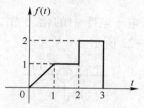

图 3-17　例 3-3 用图

解：因为 $f\left(-\dfrac{t}{2}+1\right)=f\left[-\dfrac{1}{2}(t-2)\right]$，所以涉及波形的时移、反褶、尺度变换三种基本变换的组合。可以对 $f(t)$ 的波形先反褶，得到 $f(-t)$ 的波形（见图 3-18a）；再对 $f(-t)$ 的波形进行尺度变换扩展 1 倍，得到 $f(-t/2)$ 的波形（见图 3-18b）；最后将 $f(-t/2)$ 的波形向右时移 2 个单位得到 $f(-t/2+1)$ 的波形（见图 3-18c）。

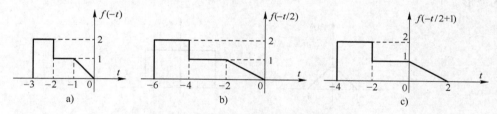

图 3-18　信号反褶、尺度变换和时移的波形

也可以第一步先对 $f(t)$ 的波形左移 1 个单位，得到 $f(t+1)$ 的波形（见图 3-19a）；再对 $f(t+1)$ 的波形进行尺度变换扩展 1 倍，得到 $f(t/2+1)$ 的波形（见图 3-19b）；最后对 $f(t/2+1)$ 的波形进行反褶，得到 $f(-t/2+1)$ 的波形（见图 3-19c）。

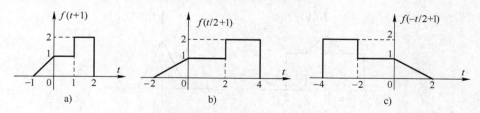

图 3-19　信号时移、尺度变换和反褶的波形

可见，不同变换顺序得出的最终波形完全一样。需要注意的一点是，分步求具体变换对应的波形时，每种变换都是针对自变量 t 来进行的。

3.3.2 信号的基本运算

1. 信号相加与相乘

两信号的相加与相乘将产生一个新的信号，它在某一时刻的值等于原信号在同一时刻的值相加或相乘，即

$$y(t) = f_1(t) + f_2(t) \tag{3.3-1}$$

$$y(t) = f_1(t) \times f_2(t) \tag{3.3-2}$$

信号相加通常可以采用加法器来完成，加法器的模型框图符号如图 3-20 所示。信号相乘通常可以采用乘法器来完成，乘法器的模型框图符号如图 3-21 所示。如果信号乘以一个实常数 k，就称为信号数乘运算，显然，数乘后的信号是原信号的 k 倍，即

$$y(t) = kf(t) \tag{3.3-3}$$

电子电路中的信号放大器就是数乘器的简单物理原型。数乘器的模型框图符号如图 3-22 所示。

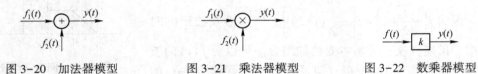

图 3-20　加法器模型　　　图 3-21　乘法器模型　　　图 3-22　数乘器模型

例 3-4　已知信号 $f_1(t)$ 和 $f_2(t)$ 的波形如图 3-23a、b 所示，画出 $f_1(t) + f_2(t)$ 和 $f_1(t) \times f_2(t)$ 的波形。

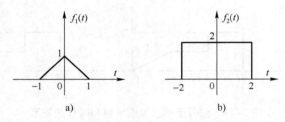

图 3-23　题 3-4 用图

解：两信号相加和相乘的波形为同一时刻的值相加和相乘，故 $f_1(t) + f_2(t)$ 和 $f_1(t) \times f_2(t)$ 的波形如图 3-24a、b 所示。

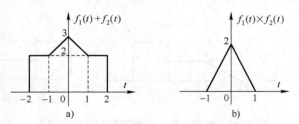

图 3-24　信号相加和相乘波形

注意，两个信号相乘波形的存在范围是两者的公共非零区。

2. 信号的微分与积分

信号微分是对信号 $f(t)$ 的求导运算，表达式为

$$y(t) = \frac{\mathrm{d}}{\mathrm{d}t}f(t) = f'(t) \tag{3.3-4}$$

信号积分是对信号 $f(t)$ 在 $(-\infty, t)$ 区间内的积分，表达式为

$$y(t) = \int_{-\infty}^{t} f(\tau)\mathrm{d}\tau \tag{3.3-5}$$

图 3-25a、b 为三角脉冲信号及其微分波形，图 3-26a、b 为门函数及其积分波形。

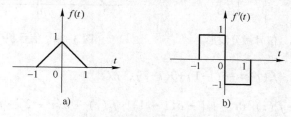

图 3-25　三角脉冲信号及其微分波形

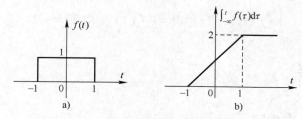

图 3-26　门函数及其积分波形

根据信号微分和积分的定义可知，单位冲激信号 $\delta(t)$ 与单位阶跃函数 $\varepsilon(t)$ 互为微积分关系，即

$$\int_{-\infty}^{t} \delta(\tau)\mathrm{d}\tau = \begin{cases} 0 & t < 0 \\ 1 & t > 0 \end{cases} = \varepsilon(t) \tag{3.3-6}$$

$$\frac{\mathrm{d}\varepsilon(t)}{\mathrm{d}t} = \delta(t) \tag{3.3-7}$$

例 3-5　已知信号 $f(t)$ 如图 3-27 所示。

（1）写出 $f(t)$ 的表达式。

（2）分别画出 $f_1(t) = \dfrac{\mathrm{d}f(t)}{\mathrm{d}t}$ 和 $f_2(t) = \displaystyle\int_{-\infty}^{t} f(\tau)\mathrm{d}\tau$ 的波形。

（3）计算 $\displaystyle\int_0^3 [f_1(t) \cdot f_2(t)]\mathrm{d}t$。

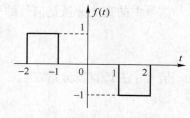

图 3-27　例 3-5 用图

解：（1）信号 $f(t)$ 用阶跃函数可表示为

$f(t) = \varepsilon(t+2) - \varepsilon(t+1) - \varepsilon(t-1) + \varepsilon(t-2)$

（2）由于阶跃信号的导数为冲激信号，故 $f_1(t)$ 的表达式为

$$f_1(t) = \delta(t+2) - \delta(t+1) - \delta(t-1) + \delta(t-2)$$

故信号 $f_1(t)$ 的波形如图 3-28 所示。可以看出，冲激强度为阶跃跳变的幅度，信号幅度

增加的跳变，其冲激强度为正；信号幅度减小的跳变，其冲激强度为负。

按照信号积分的定义，信号 $f_2(t)$ 的波形如图 3-29 所示。注意，当 $-1 < t < 1$ 时，原信号 $f(t)$ 的值为 0，积分值保持不变，并不是积分值为零。

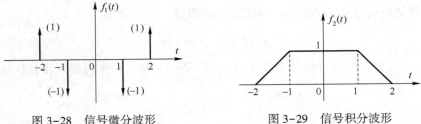

图 3-28　信号微分波形　　　　　　图 3-29　信号积分波形

（3）当 $0 < t < 3$ 时，$f_1(t) = -\delta(t-1) + \delta(t-2)$，故

$$\int_0^3 [f_1(t) \cdot f_2(t)] \, \mathrm{d}t = \int_0^3 [-\delta(t-1) \cdot f_2(t) + \delta(t-2) \cdot f_2(t)] \, \mathrm{d}t$$

利用冲激函数的筛选性，可知

$$\int_0^3 [f_1(t) \cdot f_2(t)] \, \mathrm{d}t = -f_2(1) + f_2(2) = -1$$

3.4　信号的分解

3.4.1　信号的交直流分解

直流信号是大小和方向都不随时间变化的信号，例如本书前两章讨论的直流电阻电路时，所用的电压源和电流源均为直流信号，它们在整个分析过程中均为恒定的值，同时电路中任意一条支路的电压和电流也为直流信号，它们也不随时间变化。交流信号是指大小和方向随时间而变化的信号，例如日常照明所用的市电就是频率为 50 Hz 的交流信号。

电路中的直流信号和交流信号往往叠加在一起，有时将信号分解成直流分量和交流分量更有利于电路工作原理的分析。

信号中的直流分量是信号的平均值，通常用 f_D 表示，其计算方法为

$$f_\mathrm{D} = \lim_{T \to \infty} \frac{1}{T} \int_{-\frac{T}{2}}^{\frac{T}{2}} f(t) \, \mathrm{d}t \tag{3.4-1}$$

信号中去掉直流分量之后，即为交流分量。交流分量的平均值为零，通常用 $f_\mathrm{A}(t)$ 表示，即

$$f_\mathrm{A}(t) = f(t) - f_\mathrm{D} \tag{3.4-2}$$

图 3-30a 所示的信号 $f(t)$，就可以分解为直流分量 $f_\mathrm{D} = 1$（见图 3-30b）和交流分量 $f_\mathrm{A}(t)$（见图 3-30c）的叠加。

根据式（3.1-5），实信号 $f(t)$ 的平均功率为

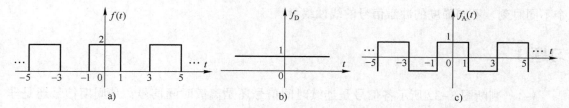

图 3-30 信号 $f(t)$ 可以分解为直流分量和交流分量

$$P = \lim_{T \to \infty} \frac{1}{T} \int_{-\frac{T}{2}}^{\frac{T}{2}} f^2(t)\, \mathrm{d}t = \lim_{T \to \infty} \frac{1}{T} \int_{-\frac{T}{2}}^{\frac{T}{2}} [f_{\mathrm{D}} + f_{\mathrm{A}}(t)]^2 \mathrm{d}t$$

$$= \lim_{T \to \infty} \frac{1}{T} \int_{-\frac{T}{2}}^{\frac{T}{2}} [f_{\mathrm{D}}^2 + 2f_{\mathrm{D}} f_{\mathrm{A}}(t) + f_{\mathrm{A}}^2(t)]\, \mathrm{d}t$$

由于直流分量为常数，交流分量 $f_{\mathrm{A}}(t)$ 的平均值为零，故可得

$$P = f_{\mathrm{D}}^2 + \lim_{T \to \infty} \frac{1}{T} \int_{-\frac{T}{2}}^{\frac{T}{2}} f_{\mathrm{A}}^2(t)\, \mathrm{d}t \qquad (3.4\text{-}3)$$

由式（3.4-3）可知，信号的平均功率等于直流功率和交流功率之和。

3.4.2 信号的冲激函数分解

一个连续时间信号 $f(t)$ 的时域波形可以用一系列矩形脉冲叠加来近似，如图 3-31 所示。图中信号波形沿 t 轴被分割成宽度为 $\Delta\tau$ 的无穷多小段，时间间隔 $\Delta\tau$ 取值越小，用矩形脉冲近似 $f(t)$ 的误差越小，近似程度越好。如果每段内的函数值用该段起始时刻的函数值近似，如 $[\tau, \tau+\Delta\tau)$ 段内函数值用 $f(\tau)$ 近似，则在 $[\tau, \tau+\Delta\tau)$ 范围内信号可以描述为

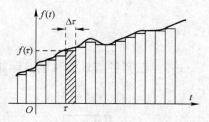

图 3-31 任意信号 $f(t)$ 的分解

$$f(\tau)[\varepsilon(t-\tau) - \varepsilon(t-\tau-\Delta\tau)]$$

当 $\Delta\tau \to 0$ 时，无穷多小段叠加在一起就是信号 $f(t)$。故信号 $f(t)$ 可以写为

$$f(t) = \lim_{\Delta\tau \to 0} \sum_{\tau = -\infty}^{\infty} f(\tau)[\varepsilon(t-\tau) - \varepsilon(t-\tau-\Delta\tau)] \qquad (3.4\text{-}4)$$

$$= \lim_{\Delta\tau \to 0} \sum_{\tau = -\infty}^{\infty} f(\tau) \frac{[\varepsilon(t-\tau) - \varepsilon(t-\tau-\Delta\tau)]}{\Delta\tau} \cdot \Delta\tau \qquad (3.4\text{-}5)$$

根据导数的定义，可知

$$\lim_{\Delta\tau \to 0} \frac{[\varepsilon(t-\tau) - \varepsilon(t-\tau-\Delta\tau)]}{\Delta\tau} = \frac{\mathrm{d}\varepsilon(t-\tau)}{\mathrm{d}t} = \delta(t-\tau) \qquad (3.4\text{-}6)$$

当 $\Delta\tau \to 0$ 时，$\Delta\tau \to \mathrm{d}\tau$，$\displaystyle\sum_{\tau=-\infty}^{+\infty} \to \int_{\tau=-\infty}^{+\infty}$ ，可得

$$f(t) = \int_{-\infty}^{+\infty} f(\tau)\delta(t-\tau)\, \mathrm{d}\tau \qquad (3.4\text{-}7)$$

式（3.4-7）称为信号的冲激函数分解，其中 $f(\tau)\delta(t-\tau)$ 表示存在于 τ 时刻、强度为 $f(\tau)$ 的冲激函数，而积分是一种求和运算，故表明任意连续时间信号 $f(t)$ 可分解为无穷多

个不同时刻、不同强度的冲激信号的线性组合。

习题 3

3-1 判断图 3-32 所示各信号是连续时间信号还是离散时间信号，是周期信号还是非周期信号，若是周期信号，请写出周期。

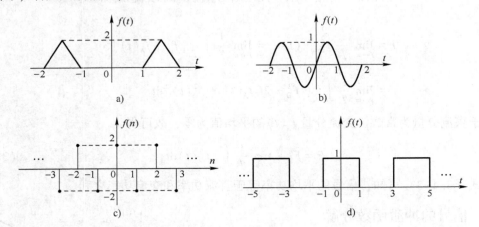

图 3-32 题 3-1 图

3-2 已知各信号的时域波形如图 3-33 所示，请利用阶跃信号写出它们的数学表达式。

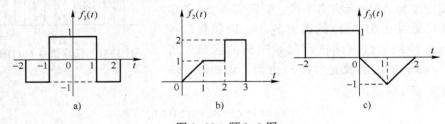

图 3-33 题 3-2 图

3-3 计算下列积分

（1）$\int_{-3}^{3} (t^2 + 1)\delta(t)\mathrm{d}t$

（2）$\int_{-3}^{0} \sin\left(t - \dfrac{\pi}{4}\right)\delta(t - 1)\mathrm{d}t$

（3）$\int_{-\infty}^{\infty} \sin^2 t\delta\left(t - \dfrac{\pi}{6}\right)\mathrm{d}t$

（4）$\int_{-\infty}^{\infty} \mathrm{e}^{-2t}\delta(t)\mathrm{d}t$

（5）$\int_{-\infty}^{5} \mathrm{e}^{-t}\delta(2t - 6)\mathrm{d}t$

（6）$\int_{-\infty}^{t} (2 + \cos 3\tau)\delta(\tau)\mathrm{d}\tau$

（7）$\int_{-\infty}^{\infty} 2\delta(t)\dfrac{\sin 2t}{t}\mathrm{d}t$

（8）$\int_{-\infty}^{t} 2\mathrm{e}^{-2\tau}\cos\tau\delta(\tau - 1)\mathrm{d}\tau$

3-4 已知信号 $f(t)$ 的波形如图 3-34 所示，画出下列信号的波形。

（1）$f(t-1)$；（2）$f(3t)$；（3）$f(-t)$；（4）$f(t)\varepsilon(t-1)$；（5）$f(t)\delta(t-1)$

3-5 信号 $f(t)$ 的波形如图 3-35 所示，画出 $f(-2t-2)$ 的波形。

3-6 已知信号 $f(t)$ 的波形如图 3-36 所示。

（1）画出 $f'(t)$ 的波形，并写出表达式。

（2）画出 $f(-2t+2)$ 的波形。

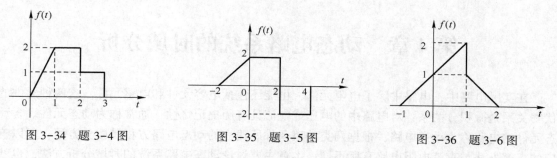

图 3-34　题 3-4 图　　　　图 3-35　题 3-5 图　　　　图 3-36　题 3-6 图

3-7　信号 $f_1(t)$ 和 $f_2(t)$ 的波形分别如图 3-37a、b 所示，画出 $f_1(t)+f_2(t)$ 和 $f_1(t)\times f_2(t)$ 的波形。

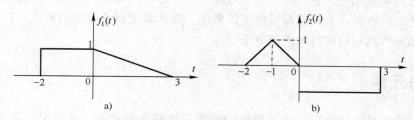

图 3-37　题 3-7 用图

3-8　已知信号 $f(t)$ 的波形如图 3-38 所示。

（1）画出 $f_1(t)=\int_{-\infty}^{t}f(\tau)\mathrm{d}\tau$ 的波形，并写出 $f_1(t)$ 表达式。

（2）画出 $f_2(t)=f(-2t+2)$ 的波形。

3-9　已知信号 $f(t)$ 的波形如图 3-39 所示。

（1）求积分 $\int_{-\infty}^{t}f(\tau)\mathrm{d}\tau$ 的表达式，并画出波形。

（2）求微分 $\dfrac{\mathrm{d}}{\mathrm{d}t}[f(6-2t)]$ 的表达式，并画出波形。

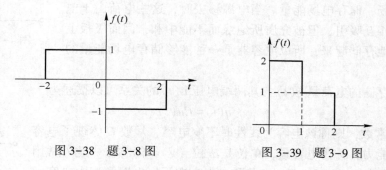

图 3-38　题 3-8 图　　　　图 3-39　题 3-9 图

第4章 动态电路系统的时域分析

在实际电路中，电路中除了电阻元件，可能还包括电容元件和电感元件。这两种元件的伏安关系是微积分关系，对电路中的电压或电流具有历史记忆性，通常称为动态元件。含动态元件的电路称为动态电路，根据两类约束条件所建立的动态电路方程是微分方程，所以响应的求解方法与直流电阻电路有所不同。本章主要讨论动态电路系统的时域分析方法，也就是从时间角度来分析电路系统的特性和响应的求解。

本章首先从动态元件入手，介绍动态电路和动态方程的概念，分析一阶直流动态电路的响应求解方法。然后引入系统和系统模型的概念，并从系统响应分解的角度，讨论动态系统零输入响应和零状态响应的时域求解方法。

4.1 动态元件

前两章讨论的是直流电阻电路，用到的无源元件是电阻元件，其伏安关系为代数关系，即在关联参考方向下，电阻两端的电压等于电阻值乘以流过它的电流值，由此而建立的电路方程是代数方程。本节将介绍另外两种无源元件，即电容元件和电感元件。这两个元件的伏安特性与电阻元件不同，其两端的电压、电流关系涉及对电流、电压的微分或积分，所以分析电路时所建立的电路方程是微分方程。

4.1.1 电容元件

通常用绝缘介质把两个金属极板隔开，即可构成一个简单的电容器，简称电容。如图 4-1 所示，当在电容器两端加上电源时，会在金属板的一个极板上集聚正电荷+q，而在另一个极板上集聚等量的负电荷-q，从而在介质中建立电场，储存电场能量。当电源移去时，这些电荷由于电场力的作用而相互吸引，但被介质所绝缘而不能中和，因而极板上的电荷能长久地存储起来，所以电容器是一种能够储存电场能量的实际器件。

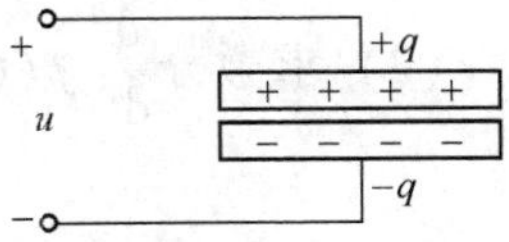

图 4-1 电容器

若电容所存储的电荷量 $q(t)$ 与其两端电压 $u(t)$ 的关系可以描述为

$$q(t) = Cu(t) \tag{4.1-1}$$

式中，若 C 为常数，则称该电容为线性时不变电容。常数 C 体现了电容器存储电荷的能力，称为电容量，单位是法拉（F），简称法。此外常用的电容单位还有 mF、μF 和 pF。在关联参考方向下，电路模型中电容元件的符号表示如图 4-2 所示。

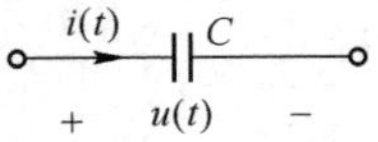

图 4-2 电容元件的符号表示

对式 (4.1-1) 两端同时求导可得

$$\frac{\mathrm{d}q(t)}{\mathrm{d}t} = C\frac{\mathrm{d}u(t)}{\mathrm{d}t} \tag{4.1-2}$$

根据电流的定义 $i(t) = \dfrac{\mathrm{d}q(t)}{\mathrm{d}t}$，可知在关联参考方向下，电容元件的伏安关系为

$$i(t) = C\frac{\mathrm{d}u(t)}{\mathrm{d}t} \tag{4.1-3}$$

改写成积分形式，则为

$$u(t) = \frac{1}{C}\int_{-\infty}^{t} i(\tau)\mathrm{d}\tau \tag{4.1-4}$$

从式（4.1-3）和式（4.1-4）可以看出，电容元件的伏安关系为微积分关系。某一时刻流过电容的电流大小取决于该时刻其两端电压的变化率，若电容两端电压无变化，则通过它的电流为零，电容相当于开路，所以电容具有隔直流的作用。而电容在某一时刻的电压，取决于从负无穷到该时刻电流的积分，也就意味着电容的电压具有"记忆性"，所以也称电容元件为记忆元件。

若已知 t_0 时刻的电容电压 $u(t_0)$，则 t 时刻 $(t > t_0)$ 的电容电压为

$$u(t) = \frac{1}{C}\int_{-\infty}^{t_0} i(\tau)\mathrm{d}\tau + \frac{1}{C}\int_{t_0}^{t} i(\tau)\mathrm{d}\tau = u(t_0) + \frac{1}{C}\int_{t_0}^{t} i(\tau)\mathrm{d}\tau \tag{4.1-5}$$

式（4.1-5）说明 t 时刻电容电压等于初始电压 $u(t_0)$ 加上 t_0 到 t 时刻的电压增量，若流过电容的电流 $i(t)$ 是有限值，则电容两端的电压不会跳变。

作为存储电场能量的元件，电容的储能为

$$W_{\mathrm{C}}(t) = \int_{-\infty}^{t} p(\tau)\mathrm{d}\tau = \int_{-\infty}^{t} u(\tau)i(\tau)\mathrm{d}\tau = C\int_{-\infty}^{t} u(\tau)\frac{\mathrm{d}u(\tau)}{\mathrm{d}\tau}\mathrm{d}\tau$$

$$= \frac{1}{2}Cu^2(\tau)\,\Big|_{-\infty}^{t} = \frac{1}{2}Cu^2(t) - \frac{1}{2}Cu^2(-\infty)$$

若在负无穷时刻电容电压为零，即 $u(-\infty) = 0$，则在 t 时刻电容的储能为

$$W_{\mathrm{C}}(t) = \frac{1}{2}Cu^2(t) \tag{4.1-6}$$

即某时刻电容的储能只与该时刻电容两端的电压有关，电容电压反映了电容的储能状态，故称电容电压为电容的状态变量。

例 4-1 电路模型如图 4-3 所示，已知 $t > 0$ 时电容电压 $u_{\mathrm{C}}(t) = (1-\mathrm{e}^{-t})$ V，求 $t > 0$ 时 ab 两端的电压 $u(t)$，并画出波形图。

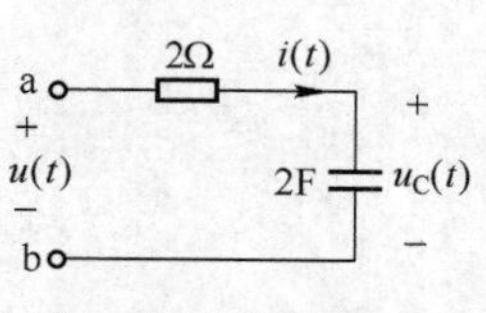

解： 根据电路结构列写 KVL 方程，可得

$$u(t) = 2i(t) + u_{\mathrm{C}}(t)$$

根据电容元件的伏安关系，可得 $t > 0$ 时

$$i(t) = C\frac{\mathrm{d}u_{\mathrm{C}}(t)}{\mathrm{d}t} = 2\mathrm{e}^{-t}\ \mathrm{A} \qquad t > 0$$

故 ab 两端的电压为

$$u(t) = 4\mathrm{e}^{-t} + (1-\mathrm{e}^{-t}) = (1+3\mathrm{e}^{-t})\ \mathrm{V} \qquad t > 0$$

电压 $u(t)$ 的波形如图 4-4 所示。

图 4-3　例 4-1 用图

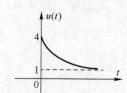

图 4-4　电压 $u(t)$ 的波形

例 4-2 已知电容 $C = 1\,\mathrm{F}$，其电流电压为关联参考方向，若流过电容的电流 $i(t)$ 的波形如图 4-5 所示，画出电容电压 $u_C(t)$ 的波形，并写出其表示式。

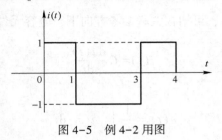

图 4-5 例 4-2 用图

解：根据电容元件的伏安关系，可知

$$u_C(t) = \frac{1}{C}\int_{-\infty}^{t} i(\tau)\,\mathrm{d}\tau$$

代入元件参数 $C = 1\,\mathrm{F}$，可得

$$u_C(t) = \int_{-\infty}^{t} i(\tau)\,\mathrm{d}\tau = \int_{0}^{t} i(\tau)\,\mathrm{d}\tau$$

按照波形积分规则，可得 $u_C(t)$ 的波形如图 4-6 所示。

电压 $u_C(t)$ 的表示式为

$$u_C(t) = t[\varepsilon(t) - \varepsilon(t-1)] + (2-t)[\varepsilon(t-1) - \varepsilon(t-3)] + (t-4)[\varepsilon(t-3) - \varepsilon(t-4)]$$

从图 4-6 可以看出，在流经电容的电流为有限值的情况下，电容电压是连续的物理量，不会发生跃变。

在工程实际应用中，经常会遇到含有多个电容元件串/并联的电路。电容的串/并联可以借鉴电阻串/并联等效分析方法，等效为一个电容。如图 4-7a 所示的 n 个电容串联，通过端口伏安关系法可以等效为图 4-7b 中的电容 C，其中

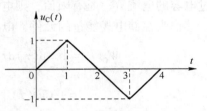

图 4-6 电压 $u_C(t)$ 的波形

$$\frac{1}{C} = \frac{1}{C_1} + \frac{1}{C_2} + \cdots + \frac{1}{C_n} \qquad (4.1\text{-}7)$$

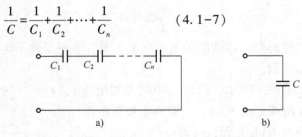

图 4-7 电容的串联等效

类似地，图 4-8a 中的 n 个电容并联，也可以等效为图 4-8b 中的电容 C，其中

$$C = C_1 + C_2 + \cdots + C_n \qquad (4.1\text{-}8)$$

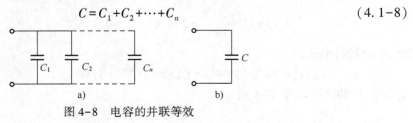

图 4-8 电容的并联等效

4.1.2 电感元件

用导线绕制成空心或具有铁心的线圈就可构成一个电感器或电感线圈，如图4-9所示。线圈中通以电流 i 后将产生磁通 Φ_L，在线圈周围建立磁场，并储存磁场能量，所以电感线圈是一种能够储存磁场能量的实际器件，广泛应用在谐振电路、变压器、电视机等方面。

当电感电流发生变化时，电感上将出现感应电压。当通过电感的电流和它两端的电压为关联参考方向时，有

$$u(t) = L\frac{\mathrm{d}i(t)}{\mathrm{d}t} \tag{4.1-9}$$

本书主要讨论线性时不变电感，此时式（4.1-9）中的 L 为常数，称为电感量，单位为亨利（H），简称亨。电感的常用单位还有 mH 和 μH，其电路模型的符号表示如图4-10所示。

图 4-9　电感　　　　　　　图 4-10　电感元件的符号表示

将式（4.1-9）改写成积分形式，可得

$$i(t) = \frac{1}{L}\int_{-\infty}^{t} u(\tau)\mathrm{d}\tau \tag{4.1-10}$$

从式（4.1-9）和式（4.1-10）可以看出，电感元件的伏安关系也为微积分关系。某时刻电感两端的电压大小取决于该时刻流过电感的电流的变化率，若流过电感的电流无变化，则其两端的电压为零，相当于短路，所以电感有通直流的特性。而电感在某一时刻的电流，取决于从负无穷到该时刻电压的积分，也就意味着电感的电流具有"记忆性"，所以电感元件也是记忆元件。

若已知 t_0 时刻的电感电流 $i(t_0)$，则 t 时刻（$t>t_0$）的电感电流为

$$i(t) = \frac{1}{L}\int_{-\infty}^{t_0} u(\tau)\mathrm{d}\tau + \frac{1}{L}\int_{t_0}^{t} u(\tau)\mathrm{d}\tau = i(t_0) + \frac{1}{L}\int_{t_0}^{t} u(\tau)\mathrm{d}\tau \tag{4.1-11}$$

式（4.1-11）说明 t 时刻电感电流等于初始电流 $i(t_0)$ 加上 t_0 到 t 时刻的电流增量，若电感两端的电压 $u(t)$ 是有限值，则电感电流不会跳变。

作为存储磁场能量的元件，电感的储能为

$$W_L(t) = \int_{-\infty}^{t} p(\tau)\mathrm{d}\tau = \int_{-\infty}^{t} u(\tau)i(\tau)\mathrm{d}\tau = L\int_{-\infty}^{t} \frac{\mathrm{d}i(\tau)}{\mathrm{d}\tau}i(\tau)\mathrm{d}\tau$$

$$= \frac{1}{2}Li^2(\tau)\Big|_{-\infty}^{t} = \frac{1}{2}Li^2(t) - \frac{1}{2}Li^2(-\infty)$$

若在负无穷时刻电感电流为零，即 $i(-\infty) = 0$，则在 t 时刻电感的储能为

$$W_L(t) = \frac{1}{2}Li^2(t) \tag{4.1-12}$$

即电感的储能只与该时刻流过它的电流有关，电感电流反映了电感的储能状态，故称电感电

流为电感的状态变量。

例 4-3 电路模型如图 4-11 所示，其中电感 $L=0.5\,\text{H}$，电阻 $R=2\,\Omega$。已知 $t>0$ 时通过电感的电流 $i_L(t)=2(1-e^{-2t})\,\text{A}$，求 $t>0$ 时电路中的电流 $i(t)$，并计算电感的最大储能。

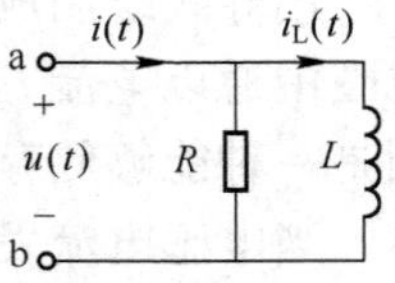

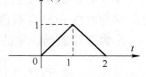

图 4-11 例 4-3 用图

解：根据电路结构列写 KCL 方程，可得

$$i(t)=\frac{u(t)}{R}+i_L(t)$$

根据电感元件的伏安关系，可得

$$u(t)=L\frac{\mathrm{d}i_L(t)}{\mathrm{d}t}=0.5\times4e^{-2t}=2e^{-2t}\,\text{V}\qquad t>0$$

故得电路中电流为

$$i(t)=e^{-2t}+2(1-e^{-2t})=(2-e^{-2t})\,\text{A}\qquad t>0$$

电感的最大储能为

$$W_{L_{max}}=\frac{1}{2}Li_{L_{max}}^2=\frac{1}{2}\times0.5\times2^2\,\text{J}=1\,\text{J}$$

例 4-4 已知某电感模型如图 4-12a 所示，其中 $L=1\,\text{H}$，其 ab 两端的电压波形如图 4-12b 所示，画出电流 $i(t)$ 的波形。

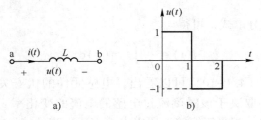

图 4-12 例 4-4 用图

解：根据电感元件的伏安关系，可知

$$i(t)=\frac{1}{L}\int_{-\infty}^{t}u(\tau)\mathrm{d}\tau$$

按照波形积分规则，可得电流 $i(t)$ 的波形如图 4-13 所示。结合图 4-12b 和图 4-13 可以看出，当电感两端的电压为有限值时，流经电感的电流是连续的物理量，不会发生跳变。

多个电感的串/并联也可用等效的方法进行分析，以获取其等效电感。图 4-14a 中 n 个电感串联可等效为图 4-14b 中的一个电感 L，其中

$$L=L_1+L_2+\cdots+L_n \qquad (4.1\text{-}13)$$

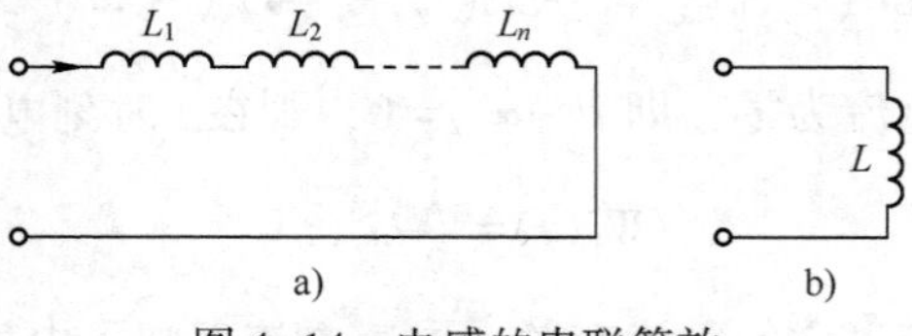

图 4-13 电感电流的波形

图 4-14 电感的串联等效

类似地，图 4-15a 中 n 个电感并联可等效为图 4-15b 中的一个电感 L，其中

$$\frac{1}{L} = \frac{1}{L_1} + \frac{1}{L_2} + \cdots + \frac{1}{L_n} \qquad (4.1\text{-}14)$$

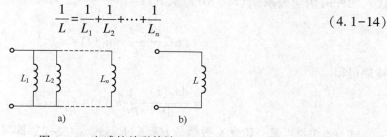

图 4-15　电感的并联等效

4.2　一阶动态电路分析

与分析电阻电路类似，分析动态电路首先要根据电路模型选择分析变量，然后建立并求解电路方程。包含一个独立动态元件的电路称为一阶动态电路，本节主要讨论一阶动态电路的分析方法。

4.2.1　动态电路方程的建立

在直流电阻电路分析中，通常认为元件的参数和电路结构都是不变的，同时认为激励信号为直流且在全部时间内都起作用。然而在实际电路中，激励信号有作用开始的时间，而且电路结构和元件参数等可能会发生变化，这些变化统称为换路。由于换路，可能会引起电路工作状态的改变。若换路后原有的工作状态经过一段过渡过程才能到达一个新的稳定工作状态，那么这个过渡过程就称为暂态。

对于动态电路分析，通常考虑电路存在换路的情况。常设电路在 $t=0$ 时换路，$t=0_-$ 表示换路前的起始时刻，$t=0_+$ 表示换路后的初始时刻。建立动态电路方程的依据仍然是两类约束，其中元件约束是动态元件两端的伏安关系，而结构约束是根据元件连接关系而建立的 KCL 和 KVL 方程。在建立动态电路方程时，首先要确定方程的变量。在电路各支路的电压、电流变量中，电容电压 $u_C(t)$ 和电感电流 $i_L(t)$ 反映了电路储能的状况，所以本节选择这两个状态变量建立电路方程。下面以典型的一阶 RC 和一阶 RL 电路为例，建立一阶动态电路方程。

1. 一阶 RC 电路

图 4-16 所示的电路为一阶 RC 电路，设 $t<0$ 时电容 C 没有储能，电路中电流 $i(t)$ 为 0。在 $t=0$ 时刻开关闭合，电路发生了换路。此时电源给电容充电，则在电容两端集聚异性电荷，形成一定的电压，当电容两端的电压 $u_C(t)$ 等于电源电压 $u_S(t)$ 时，电路中的电流 $i(t)$ 再次为 0，电路又处于稳定状态。

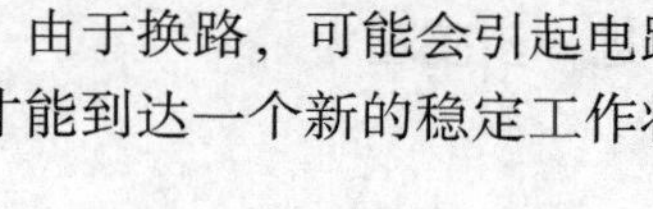

为分析 $t>0$ 时电容电压 $u_C(t)$ 的变化情况，列写 KVL 方程，可得

图 4-16　一阶 RC 动态电路

$$u_R(t) + u_C(t) = u_S(t)$$

代入元件的伏安关系 $u_R(t)=Ri(t)$ 及 $i(t)=C\dfrac{\mathrm{d}u_C(t)}{\mathrm{d}t}$，可得

$$RC\frac{\mathrm{d}u_C(t)}{\mathrm{d}t}+u_C(t)=u_S(t) \tag{4.2-1}$$

整理可得

$$\frac{\mathrm{d}u_C(t)}{\mathrm{d}t}+\frac{1}{RC}u_C(t)=\frac{1}{RC}u_S(t) \tag{4.2-2}$$

式（4.2-2）是一阶常系数微分方程，求解式（4.2-2）即可获得换路后电容电压 $u_C(t)$ 的变化情况。

2. 一阶 *RL* 电路

图 4-17 所示的电路为一阶 *RL* 电路，当 $t<0$ 时开关处于断开状态，在 $t=0$ 时开关闭合，电阻 R_1 被短路，电路发生了换路。

为分析 $t>0$ 时电路中的电流 $i_L(t)$ 的变换情况，列写 KVL 方程，可得

$$u_R(t)+u_L(t)=u_S(t)$$

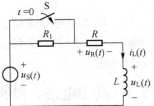

图 4-17　一阶 RL 动态电路

代入元件伏安关系 $u_R(t)=Ri_L(t)$ 及 $u_L(t)=L\dfrac{\mathrm{d}i_L(t)}{\mathrm{d}t}$，可得

$$Ri_L(t)+L\frac{\mathrm{d}i_L(t)}{\mathrm{d}t}=u_S(t) \tag{4.2-3}$$

可进一步整理为

$$\frac{\mathrm{d}i_L(t)}{\mathrm{d}t}+\frac{R}{L}i_L(t)=\frac{1}{L}u_S(t) \tag{4.2-4}$$

式（4.2-4）也是一阶常系数微分方程，求解式（4.2-4）即可获得换路后电感电流 $i_L(t)$ 的变化情况。

可以看出，图 4-16 和图 4-17 所示的电路均为一阶动态电路，根据电路变量而列写的方程式（4.2-2）和（4.2-4）都是一阶常系数微分方程。如果用 $f(t)$ 表示激励源，用 $y(t)$ 表示响应，可得出一阶动态电路方程的一般形式为

$$\frac{\mathrm{d}y(t)}{\mathrm{d}t}+\frac{1}{\tau}y(t)=bf(t) \tag{4.2-5}$$

其中对于一阶 *RC* 电路，$\tau=RC$；对于一阶 *RL* 电路，$\tau=L/R$。

例 4-5　已知电路模型如图 4-18 所示，其中电阻 $R_1=2\,\Omega$，$R_2=2\,\Omega$，电感 $L=2\,\mathrm{H}$，激励为电压源 $u_S(t)$。

（1）若待求响应为 $u(t)$，写出描述输入/输出关系的电路方程。

（2）若待求响应为 $i(t)$，写出描述输入/输出关系的电路方程。

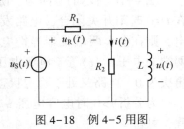

图 4-18　例 4-5 用图

解：（1）根据电路结构列写 KVL 方程，可得

$$u_R(t)+u(t)=u_S(t)$$

根据元件的伏安关系，可得

$$u_{\mathrm{R}}(t) = R_1 \left[i(t) + \frac{1}{L} \int_{-\infty}^{t} u(\tau) \mathrm{d}\tau \right], \quad i(t) = \frac{u(t)}{R_2}$$

代入 KVL 方程和元件参数，可得

$$u(t) + \int_{-\infty}^{t} u(\tau) \mathrm{d}\tau + u(t) = u_{\mathrm{s}}(t)$$

对微分方程两边同时求导，并整理可得输入/输出的微分方程为

$$\frac{\mathrm{d}u(t)}{\mathrm{d}t} + \frac{1}{2}u(t) = \frac{1}{2}\frac{\mathrm{d}u_{\mathrm{s}}(t)}{\mathrm{d}t} \tag{4.2-6}$$

（2）由电路结构可得

$$u(t) = i(t)R_2 = 2i(t)$$

代入式（4.2-6）中可得

$$\frac{\mathrm{d}i(t)}{\mathrm{d}t} + \frac{1}{2}i(t) = \frac{1}{4}\frac{\mathrm{d}u_{\mathrm{s}}(t)}{\mathrm{d}t}$$

4.2.2 动态电路方程的求解

一阶动态电路方程的一般形式为一阶常系数微分方程。若用 $f(t)$ 表示激励源，$y(t)$ 表示响应，求电路响应 $y(t)$，就需要求解该微分方程。由高等数学知识可知，微分方程的完全解由通解和特解两部分组成，通解一般 $y_{\mathrm{h}}(t)$ 表示，特解一般用 $y_{\mathrm{p}}(t)$ 表示。

对于微分方程

$$\frac{\mathrm{d}y(t)}{\mathrm{d}t} + \frac{1}{\tau}y(t) = bf(t)$$

其通解是齐次方程的解，也称为齐次解。令方程右边激励为零，得到的齐次方程为

$$\frac{\mathrm{d}y(t)}{\mathrm{d}t} + \frac{1}{\tau}y(t) = 0 \tag{4.2-7}$$

对应的特征方程为

$$\lambda + \frac{1}{\tau} = 0$$

从而得到方程的特征根为

$$\lambda = -\frac{1}{\tau}$$

故一阶动态方程通解的一般形式为

$$y_{\mathrm{h}}(t) = A\mathrm{e}^{\lambda t} = A\mathrm{e}^{-\frac{t}{\tau}}$$

微分方程的特解是非齐次方程的一个解，一般具有与激励相同的函数形式，例如当激励为直流时，特解为常数。故微分方程的完全解 $y(t)$ 为

$$y(t) = y_{\mathrm{h}}(t) + y_{\mathrm{p}}(t) = A\mathrm{e}^{\lambda t} + y_{\mathrm{p}}(t) \tag{4.2-8}$$

式（4.2-8）中的系数 A 为待定系数，可由微分方程的初始条件确定。若电路在 $t=0$ 时

换路，求 $t>0$ 时的响应，则可将 $y(t)$ 在 0_+ 时刻的初始值 $y(0_+)$ 代入式（4.2-8）计算待定系数 A，即

$$y(0_+) = A + y_\mathrm{p}(0_+) \tag{4.2-9}$$

由此可计算出待定系数为

$$A = y(0_+) - y_\mathrm{p}(0_+) \tag{4.2-10}$$

故一阶动态电路方程的完全解为

$$y(t) = y_\mathrm{p}(t) + [y(0_+) - y_\mathrm{p}(0_+)]\mathrm{e}^{-\frac{t}{\tau}} \quad t>0 \tag{4.2-11}$$

4.2.3　一阶直流动态电路分析

对于一阶动态电路，如果外加激励为直流电源，则称该电路为一阶直流动态电路。对于一阶直流动态电路的响应求解，可以不用求解微分方程而利用三要素法求解。

由于一阶直流动态电路的激励为直流，而微分方程的特解具有与外加激励相同的函数形式，因此可以设 $y_\mathrm{p}(t) = y_\mathrm{p}(0_+) = K$（常数），代入式（4.2-11）可得

$$y(t) = y_\mathrm{p}(t) + [y(0_+) - y_\mathrm{p}(0_+)]\mathrm{e}^{-\frac{t}{\tau}} = K + [y(0_+) - K]\mathrm{e}^{-\frac{t}{\tau}} \tag{4.2-12}$$

令 $y(\infty) = \lim\limits_{t \to \infty} y(t)$，根据式（4.2-12）可得 $y(\infty) = K$，故一阶直流动态电路的响应为

$$y(t) = y(\infty) + [y(0_+) - y(\infty)]\mathrm{e}^{-\frac{t}{\tau}} \quad t>0 \tag{4.2-13}$$

从式（4.2-13）可以看出，求解一阶直流动态电路的响应，只需要获得响应的初始值 $y(0_+)$、响应在无穷时刻的稳态值 $y(\infty)$ 和常数 τ，即可确定响应 $y(t)$。因此利用式（4.2-13）求解一阶直流动态电路响应的方法称为三要素法。

三要素法分析一阶直流动态电路的具体步骤如下。

1）确定换路后待求响应的初始值 $y(0_+)$。

通常一阶动态电路在 $t=0$ 时电路发生换路，所以需要根据电路换路过程中的状态变化来确定 $t=0_+$ 时的初始值。

2）确定换路后响应在无穷时的稳态值 $y(\infty)$。

在 $t \to \infty$ 时电路达到稳态，此时 L 相当于短路，C 相当于开路，电路中可以看作没有动态元件，所以用电阻电路分析即可确定稳态值。

3）确定常数 τ 值。

常数 τ 通常称为时间常数，它体现了电路过渡过程变化的快慢，τ 的值越大，则过渡过程越慢，反之，则过渡过程越快。对于一阶 RC 动态电路，$\tau = RC$；对于一阶 RL 动态电路，$\tau = L/R$。注意这里的 R 是 $t>0$ 时动态元件两端以外令电路独立源置零时的等效电阻。

4）代入式（4.2-13），确定一阶直流动态电路的响应 $y(t)$。

1. 初始值的求解

通常设动态电路在 $t=0$ 时换路，求解的是 $t>0$ 的响应，故动态电路的初始值是指待求电路变量在 $t=0_+$ 时刻的值。由于换路，电路结构和状态可能发生改变，导致待求电路变量在 $t=0_-$ 时刻和 $t=0_+$ 时刻的值可能会发生变化。

在动态电路中，电容电压 $u_\mathrm{C}(t)$ 和电感电流 $i_\mathrm{L}(t)$ 反映了电路的电场和磁场能量的储能情况，通常称为状态变量。根据电容元件的伏安关系可知

$$u_C(0_+) = \frac{1}{C}\int_{-\infty}^{0_+} i_C(\tau)\,d\tau = u_C(0_-) + \frac{1}{C}\int_{0_-}^{0_+} i_C(\tau)\,d\tau \qquad (4.2\text{-}14)$$

从式（4.2-14）可以看出，当电容电流为有限值时，其两端的电压不会发生跃变，即

$$u_C(0_+) = u_C(0_-)$$

类似地，根据电感元件的伏安关系可知

$$i_L(0_+) = \frac{1}{L}\int_{-\infty}^{0_+} u_L(\tau)\,d\tau = i_L(0_-) + \frac{1}{L}\int_{0_-}^{0_+} u_L(\tau)\,d\tau \qquad (4.2\text{-}15)$$

从式（4.2-15）可以看出，当电感电压是有限值时，通过它的电流不会发生跃变，即

$$i_L(0_+) = i_L(0_-)$$

这两个结论可总结为电路的换路定则：在换路期间，若电容电流 $i_C(t)$ 和电感电压 $u_L(t)$ 为有限值时，则电容电压和电感电流不发生跃变，即

$$u_C(0_+) = u_C(0_-) \qquad i_L(0_+) = i_L(0_-) \qquad (4.2\text{-}16)$$

例 4-6 已知电路模型如图 4-19 所示，其中 $R_1 = 40\,\Omega$，$R_2 = 10\,\Omega$。若在 $t<0$ 时电路已处于稳态，当 $t=0$ 时开关 S 打开，求初始值 $u_C(0_+)$ 和 $i_C(0_+)$。

解： 对于状态变量 $u_C(0_+)$ 的求解，可以直接利用换路定则，求解的关键是换路前 $u_C(0_-)$ 的计算。

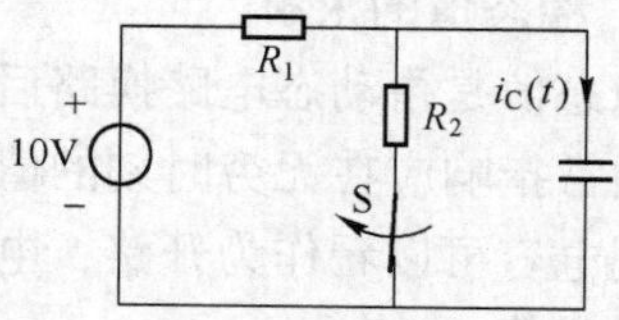

当 $t<0$ 时，开关处于闭合状态，电路处于稳态。由于此时电路中的激励为直流源，所以电容相当于开路，$u_C(0_-)$ 等于电阻 R_2 两端的电压，故

图 4-19　例 4-6 用图

$$u_C(0_-) = \frac{R_2}{R_1+R_2}\times 10 = \frac{10}{10+40}\times 10\,\text{V} = 2\,\text{V}$$

由于电路中不存在无穷大的电流，根据换路定则，电容电压不会跳变，故开关断开后

$$u_C(0_+) = u_C(0_-) = 2\,\text{V}$$

当 $t>0$ 时，开关 S 处于断开状态，可得

$$i_C(0_+) = \frac{10-u_C(0_+)}{R_1} = \frac{10-2}{40}\,\text{A} = 0.2\,\text{A}$$

注意，换路定则针对的是电路的状态变量，也就是电容电压和电感电路在换路期间不会发生跳变，但是对于非状态变量，其 0_- 时刻和 0_+ 时刻的值可能会发生跳变。例 4-6 中的电容电流 $i_C(0_-)=0\,\text{A}$，而 $i_C(0_+)=0.2\,\text{A}$，电容电流发生了跳变。对于非状态变量初始值的求解，通常根据电路的换路情况，先求出状态变量的初始值，再计算非状态变量的初始值。

例 4-7 如图 4-20 所示电路，在 $t<0$ 时开关处于位置"1"且已处于稳态，在 $t=0$ 时开关切换到位置"2"，求初始值 $i_L(0_+)$ 和 $u_L(0_+)$。

解： 对于状态变量 $i_L(0_+)$ 的求解，可以直接利用换路定则来求解。

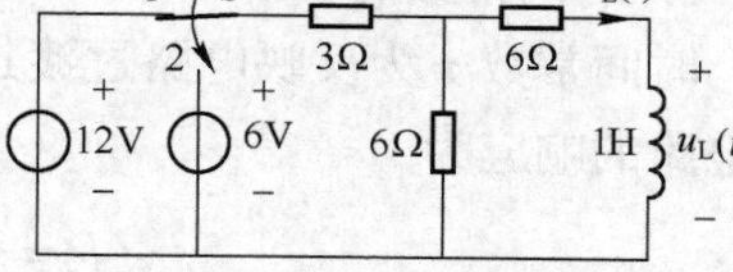

当 $t<0$ 时，开关处于位置"1"，且电路处于稳态。由于此时电路中的激励为 12 V 的电压源，所以电感相当于短路，故

图 4-20　例 4-7 用图

$$i_L(0_-) = \frac{12}{3+6/\!/6}\times \frac{6}{6+6}\,\text{A} = 1\,\text{A}$$

当 $t=0$ 时，开关切换到位置"2"，由于电路中不存在无穷大的电压，根据换路定则，电感电流不会跳变，故

$$i_L(0_+) = i_L(0_-) = 1\,\text{A}$$

由于 $u_L(t)$ 不是状态变量，它在 $t=0_-$ 和 $t=0_+$ 时的值可以存在跳变，故不能用 $u_L(0_-)$ 来确定 $u_L(0_+)$。

由于 $u_L(0_+)$ 并不易直接看出，这里作出 $t=0_+$ 时刻的等效电路，如图 4-21 所示。所谓 0_+ 等效电路，就是在 0_+ 时刻将电容用值为 $u_C(0_+)$ 的电压源替代，将电感用值为 $i_L(0_+)$ 的电流源替代而得到的电路。这里用 1 A 的电流源替代电感 L。

根据电路结构列写 KVL 方程，可得

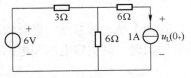

$$\left(\frac{6 \times 1 + u_L(0_+)}{6} + 1\right) \times 3 + 6 \times 1 + u_L(0_+) = 6$$

故求得电感 L 在 0_+ 时刻的初始电压为

$$u_L(0_+) = -4\,\text{V}$$

图 4-21　0_+ 时刻的等效电路

2. 稳态值的求解

稳态值是指动态电路换路后，经过一段过渡过程，电路达到新的稳定状态后待求变量的值，通常指响应在无穷时刻的值 $y(\infty)$。对于一阶直流动态电路，由于在无穷时刻它处于稳态，则电容可以看作为开路，电感可以看作为短路，所以可以利用直流电阻电路的方法来求取其稳态值。

例4-8　已知电路模型如图 4-22 所示，当 $t<0$ 时开关 S 处于断开状态。当 $t=0$ 时将开关 S 闭合，求稳态值 $u_C(\infty)$ 和 $i(\infty)$。

解：对于一阶直流动态电路，当 $t \to \infty$ 时，电容开路，此时由于开关闭合，所以无穷时刻的等效电路如图 4-23 所示。

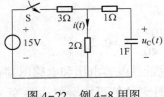

图 4-22　例 4-8 用图

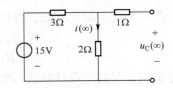

图 4-23　∞ 时刻的等效电路

根据电路结构，可得

$$u_C(\infty) = \frac{15}{3+2} \times 2\,\text{V} = 6\,\text{V}, \quad i(\infty) = \frac{15}{3+2}\,\text{A} = 3\,\text{A}$$

3. 时间常数的求解

时间常数 τ 为反映电路过渡过程变化快慢的物理量，单位是秒（s）。由于一阶直流动态电路的响应为

$$y(t) = y(\infty) + [y(0_+) - y(\infty)]\,\mathrm{e}^{-\frac{t}{\tau}} \quad t>0$$

从理论上来看，$t \to \infty$ 时才会达到稳态。表 4-1 给出了当 $t=n\tau$ 时，$\mathrm{e}^{-t/\tau}$ 的值。工程上一般认为换路后时间经过 $3\tau \sim 5\tau$ 后，电路达到新的稳定状态。时间常数 τ 越小，响应在换路后到达稳态的速度越快。

表 4-1　当 $t=n\tau$ 时，$\mathrm{e}^{-t/\tau}$ 的值

t	τ	2τ	3τ	4τ	5τ
$\mathrm{e}^{-t/\tau}$	0.368	0.135	0.050	0.018	0.007

对于 RC 电路，$\tau=RC$，对于 RL 电路，$\tau=L/R$。注意，这里的 R 是令电路中的独立源置零时，动态元件两端以外的等效电阻。若电路中含有多个电阻，涉及电阻的串/并联等效。

例 4-9　电路如图 4-24 所示，$t=0$ 时开关断开，求换路后其时间常数 τ。

解：这是一个一阶 RL 动态电路，故 $\tau=L/R$。当 $t>0$ 时开关处于断开状态，此时让电路中的独立源置零，从电感元件两端来看电路结构，如图 4-25 所示。

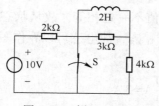
图 4-24　例 4-9 用图

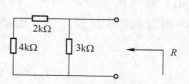
图 4-25　电感两端的等效电阻

利用电阻的串并联等效，可得等效电阻为

$$R=3//(4+2)\ \mathrm{k\Omega}=2\ \mathrm{k\Omega}$$

故换路后电路的时间常数为

$$\tau=\frac{L}{R}=\frac{2}{2000}\ \mathrm{s}=1\ \mathrm{ms}$$

以上分别介绍了一阶直流动态电路的初始值、稳态值和时间常数的求解方法。获得了这三个要素，就可以利用式（4.2-13）求得具体电路的响应。

例 4-10　已知电路结构如图 4-26 所示，$t<0$ 时开关一直断开，电路已处于稳态。$t=0$ 时开关闭合，求 $t>0$ 时的电压 $u_\mathrm{C}(t)$ 和电流 $i(t)$。

解：这是一个一阶直流动态电路，为求解换路后的电压 $u_\mathrm{C}(t)$，可采用三要素法。

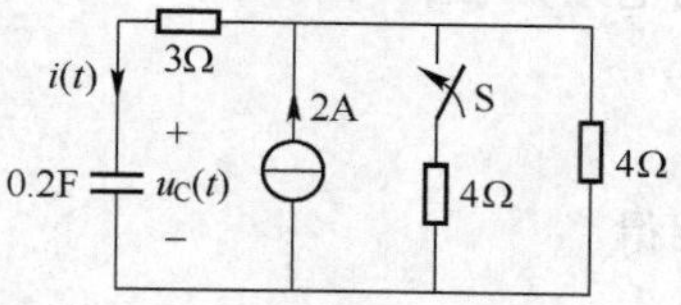

1）求响应的初始值 $u_\mathrm{C}(0_+)$。

$t<0$ 时开关一直断开，电路已处于稳态，故电容可以看作为开路，其两端电压的初始值为

图 4-26　例 4-10 用图

$$u_\mathrm{C}(0_+)=u_\mathrm{C}(0_-)=2\times4\ \mathrm{V}=8\ \mathrm{V}$$

2）求响应的稳态值 $u_\mathrm{C}(\infty)$。

$t>0$ 时开关在闭合状态，当电路稳态时，电容仍可以看作为开路，$u_\mathrm{C}(t)$ 的稳态值为

$$u_\mathrm{C}(\infty)=2\times(4//4)\ \mathrm{V}=4\ \mathrm{V}$$

3）计算时间常数 τ。

计算电容两端等效电阻时，电流源看作开路，故等效内阻为

$$R=3+(4//4)\ \Omega=5\ \Omega$$

对于 RC 电路，其时间常数为

$$\tau=RC=5\times0.2\ \mathrm{s}=1\ \mathrm{s}$$

4）代入三要素法公式。

$$u_C(t) = 4+(8-4)e^{-t} = (4+4e^{-t})\ \text{V} \qquad t>0$$

对于电流 $i(t)$ 的求解，可以利用三要素法分别求出 $i(0_+)$ 和 $i(\infty)$，这里也可以利用 $i(t)$ 与 $u_C(t)$ 的关系，即

$$i(t) = C\frac{\mathrm{d}u_C(t)}{\mathrm{d}t} = -4e^{-t}\ \text{A} \qquad t>0$$

例 4-11　电路结构如图 4-27 所示，在 $t<0$ 时开关 S 位于位置"1"，电路已处于稳态。$t=0$ 时开关由位置"1"切换到位置"2"，求 $t>0$ 时的 $u(t)$。

解：对于一阶直流动态电路，这里采用三要素法求解响应。

1）求响应的初始值。

待求响应 $u(t)$ 是非状态变量，$t=0_-$ 和 $t=0_+$ 时值不一定相等，故从状态变量电感电流 $i_L(t)$ 入手。$t<0$ 时开关处于位置"1"，电路已处于稳态，故电感可以看作短路，其电流的初始值为

$$i_L(0_+) = i_L(0_-) = \frac{30}{10}\ \text{A} = 3\ \text{A}$$

$t=0$ 时开关切换到位置"2"，为求 $u(0_+)$，画出电路的 0_+ 时刻等效电路，如图 4-28 所示。

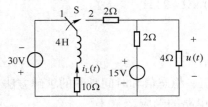
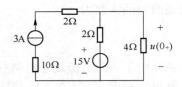

图 4-27　例 4-11 用图　　　　图 4-28　0_+ 时刻的等效电路

列电路方程，可得

$$\left[\frac{u(0_+)}{4}-3\right]\times 2 + u(0_+) = 15$$

解得

$$u(0_+) = 14\ \text{V}$$

2）求响应的稳态值。

$t>0$ 时开关处于位置"2"，当电路稳态时，电感仍可以看作短路，$u(t)$ 的稳态值为

$$u_C(\infty) = 15\times\frac{(4//12)}{2+(4//12)}\ \text{V} = 9\ \text{V}$$

3）计算时间常数。

计算电感两端等效电阻时，15 V 电压源可看作短路，故等效电阻为

$$R = (2+2//4+10)\ \Omega = \frac{40}{3}\ \Omega$$

对于一阶 *RL* 电路，其时间常数为

$$\tau = \frac{L}{R} = \frac{3}{10}\ \text{s}$$

4) 代入三要素法公式。

$$u_C(t) = 9 + (14-9)e^{-\frac{10}{3}t} = (9+5e^{-\frac{10}{3}t})\ \text{V} \quad t > 0$$

由以上分析和举例可以看出，三要素法适用于求解直流一阶动态电路的任意一处电压、电流，分析的关键是三个要素的求解，即电压或电流初始值、换路后电路的稳态值和时间常数 τ。这种方法不用列写和求解微分方程，可以直接从物理概念出发，简化了求解过程。在实际应用中，当激励为任意信号，电路中包含多个独立动态元件时，这种分析方法就不适用了，此时可以将电路看作一个系统，利用分析系统的方法来讨论具体电路问题。

4.3 系统模型及其分类

给定电路结构和输入，求电路中电压和电流的问题，可以看作信号通过系统求输出的问题，也就是把电路看作为一个系统，采用系统的分析方法来讨论电路的问题。

4.3.1 系统的概念与模型

系统是指由若干相互作用和相互联系的事物组合而成的具有特定功能的整体。在日常生活中，会遇到各种各样的系统，例如生态系统、循环系统、电力系统、操作系统和通信系统等。本书主要讨论电系统和通信系统，它的基本作用是对输入信号进行加工和处理，将其转换成需要的输出信号。

系统理论的研究主要包括系统分析和系统综合两个方面。系统分析是指在给定系统条件下，研究系统对于输入信号（激励）所产生的输出（响应），并据此分析系统的功能和特性；系统综合又称系统设计，它按照某种需求首先确定给定激励的响应形式，然后根据输入输出关系设计出符合要求的系统。

电路是系统功能的一种具体实现。给定系统的功能，可以有多种电路实现。例如具有相同功能的手机，但品牌、型号不同，其具体实现的电路可能千差万别。系统分析和综合更多关心的是系统对外所表现出来的功能和特性，因此常常将实现系统功能的具体电路视为一个黑匣子。例如由电阻和电容组成的动态电路，在电路分析中主要研究支路电流或电压，而系统的观点则是研究它如何构成具有微分或积分功能的运算器。

通常把系统的输入称为系统的激励，而系统的输出称为系统的响应。信号通过系统的模型如图4-29所示，信号通过系统的关系常表示为 $f(t) \rightarrow y(t)$，其中箭头"$\rightarrow$"表示系统的作用。

图4-29 信号通过系统的模型

分析一个系统，首先要建立系统模型。系统模型是系统特性的数学抽象，以数学表达式或具有理想特性的符号组合图形来表征系统特性。描述系统模型的方法有多种，本书主要从系统的输入输出关系的角度建立系统的数学模型。

图4-30为一个 RLC 并联电路。假设系统的激励为电流 $i_S(t)$，待求的响应为电容两端的电压 $u(t)$。根据基尔霍夫电流定律，列电路的 KCL 方程，可得

$$i_R(t) + i_L(t) + i_C(t) = i_S(t) \tag{4.3-1}$$

根据元件的伏安关系可知

$$i_{\mathrm{R}}(t) = \frac{u(t)}{R}, \quad i_{\mathrm{L}}(t) = \frac{1}{L}\int_{-\infty}^{t} u(\tau)\,\mathrm{d}\tau, \quad i_{\mathrm{C}}(t) = C\frac{\mathrm{d}u(t)}{\mathrm{d}t}$$

将伏安关系代入式 (4.3-1), 可得

$$\frac{u(t)}{R} + \frac{1}{L}\int_{-\infty}^{t} u(\tau)\,\mathrm{d}\tau + C\frac{\mathrm{d}u(t)}{\mathrm{d}t} = i_{\mathrm{S}}(t) \tag{4.3-2}$$

对式 (4.3-2) 两端同时求导, 并整理可得

$$\frac{\mathrm{d}^2 u(t)}{\mathrm{d}t^2} + \frac{1}{RC}\frac{\mathrm{d}u(t)}{\mathrm{d}t} + \frac{1}{LC}u(t) = \frac{1}{C}\frac{\mathrm{d}i_{\mathrm{S}}(t)}{\mathrm{d}t} \tag{4.3-3}$$

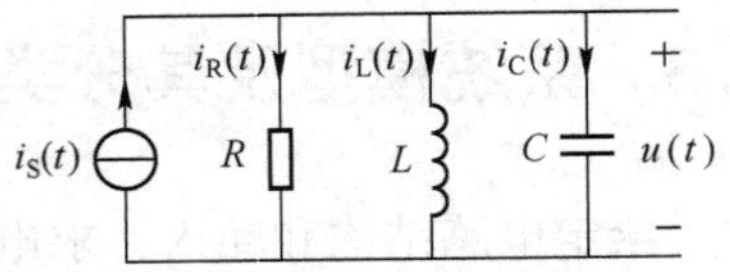

式 (4.3-3) 即为图 4-30 所示 RLC 并联电路的电流 $i_{\mathrm{S}}(t)$ 和电压 $u(t)$ 关系的数学模型。由于电路中有两个独立的动态元件, 所以数学模型是一个二阶常系数微分方程。

图 4-30 RLC 并联电路

建立数学模型只是进行系统分析工作的第一步, 为了求得给定激励条件下系统的响应, 还应当知道激励接入瞬时系统内部的状态。如果系统的数学模型、起始状态以及输入激励信号都已确定, 即可运用数学方法求解其响应, 再对所得结果做出物理解释、赋予物理意义。因此系统分析的过程, 是从实际物理问题抽象为数学模型, 经数学解析后再回到物理实际的过程。

4.3.2 系统的分类

不同类型的系统有着不同的数学模型和分析方法, 为了更好地分析系统, 首先要了解系统的特点和分类。

1. 连续时间系统与离散时间系统

若系统的输入和输出都是连续时间信号, 其内部信号也未转换为离散时间信号, 这样的系统称为连续时间系统, 工程上习惯称为模拟系统。若系统的输入和输出都是离散时间信号, 则称此系统为离散时间系统, 工程上习惯称为数字系统。连续时间系统的数学模型是微分方程, 而离散时间系统的数学模型是差分方程。本书主要讨论连续时间系统。

随着大规模集成电路技术的发展和数字信号处理器的广泛使用, 模拟技术和数字技术走向融合, 越来越多的系统是由连续时间系统和离散时间系统组合而成的混合系统。

2. 非记忆系统与记忆系统

如果系统的输出信号只取决于同时刻的激励信号, 与它过去的工作状态无关, 这样的系统称为非记忆系统。例如, 前面介绍的电阻电路, 某时刻支路的电压和电流只取决于该时刻的激励, 而与电路之前的状态无关, 所以是非记忆系统。非记忆系统有时也称为即时系统。

如果系统的输出信号不仅取决于同时刻的激励信号, 而且还与它过去的工作状态有关, 这种系统称为记忆系统。本章介绍的包含电容和电感元件的动态电路就是记忆系统。

对于连续时间系统而言, 非记忆系统的数学模型是代数方程, 而记忆系统的数学模型是微分方程。

3. 线性系统与非线性系统

在第 2 章介绍电路定理时, 讨论了齐次定理和叠加定理, 即若电路是线性电路, 某激励源 (独立电压源或独立电流源) 所产生的响应 (电压或电流) 与该激励成正比; 若多个激

励源共同作用时引起的响应（电压或电流）等于各个激励源单独作用时所引起的响应的代数和。线性电路的这两个性质也称为齐次性和叠加性。

从系统的角度来看这种激励和响应关系，通常把同时满足齐次性和叠加性的系统称为线性系统，不满足齐次性或叠加性的系统则称为非线性系统。利用信号通过系统产生响应的方式，可以如下描述系统的齐次性和叠加性。

1）齐次性：当系统中只有一个激励作用时，该激励所产生的响应与激励成正比，即

若
$$f(t) \rightarrow y(t)$$

则
$$kf(t) \rightarrow ky(t) \quad k \text{ 为实常数} \tag{4.3-4}$$

2）叠加性：当几个激励信号同时作用于系统时，系统的响应等于每个激励单独作用所产生的响应之和，即

若
$$f_1(t) \rightarrow y_1(t), \ f_2(t) \rightarrow y_2(t)$$

则
$$f_1(t) + f_2(t) \rightarrow y_1(t) + y_2(t) \tag{4.3-5}$$

综合式（4.3-4）和式（4.3-5），线性性质又可以表示为

若
$$f_1(t) \rightarrow y_1(t), \ f_2(t) \rightarrow y_2(t)$$

则
$$k_1 f_1(t) + k_2 f_2(t) \rightarrow k_1 y_1(t) + k_2 y_2(t) \quad k_1 \text{ 和 } k_2 \text{ 为实常数} \tag{4.3-6}$$

例 4-12　判断下列连续时间系统是否为线性系统，其中 $f(t)$ 和 $y(t)$ 分别代表系统的激励和响应。

（1）$y(t) = \cos[f(t)]$　（2）$y = tf(t)$

解：对于线性系统的判断，可以通过分析激励和响应的关系是否满足齐次性和叠加性来确定。

（1）从激励和响应关系可以看出，系统的作用是将激励取余弦后作为响应而输出，系统框图如图 4-31 所示。

信号通过系统可描述为
$$f(t) \rightarrow \cos[f(t)] = y(t)$$

当激励为 $kf(t)$ 时，有
$$kf(t) \rightarrow \cos[kf(t)] \neq ky(t)$$

故该系统不具有齐次性，是非线性系统。

（2）从激励和响应关系可以看出，系统的作用是将激励乘以 t 后作为响应而输出，系统框图如图 4-32 所示。

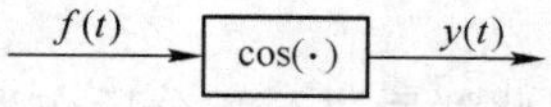

图 4-31　系统对输入信号取余弦 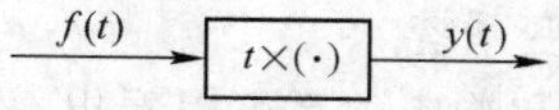　　图 4-32　系统对输入信号乘以 t

信号通过系统可描述为
$$f(t) \rightarrow tf(t) = y(t)$$

当激励为 $kf(t)$ 时，有
$$kf(t) \rightarrow t \cdot kf(t) = ky(t)$$

故该系统具有齐次性。

设两个激励 $f_1(t)$ 和 $f_2(t)$ 分别作用系统时，产生的响应分别为 $y_1(t)$ 和 $y_2(t)$，即

$$f_1(t) \rightarrow tf_1(t) = y_1(t) , \; f_2(t) \rightarrow tf_2(t) = y_2(t)$$

当这两个激励同时作用于系统，可得

$$f_1(t)+f_2(t) \rightarrow t[f_1(t)+f_2(t)] = tf_1(t)+tf_2(t) = y_1(t)+y_2(t)$$

故该系统具有叠加性。综合可得，该系统为线性系统。注意，必须同时满足齐次性和叠加性的系统才为线性系统，两者只要有一个不满足，即为非线性系统。

4. 时不变系统与时变系统

系统参数不随时间变化的系统称为时不变系统，也称非时变系统。对于时不变系统，在系统初始状态不变的情况下，若激励延时 t_0 作用于系统，则产生的响应也延时相同时间 t_0，如图4-33所示，即

$$\text{若} \quad f(t) \rightarrow y(t)，\text{则} \quad f(t-t_0) \rightarrow y(t-t_0) \tag{4.3-7}$$

系统参数随时间变化或不满足式（4.3-7）特性的系统则称为时变系统。

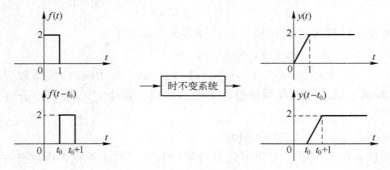

图4-33　信号通过时不变系统

例4-13　判断下列连续时间系统是否为时不变系统，其中 $f(t)$ 和 $y(t)$ 分别代表系统的激励和响应。

（1）$y(t) = f(t)\cos\omega_0 t$　（2）$y(t) = \int_{-\infty}^{t} f(\tau)\mathrm{d}\tau$

解：（1）从激励和响应关系可以看出，系统的作用是将激励乘以 $\cos\omega_0 t$ 后作为响应而输出，即

$$f(t) \rightarrow f(t)\cos\omega_0 t = y(t)$$

当激励延时 t_0 作用于系统时，有

$$f(t-t_0) \rightarrow f(t-t_0)\cos\omega_0 t \neq y(t-t_0)$$

所以该系统是时变系统。

（2）从激励和响应关系可以看出，系统的作用是将激励进行积分后作为响应输出，即

$$f(t) \rightarrow \int_{-\infty}^{t} f(\tau)\mathrm{d}\tau = y(t)$$

当激励延时 t_0 作用于系统时，有

$$f(t - t_0) \rightarrow \int_{-\infty}^{t} f(\tau - t_0)\mathrm{d}\tau \xrightarrow{\;\;\diamondsuit\; x = \tau - t_0\;\;} \int_{-\infty}^{t-t_0} f(x)\mathrm{d}x = \int_{-\infty}^{t-t_0} f(\tau)\mathrm{d}\tau$$

若响应延时 t_0，可得

$$y(t - t_0) = \int_{-\infty}^{t-t_0} f(\tau)\mathrm{d}\tau$$

故有 $f(t-t_0) \rightarrow y(t-t_0)$，该系统为时不变系统。

5. 因果系统与非因果系统

系统在任意时刻的响应只取决于该时刻以及该时刻以前的激励，而与该时刻以后的激励无关，这样的系统称为因果系统，反之称为非因果系统。因果系统具有如下特性。

若 $f(t) \rightarrow y(t)$，则若 $t<t_0$，$f(t)=0$，则有

$$y(t)=0 \quad t<t_0 \tag{4.3-8}$$

因果系统的响应是由激励引起的，激励是响应产生的原因，响应是激励作用的结果；响应不会发生在激励加入之前，系统不具有预知未来响应的能力。一般由模拟元器件（如电阻、电容、电感等）组成的实际物理系统都是因果系统。

例 4-14 判断下列连续时间系统是否为因果系统，其中 $f(t)$ 和 $y(t)$ 分别代表系统的激励和响应。

（1）$y(t)=f(2t)$　　（2）$y(t)=\int_{-\infty}^{t} f(\tau)\,\mathrm{d}\tau$　　（3）$y(t)=\int_{-\infty}^{5t} f(\tau)\,\mathrm{d}\tau$

解： 对系统因果性的判断，尤其当某个问题是假命题时，通常可以根据设定一个特殊时刻来判断系统的输入输出关系是否满足因果性。

（1）当 $t=1$ 时，$y(1)=f(2)$。可见，响应在 $t=1$ 时刻的值与 $t=2$ 时刻的激励有关，故该系统为非因果系统。

（2）从激励和响应的关系可以看出，任意时刻的响应 $y(t)$ 只取决于该时刻及该时刻之间的激励，故该系统为因果系统。

（3）因 $f(t) \rightarrow y(t)=\int_{-\infty}^{5t} f(\tau)\,\mathrm{d}\tau$，当 $t=1$ 时，$y(1)=\int_{-\infty}^{5} f(\tau)\,\mathrm{d}\tau$。可见系统响应在 $t=1$ 时刻的值与 $t \leqslant 5$ 时间内的激励都有关，故该系统为非因果系统。

通常把既满足线性，又满足时不变性的系统称为线性时不变系统（Linear and Time-Invariant system），简称 LTI 系统。本书主要讨论线性时不变系统的分析方法。LTI 系统不仅具有线性特性和时不变特性，还具有微分特性和积分特性。

（1）微分特性

对于 LTI 系统，当激励为原激励的导数时，激励所产生的响应也为原响应的导数，即

$$若 f(t) \rightarrow y(t)，则 \frac{\mathrm{d}}{\mathrm{d}t}f(t) \rightarrow \frac{\mathrm{d}}{\mathrm{d}t}y(t) \tag{4.3-9}$$

这一结论可以推广到高阶导数，即

$$若 f(t) \rightarrow y(t)，则 \frac{\mathrm{d}^n}{\mathrm{d}t^n}f(t) \rightarrow \frac{\mathrm{d}^n}{\mathrm{d}t^n}y(t) \quad (n \text{ 为正整数}) \tag{4.3-10}$$

（2）积分特性

当激励为原激励的积分时，激励所产生的响应也为原输出响应的积分，即

$$\int_{0}^{t} f(\tau)\,\mathrm{d}\tau \rightarrow \int_{0}^{t} y(\tau)\,\mathrm{d}\tau \tag{4.3-11}$$

图 4-34 给出了 LTI 系统微积分特性的示意。

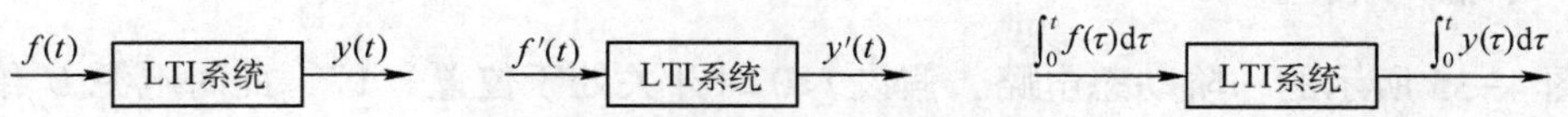

图 4-34　LTI 系统的微积分特性

例 4-15 某初始储能为零的 LTI 系统，当激励为 $\varepsilon(t)$ 时，系统响应为 $e^{-t}\varepsilon(t)$，试求激励为 $\delta(t)$ 时的系统响应 $y(t)$。

解： 由于系统初始储能为零，则系统响应只有激励有关，因为

$$\varepsilon(t) \rightarrow e^{-t}\varepsilon(t)$$

而 $\delta(t) = \varepsilon'(t)$，根据 LTI 系统的微分特性可知

$$\delta(t) \rightarrow [e^{-t}\varepsilon(t)]' = \delta(t) - e^{-t}\varepsilon(t)$$

故当激励为 $\delta(t)$ 时，系统响应为

$$y(t) = \delta(t) - e^{-t}\varepsilon(t)$$

4.4 线性时不变系统的响应分析

系统分析的主要任务之一就是研究系统对输入信号（激励）所产生的输出（响应）。对系统进行响应求解，首先要根据具体物理系统建立数学模型，经数学求解后再回到物理实际。描述 LTI 系统的数学模型是常系数线性微分方程，若设系统的激励为 $f(t)$，响应为 $y(t)$，则描述 n 阶 LTI 系统输入输出关系的常系数线性微分方程为

$$a_n \frac{d^n y(t)}{dt^n} + a_{n-1} \frac{d^{n-1} y(t)}{dt^{n-1}} + \cdots + a_1 \frac{dy(t)}{dt} + a_0 y(t)$$

$$= b_m \frac{d^m f(t)}{dt^m} + b_{m-1} \frac{d^{m-1} f(t)}{dt^{m-1}} + \cdots b_1 \frac{df(t)}{dt} + b_0 f(t) \tag{4.4-1}$$

式中，$a_n, a_{n-1}, \cdots, a_0, b_m, b_{m-1}, \cdots, b_0$ 为微分方程的系数，n 为系统的阶数。对于一个具体电路，系统阶数由独立动态元件的个数决定。

求解系统响应，就需要求解式（4.4-1）给出的微分方程。4.2 节讨论了一阶动态电路的响应求解，从求解微分方程完全解的角度讨论了响应的构成，将它分为了齐次解（也称为通解）和特解。本节从响应产生的物理原因出发，讨论另一种系统响应的分析求解方法。

动态电路相较于电阻电路来说，一个主要区别在于动态元件的历史记忆性让电路具有储能特性，使得电路中的能量来源不仅仅是外加的电压源和电流源，电路中各动态元件的初始储能也是其中的一部分。因此动态电路的响应不仅与外加激励有关，还要考虑电路的初始储能情况。

通常把没有外加激励信号的作用，单独由系统的初始状态（即初始储能）所产生的响应称为零输入响应，一般记为 $y_{zi}(t)$；把系统中无初始储能而仅由外加激励作用下的响应称为零状态响应，一般记为 $y_{zs}(t)$。当系统既有初始储能又有激励时，产生的系统响应称为全响应，一般记为 $y(t)$。

对于线性时不变系统，系统的响应具有分解性，即系统的全响应可分解为零输入响应和零状态响应。本书后面分析系统响应时，主要讨论零输入响应和零状态响应的求解方法。

4.4.1 零输入响应

如图 4-35 所示的一阶动态电路，假设 $t<0$ 时开关处于位置 "1"，此时电源 U_0 给电容充电，在电容两端会积累一定的电荷，产生一定的电压。当 $t=0$ 时，开关拨动到位置 "2"，

此时电路中的电压源被断开，但由于电容有一定初始储能，它可通过电阻 R 放电，故电路中仍然有电流存在。当 $t>0$ 时，电路中电流 $i(t)$ 就是典型的零输入响应。

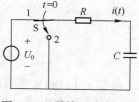

图 4-35　零输入响应电路

1. 一阶动态电路的零输入响应

在 4.2.1 节中，对一阶动态电路方程的进行了分析，其数学模型为

$$\frac{\mathrm{d}y(t)}{\mathrm{d}t}+\frac{1}{\tau}y(t)=bf(t)$$

式中，τ 为换路后电路的时间常数，对于 RC 电路，$\tau=RC$，对于 RL 电路，$\tau=L/R$。当求零输入响应时，不考虑激励的作用，则方程变为

$$\frac{\mathrm{d}y_{\mathrm{zi}}(t)}{\mathrm{d}t}+\frac{1}{\tau}y_{\mathrm{zi}}(t)=0$$

其齐次解为

$$y_{\mathrm{zi}}(t)=A\mathrm{e}^{-\frac{t}{\tau}} \tag{4.4-2}$$

由于通常所求的是 $t>0$ 的响应，因此待定系数 A 的确定，可以利用系统的初始条件 $y_{\mathrm{zi}}(0_+)$ 来确定。将 $y_{\mathrm{zi}}(0_+)$ 代入式（4.4-2）可得 $y_{\mathrm{zi}}(0_+)=A$。所以一阶动态电路方程的零输入响应为

$$y_{\mathrm{zi}}(t)=y_{\mathrm{zi}}(0_+)\mathrm{e}^{-\frac{t}{\tau}} \quad t>0 \tag{4.4-3}$$

从式（4.4-3）可以看出，求解一阶动态电路的零输入响应关键需要确定初始值 $y_{\mathrm{zi}}(0_+)$ 及电路的 τ 值。下面以一阶 RC 电路为例，具体求解其零输入响应。

例 4-16　如图 4-36 所示电路原已处于稳态，在 $t=0$ 时开关 S 断开，求 $t>0$ 时电路中的 $u_{\mathrm{C}}(t)$ 和 $i_{\mathrm{C}}(t)$。

解： 图中电路为一阶动态电路。当 $t>0$ 时开关断开，电路中无外加激励，所以 $t>0$ 时电路中 $u_{\mathrm{C}}(t)$ 和 $i_{\mathrm{C}}(t)$ 由电容初始储能产生，因此这是求零输入响应。当响应为 $u_{\mathrm{C}}(t)$ 时，其零输入响应的形式为

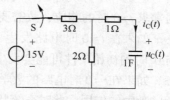

图 4-36　例 4-16 用图

$$u_{\mathrm{C}}(t)=u_{\mathrm{C}}(0_+)\mathrm{e}^{-\frac{t}{\tau}}$$

（1）求 $u_{\mathrm{C}}(0_+)$

换路前电路处于稳定，电容看作开路，可得

$$u_{\mathrm{C}}(0_-)=\frac{2}{3+2}\times15\,\mathrm{V}=6\,\mathrm{V}$$

在换路过程中，电容电压没有跳变，根据换路定则可得

$$u_{\mathrm{C}}(0_+)=u_{\mathrm{C}}(0_-)=6\,\mathrm{V}$$

（2）求时间常数 τ 值

开关断开后，电容两端的等效电阻 $R=(1+2)\,\Omega=3\,\Omega$，故时间常数为

$$\tau=RC=3\times1\,\mathrm{s}=3\,\mathrm{s}$$

（3）代入公式求响应 $u_{\mathrm{C}}(t)$ 和 $i_{\mathrm{C}}(t)$。

$$u_C(t) = u_C(0_+) e^{-\frac{t}{\tau}} = 6e^{-\frac{t}{3}} \text{ V} \quad t>0$$

$$i_C(t) = C\frac{du_C(t)}{dt} = -2e^{-\frac{t}{3}} \text{ A} \quad t>0$$

电压 $u_C(t)$ 和电流 $i_C(t)$ 的时域波形如图 4-37 所示，可以看出电容电压 $u_C(t)$ 没有发生跳变，但是电容电流 $i_C(t)$ 在 0 时刻发生了跳变。

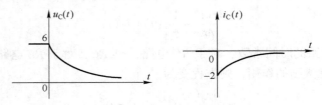

图 4-37　电压和电流的时域波形

从上面的例题可以看出，对于一阶动态电路的零输入响应，可以从物理概念出发，不用列写和求解微分方程，只要找出响应的初始值和时间常数，代入（4.4-3）即可，可以简化求解过程。

2. 高阶系统的零输入响应

对于包含 n 个动态元件的高阶系统，此时数学模型为

$$a_n\frac{d^ny_{zi}(t)}{dt^n} + a_{n-1}\frac{d^{n-1}y_{zi}(t)}{dt^{n-1}} + \cdots + a_1\frac{dy_{zi}(t)}{dt} + a_0y_{zi}(t) = 0 \tag{4.4-4}$$

这是一个齐次方程，同样可以先确定齐次解（通解）的形式，再确定待定系数。由于通常求 $t>0$ 时的响应，故需要利用系统 0_+ 时刻的初始条件来确定待定系数。

如果在 $t=0$ 时电路发生了换路，使得电路结构发生变换，此时系统 0_- 时刻起始条件与 0_+ 时刻初始条件可能会发生跳变，可以按照电路结构由响应的 0_- 时刻状态求出 0_+ 时刻状态。如果在 $t=0$ 时电路的数学模型没有改变（电路结构和参数没有变化），而零输入响应不考虑激励的作用，此时系统状态通常不会跳变，可以直接利用响应的 0_- 时刻的状态来确定待定系数。

例 4-17　某二阶系统的数学模型为

$$\frac{d^2}{dt^2}y(t) + 4\frac{d}{dt}y(t) + 3y(t) = \frac{df(t)}{dt}$$

其中，$f(t)$ 为激励，$y(t)$ 为响应。已知 $y(0_-)=1$，$y'(0_-)=2$，求 $t>0$ 时系统的零输入响应。

解：由于系统的零输入响应与激励无关，所以可以写出系统的齐次方程为

$$\frac{d^2}{dt^2}y_{zi}(t) + 4\frac{d}{dt}y_{zi}(t) + 3y_{zi}(t) = 0$$

特征方程为

$$\lambda^2 + 4\lambda + 3 = 0$$

特征根为

$$\lambda_1 = -1, \quad \lambda_2 = -3$$

零输入响应的形式为

94

$$y_{zi}(t) = (A_1 e^{-t} + A_2 e^{-3t}) \quad t>0 \tag{4.4-5}$$

为了确定待定系数 A_1 和 A_2，就需要知道 $y_{zi}(0_+)$ 和 $y'_{zi}(0_+)$ 的值。由于求解零输入响应，外加激励为零，在系统数学模型没有变换的情况下，系统状态不会跳变，即 $y_{zi}(0_+) = y(0_-)$，$y'_{zi}(0_+) = y'(0_-)$。可代入式（4.4-5），可得

$$\begin{cases} A_1 + A_2 = 1 \\ -A_1 - 3A_2 = 2 \end{cases}$$

解得

$$A_1 = \frac{5}{2}, \quad A_2 = -\frac{3}{2}$$

故系统的零输入响应为

$$y_{zi}(t) = \left(\frac{5}{2} e^{-t} - \frac{3}{2} e^{-3t} \right) \quad t>0$$

4.4.2 零状态响应

不考虑电路储能的作用，仅由外加激励产生的响应为零状态响应。如图 4-38 所示的一阶动态电路，假设 $t<0$ 时，电容无储能，开关处于断开状态。当 $t=0$ 时，开关闭合，此时电压源接入电路作为激励。当 $t>0$ 时，电路中电流 $i(t)$ 就是典型的零状态响应。

在求解系统零状态响应时，由于激励的存在，微分方程右端不为零，所以求解零状态响应需要求解非齐次微分方程。

对于一阶直流动态电路的这种特殊情况，可以简化零状态响应的求解。根据 4.2 节的讨论结果，一阶直流动态电路全响应为

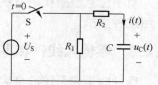

图 4-38　零状态响应电路

$$y(t) = y(\infty) + [y(0_+) - y(\infty)] e^{-\frac{t}{\tau}}$$

若系统起始储能为零，则 $u_C(0_-) = 0$，$i_L(0_-) = 0$。根据换路定则，可得 $u_C(0_+) = u_C(0_-) = 0$，$i_L(0_+) = i_L(0_-) = 0$，所以当待求解响应为电容电压 $u_C(t)$ 和电感电流 $i_L(t)$ 时，其零状态响应可以用以下通式表示：

$$u_C(t) = u_C(\infty)(1 - e^{-\frac{t}{\tau}}) \tag{4.4-6}$$

$$i_L(t) = i_L(\infty)(1 - e^{-\frac{t}{\tau}}) \tag{4.4-7}$$

注意，式（4.4-6）和式（4.4-7）只适合于求解一阶直流动态电路状态变量（电容电压和电感电流）的零状态响应，求解电路中其他变量的零状态响应时，可先求出状态变量的零状态响应，然后再由电路的两类约束关系分析其他变量的零状态响应。

例 4-18　电路如图 4-39 所示，在 $t<0$ 时电路原已处于稳态。$t=0$ 时开关 S 闭合。求 $t>0$ 时的电流 $i(t)$。

解： 换路前原电路已处稳态，则换路时电容无储能，即 $u_C(0_+) = u_C(0_-) = 0$，所以这是直流一阶动态电路零状态响应求解的问题。这里可以先求状态变量 $u_C(t)$ 的零状态响应。根据式（4.4-6）可知

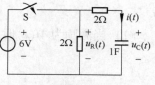

图 4-39　例 4-18 用图

$$u_C(t) = u_C(\infty)(1 - e^{-\frac{t}{\tau}})$$

1）求 $u_C(\infty)$。

当 $t>0$ 时开关闭合，∞ 时刻电容可以看作开路，故

$$u_C(\infty)=u_R(\infty)=6\,\text{V}$$

2）求时间常数 τ。

当 $t>0$ 时开关闭合，在计算等效电阻时，独立电压源置零，电容两端的等效电阻 $R=2\,\Omega$，则时间常数为

$$\tau=RC=1\times2\,\text{s}=2\,\text{s}$$

故换路后电容电压 $u_C(t)$ 的零状态响应为

$$u_C(t)=u_C(\infty)(1-\text{e}^{-\frac{t}{\tau}})=6(1-\text{e}^{-\frac{t}{2}})\,\text{V}\quad t>0$$

利用电容元件的伏安关系，可得

$$i(t)=C\frac{\text{d}u_C(t)}{\text{d}t}=1\times6\times\frac{1}{2}\text{e}^{-\frac{t}{2}}=3\text{e}^{-\frac{t}{2}}\,\text{A}\quad t>0$$

上例讨论的是一阶直流动态电路的零状态响应求解，其中激励是直流，此时可以利用通式（4.4-6）和式（4.4-7）求取零状态响应，而不需要列写和求解微分方程。但是对于任意激励和电路中含有多个独立的动态元件时，求解零状态时响应需要求解非齐次微分方程。

对于任意激励作用下系统零状态响应的求解，本书主要讨论卷积分析法，4.5 节会详细介绍这种方法。

4.4.3 零输入线性和零状态线性

线性时不变系统的全响应可以分解为零输入响应和零状态响应，而零输入响应和零状态响应各自具有线性关系（满足齐次性和叠加性），称为零输入线性和零状态线性。所谓零输入线性是指系统的零输入响应对于各初始状态呈线性关系；零状态线性是指系统的零状态响应对于各激励信号呈线性关系。

例 4-19 已知一线性时不变系统，在相同的初始状态下，当激励信号为 $f(t)$ 时，全响应为 $y_1(t)=[2\text{e}^{-t}+\cos(2t)]\varepsilon(t)$；当激励信号为 $2f(t)$ 时，全响应为 $y_2(t)=[\text{e}^{-t}+2\cos(2t)]\varepsilon(t)$。

（1）求当初始状态不变而激励信号为 $4f(t)$ 时，系统的全响应。

（2）求初始状态增大 1 倍而激励信号为 $f(t-2)$ 时，系统的全响应。

解： 设系统的零输入响应为 $y_{zi}(t)$，激励为 $f(t)$ 时零状态响应为 $y_{zs}(t)$，根据系统响应的分解性有

$$y_1(t)=y_{zi}(t)+y_{zs}(t)=[2\text{e}^{-t}+\cos(2t)]\varepsilon(t)$$

由系统的零状态线性可知，激励为 $2f(t)$ 时的零状态响应为 $2y_{zs}(t)$，即

$$y_2(t)=y_{zi}(t)+2y_{zs}(t)=[\text{e}^{-t}+2\cos(2t)]\varepsilon(t)$$

$y_2(t)$ 减去 $y_1(t)$，得

$$y_{zs}(t)=[-\text{e}^{-t}+\cos(2t)]\varepsilon(t)$$

故

$$y_{zi}(t)=3\text{e}^{-t}\varepsilon(t)$$

（1）当激励为 $4f(t)$ 时，系统的全响应为

$$\begin{aligned}y(t)&=y_{zi}(t)+4y_{zs}(t)\\&=3\text{e}^{-t}\varepsilon(t)+4[-\text{e}^{-t}+\cos(2t)]\varepsilon(t)\\&=[-\text{e}^{-t}+4\cos(2t)]\varepsilon(t)\end{aligned}$$

（2）由零输入线性可知，当初始状态增大 1 倍，其产生的零输入响应也增加 1 倍；由时不变特性可得，当激励为$f(t-2)$时，对应的零状态响应为 $y_{zs}(t-2)$，所以系统的全响应为

$$\begin{aligned} y(t) &= 2y_{zi}(t)+y_{zs}(t-2) \\ &= 6e^{-t}\varepsilon(t)+[-e^{-(t-2)}+\cos(2t-4)]\varepsilon(t-2) \end{aligned}$$

4.5 零状态响应的卷积分析法

对于任意激励作用下系统零状态响应的时域求解，本节主要讨论卷积分析法，即先求出系统的单位冲激响应，再利用卷积积分来求解任意激励作用于系统的零状态响应。

4.5.1 单位冲激响应

单位冲激响应是一种特殊的零状态响应，是指在单位冲激信号作为激励下，系统所产生的零状态响应，通常用$h(t)$表示，如图 4-40 所示。

图 4-40　单位冲激响应的产生

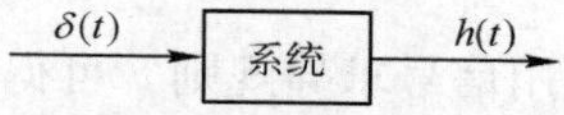

由于单位冲激响应的激励是单位冲激信号$\delta(t)$，故在求解单位冲激响应时，式（4.4-1）所描述的数学模型可改写为

$$\begin{aligned} &a_n\frac{d^nh(t)}{dt^n}+a_{n-1}\frac{d^{n-1}h(t)}{dt^{n-1}}+\cdots+a_1\frac{dh(t)}{dt}+a_0h(t) \\ &= b_m\frac{d^m\delta(t)}{dt^m}+b_{m-1}\frac{d^{m-1}\delta(t)}{dt^{m-1}}+\cdots b_1\frac{d\delta(t)}{dt}+b_0\delta(t) \end{aligned} \tag{4.5-1}$$

在 $t>0$ 时，单位冲激信号$\delta(t)$及其各阶导数均为零，所以$t>0$时式（4.5-1）等号右边项为零，即

$$a_n\frac{d^nh(t)}{dt^n}+a_{n-1}\frac{d^{n-1}h(t)}{dt^{n-1}}+\cdots+a_1\frac{dh(t)}{dt}+a_0h(t)=0 \tag{4.5-2}$$

可以看出，根据微分方程求解单位冲激响应的问题，就变成了求解式（4.5-2）的齐次方程，具体步骤与求解零输入响应类似。但是与零输入响应不同的是，单位冲激响应是零状态响应，故$h(0_-)=h'(0_-)=\cdots=h^{(n)}(0_-)=0$，同时在 0 时刻有激励$\delta(t)$的存在。

例 4-20　如图 4-41 所示电路，其中 $R_1=2\,\Omega$，$R_2=2\,\Omega$，$C=0.5\,\text{F}$，激励为电压源 $u_S(t)$，响应为电容电压 $u_C(t)$，求单位冲激响应 $h(t)$。

解：根据电路结构，列写 KVL 方程，可得

$$R_1\left[C\frac{du_C(t)}{dt}+\frac{u_C(t)}{R_2}\right]+u_C(t)=u_S(t)$$

图 4-41　例 4-20 用图

代入元件参数值，整理可得系统的微分方程为

$$\frac{du_C(t)}{dt}+2u_C(t)=u_S(t)$$

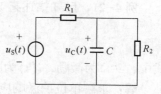

求系统的单位冲激响应，$u_S(t)=\delta(t)$，故系统的微分方程可改写为

$$\frac{dh(t)}{dt}+2h(t)=\delta(t) \tag{4.5-3}$$

当 $t>0$ 时，$\delta(t)=0$，微分方程变为齐次方程，即

$$\frac{\mathrm{d}h(t)}{\mathrm{d}t} + 2h(t) = 0$$

特征方程为

$$\lambda + 2 = 0$$

特征根为

$$\lambda = -2$$

故单位冲激响应的形式为

$$h(t) = Ae^{-2t}\varepsilon(t) \tag{4.5-4}$$

由于在 $t=0$ 时刻有激励 $\delta(t)$ 的加入，系统的状态会发生跳变，故不能用 $h(0_-)$ 来确定待定系数。这里采用冲激函数匹配法确定系数 A。所谓冲激函数匹配法，就是将单位冲激响应代入到式（4.5-3），利用等式两边冲激函数及其各阶导数的系数相等的关系，从而确定单位冲激响应中的待定系数。

将式（4.5-4）代入式（4.5-3），可得

$$\left[Ae^{-2t}\varepsilon(t)\right]' + 2Ae^{-2t}\varepsilon(t) = \delta(t)$$

利用信号求导规则，可得

$$Ae^{-2t}\delta(t) - 2Ae^{-2t}\varepsilon(t) + 2Ae^{-2t}\varepsilon(t) = \delta(t)$$

化简可得

$$Ae^{-2t}\delta(t) = \delta(t)$$

等式两边冲激函数及其导数的系数应该相等，故可得

$$A = 1$$

所以该电路的单位冲激响应为

$$h(t) = e^{-2t}\varepsilon(t)$$

单位冲激响应是一种零状态响应，所以 $h(0_-) = 0$。根据例题结果可知 $h(0_+) = 1$，由于此时响应为电容电压，也就是电容电压发生了跳变，这与换路定则并不矛盾。换路定则的条件是，如果流过电容的电流不为无穷大，则电容电压不会跳变。当求单位冲激响应时，激励电压源为单位冲激信号，也就是瞬时无穷大的电压，这引起了无穷大的电流，使得电容电压发生了跳变。这个过程可以理解为在 $t=0$ 时 $\delta(t)$ 加入系统，改变了系统的初始状态，把能量储存在电路中（如电容电感），在 $t>0$ 后，冲激信号消失，激励为零，这部分储能维持系统继续工作。

例 4-21 已知描述某 LTI 系统的微分方程为

$$\frac{\mathrm{d}^2}{\mathrm{d}t^2}i(t) + 5\frac{\mathrm{d}}{\mathrm{d}t}i(t) + 6i(t) = \frac{\mathrm{d}}{\mathrm{d}t}e(t)$$

式中，$e(t)$ 为激励，$i(t)$ 为响应，求该系统的单位冲激响应。

解： 求解单位冲激响应时，系统数学模型可改写为

$$\frac{\mathrm{d}^2h(t)}{\mathrm{d}t^2} + 5\frac{\mathrm{d}h(t)}{\mathrm{d}t} + 6h(t) = \delta'(t) \tag{4.5-5}$$

特征方程为

$$\lambda^2 + 5\lambda + 6 = 0$$

特征根为

$$\lambda_1 = -3, \quad \lambda_2 = -2$$

单位冲激响应解的形式为

$$h(t) = (A_1 e^{-3t} + A_2 e^{-2t}) \varepsilon(t)$$

对 $h(t)$ 分别求一阶和二阶导数，可得

$$\frac{\mathrm{d}h(t)}{\mathrm{d}t} = -(3A_1 e^{-3t} + 2A_2 e^{-2t}) \varepsilon(t) + (A_1 + A_2) \delta(t)$$

$$\frac{\mathrm{d}^2 h(t)}{\mathrm{d}t^2} = (9A_1 e^{-3t} + 4A_2 e^{-2t}) \varepsilon(t) - (3A_1 + 2A_2) \delta(t) + (A_1 + A_2) \delta'(t)$$

代入到式（4.5-5）中，整理可得

$$(2A_1 + 3A_2) \delta(t) + (A_1 + A_2) \delta'(t) = \delta'(t)$$

利用冲激函数匹配法，可得

$$\begin{cases} 2A_1 + 3A_2 = 0 \\ A_1 + A_2 = 1 \end{cases}$$

解得

$$A_1 = 3, \quad A_2 = -2$$

所以该系统的单位冲激响应为

$$h(t) = (3e^{-3t} - 2e^{-2t}) \varepsilon(t)$$

系统在单位阶跃信号作用下产生的零状态响应称为单位阶跃响应，通常用 $g(t)$ 表示，如图 4-42 所示。

由于阶跃信号在 $t>0$ 时并不为零，所以利用微分方程直接求解时，方程并不是齐次方程。由于单位冲激信号与单位阶跃信号互为微积分关系，即

图 4-42 单位阶跃响应的产生

$$\delta(t) = \frac{\mathrm{d}\varepsilon(t)}{\mathrm{d}t}, \quad \varepsilon(t) = \int_{-\infty}^{t} \delta(\tau) \mathrm{d}\tau$$

而线性时不变系统满足微积分特性，故有

$$h(t) = \frac{\mathrm{d}g(t)}{\mathrm{d}t}, \quad g(t) = \int_{-\infty}^{t} h(\tau) \mathrm{d}\tau \tag{4.5-6}$$

所以通常可以先求出系统的单位冲激响应，再进行积分来获得单位阶跃响应。

例 4-22 已知某线性时不变系统的单位冲激响应 $h(t) = e^{-t} \varepsilon(t)$，求系统的单位阶跃响应 $g(t)$。

解： $g(t) = \int_{-\infty}^{t} h(\tau) \mathrm{d}\tau = \int_{-\infty}^{t} e^{-\tau} \varepsilon(\tau) \mathrm{d}\tau = \int_{0}^{t} e^{-\tau} \mathrm{d}\tau \varepsilon(t) = (1 - e^{-t}) \varepsilon(t)$

单位冲激响应是一种特殊的零状态响应。从前面的例题可以看出，只要根据电路结构和元件参数确定了系统的数学模型，就可以求解出系统的单位冲激响应，所以单位冲激响应体现了系统的自身特性。当具体某个激励作用于系统时，所产生的零状态响应可以利用系统的单位冲激响应与激励卷积来求解。

4.5.2 卷积

3.4 节讨论了信号的冲激函数分解，连续时间信号 $f(t)$ 可以分解为单位冲激函数的加权

积分，即

$$f(t) = \int_{-\infty}^{+\infty} f(\tau) \delta(t - \tau) \mathrm{d}\tau$$

根据单位冲激响应的定义可知，激励信号为 $\delta(t)$ 时，系统的零状态响应为 $h(t)$，可以表示为

$$\delta(t) \rightarrow h(t)$$

根据 LTI 系统的时不变特性，可得

$$\delta(t-\tau) \rightarrow h(t-\tau)$$

根据齐次性可得

$$f(\tau)\delta(t-\tau) \rightarrow f(\tau)h(t-\tau)$$

根据叠加性可得

$$\int_{-\infty}^{+\infty} f(\tau)\delta(t-\tau)\mathrm{d}\tau \rightarrow \int_{-\infty}^{+\infty} f(\tau)h(t-\tau)\mathrm{d}\tau$$

所以有

$$f(t) \rightarrow \int_{-\infty}^{+\infty} f(\tau)h(t-\tau)\mathrm{d}\tau$$

即激励 $f(t)$ 作用于系统，产生的零状态响应为

$$y_{zs}(t) = \int_{-\infty}^{+\infty} f(\tau)h(t-\tau)\mathrm{d}\tau \qquad (4.5-7)$$

一般地，对于任意两个连续时间信号 $f_1(t)$ 和 $f_2(t)$，两者做如下积分运算：

$$f(t) = f_1(t) * f_2(t) = \int_{-\infty}^{+\infty} f_1(\tau)f_2(t-\tau)\mathrm{d}\tau \qquad (4.5-8)$$

称为卷积积分，简称卷积。

根据式（4.5-8）的定义，可知

$$y_{zs}(t) = f(t) * h(t) \qquad (4.5-9)$$

式（4.5-9）说明，任意激励作用于系统时，系统的零状态响应是单位冲激响应和激励信号的卷积。由于单位冲激响应 $h(t)$ 体现了系统自身的特性，所以信号 $f(t)$ 通过系统时，可以用图 4-43 表示。

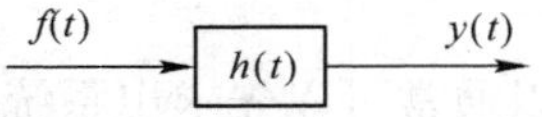

卷积是一种带参变量 t 的积分运算，两个时间函数经卷积后得到一个新的时间函数。实际由于系统的因果性或激励信号存在时间的范围，卷积的积分限会有变化。卷积的难点主要在于根据被积函数的特点，对时间 t 进行分段并确定积分上下限。

图 4-43　信号通过系统框图

本节主要介绍两种常用的卷积计算方法，即图解法和定义法。

1. 图解法

图解法是通过图形辅助来计算卷积的一种方法，它便于了解卷积的运算过程，也易于确定分段波形的积分上、下限。依据式（4.5-8），图解法的步骤如下。

1）根据 $f_1(t)$ 和 $f_2(t)$ 的波形，得到 $f_1(\tau)$ 和 $f_2(\tau)$ 的波形。

用 τ 替换自变量 t，对应图形中的 t 轴改为 τ 轴。

2）根据 $f_2(\tau)$ 的波形，得到 $f_2(t-\tau)$ 的波形。

由于 $f_2(t-\tau) = f_2[-(\tau-t)]$，故对 $f_2(\tau)$ 先进行反褶得到 $f_2(-\tau)$ 的波形；再将 $f_2(-\tau)$ 平

移 t 得到 $f_2(t-\tau)$ 的波形。注意，此时 t 是参变量，当 $t>0$ 时，$f_2(-\tau)$ 的波形向右移；当 $t<0$ 时，波形向左移。

3）$f_1(\tau)$ 和 $f_2(t-\tau)$ 的波形相乘。

在波形相乘时，关键要根据这两个信号在重叠区间的表示式来确定被积函数。

4）计算 $f_1(\tau)f_2(t-\tau)$ 重叠区间的积分。

根据两个信号波形的重叠区间，确定积分的上下限，并计算积分结果。

需要注意：随着参变量 t 移动，$f_2(t-\tau)$ 的波形位置在不断变化，使得 $f_1(\tau)f_2(t-\tau)$ 的乘积和重叠区间也在不断变化，所以积分结果是 t 的函数。在具体计算时，根据 t 的变化要重复步骤 2）~4）。下面通过例题来详细描述图解法的过程。

例 4-23　函数 $f_1(t)$ 与 $f_2(t)$ 的波形如图 4-44 所示，求 $f(t)=f_1(t)*f_2(t)$。

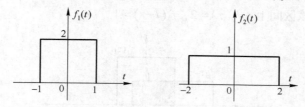

图 4-44　例 4-23 用图

解：本题采用图解法来计算。

第一步，更换图形横坐标，$t\to\tau$，波形保持不变，$f_1(\tau)$ 和 $f_2(\tau)$ 的波形如图 4-45 所示。

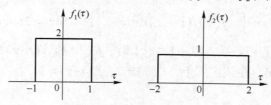

图 4-45　$f_1(\tau)$ 和 $f_2(\tau)$ 的波形

第二步，以 $\tau=0$ 为轴，反褶 $f_2(\tau)$，得 $f_2(-\tau)$，波形如图 4-46 所示。

第三步，$f_2(-\tau)$ 沿横轴平移 t，得 $f_2(t-\tau)$。若 $t>0$，$f_2(-\tau)$ 右移；若 $t<0$，$f_2(-\tau)$ 左移。需要注意的是：$f_2(t-\tau)$ 波形的位置随 t 移动，移动坐标下限始终为 $t-2$，上限为 $t+2$，如图 4-47 所示。

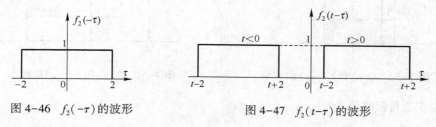

图 4-46　$f_2(-\tau)$ 的波形　　　　　　图 4-47　$f_2(t-\tau)$ 的波形

第四步，分段积分计算。

1）当 $t+2<-1$，也即 $t<-3$ 时，$f_1(\tau)$ 和 $f_2(t-\tau)$ 的波形如图 4-48 所示，两波形无重叠区域。

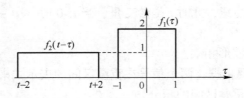

图 4-48 $f_1(\tau)$ 和 $f_2(t-\tau)$ 的波形

此时两者的卷积结果为

$$f(t) = \int_{-\infty}^{+\infty} f(\tau)f(t-\tau)\,\mathrm{d}\tau = 0$$

2）当 $-1 \leqslant t+2 < 1$，即 $-3 \leqslant t < -1$ 时，$f_1(\tau)$ 和 $f_2(t-\tau)$ 的波形如图 4-49 所示，其中阴影部分为重叠区间。在该区间上，$f_1(\tau)=2$，$f_2(t-\tau)=1$。

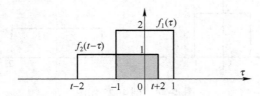

图 4-49 $f_1(\tau)$ 和 $f_2(t-\tau)$ 的波形

此时两者的卷积结果为

$$f(t) = \int_{-\infty}^{+\infty} f(\tau)f(t-\tau)\,\mathrm{d}\tau = \int_{-1}^{t+2} 2 \times 1 \mathrm{d}\tau = 2t + 6$$

3）当 $t+2 \geqslant 1$，且 $t-2 < -1$，即 $-1 \leqslant t < 1$ 时，$f_1(\tau)$ 和 $f_2(t-\tau)$ 的波形如图 4-50 所示，其中阴影部分为重叠区间。在该区间上，$f_1(\tau)=2$，$f_2(t-\tau)=1$。

此时两者的卷积结果为

$$f(t) = \int_{-\infty}^{+\infty} f(\tau)f(t-\tau)\,\mathrm{d}\tau = \int_{-1}^{1} 2 \times 1 \mathrm{d}\tau = 4$$

4）当 $-1 \leqslant t-2 < 1$，即 $1 \leqslant t < 3$ 时，$f_1(\tau)$ 和 $f_2(t-\tau)$ 的波形如图 4-51 所示，其中阴影部分为重叠区间，在该区间上，$f_1(\tau)=2$，$f_2(t-\tau)=1$。

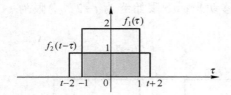

图 4-50 $f_1(\tau)$ 和 $f_2(t-\tau)$ 的波形

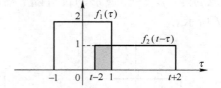

图 4-51 $f_1(\tau)$ 和 $f_2(t-\tau)$ 的波形

此时两者的卷积结果为

$$f(t) = \int_{-\infty}^{+\infty} f(\tau)f(t-\tau)\,\mathrm{d}\tau = \int_{t-2}^{1} 2 \times 1 \mathrm{d}\tau = 6 - 2t$$

5）当 $t-2 \geqslant 1$，即 $t \geqslant 3$ 时，$f_1(\tau)$ 和 $f_2(t-\tau)$ 的波形如图 4-52 所示，两波形无重叠区域。

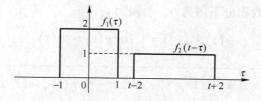

图 4-52 $f_1(\tau)$ 和 $f_2(t-\tau)$ 的波形

此时两者的卷积结果为

$$f(t) = \int_{-\infty}^{+\infty} f(\tau)f(t-\tau)\mathrm{d}\tau = 0$$

综合上述，两信号的卷积结果为

$$f(t) = f_1(t) * f_2(t) = \begin{cases} 0 & t<-3 \\ 2t+6 & -3 \leqslant t<-1 \\ 4 & -1 \leqslant t<1 \\ 6-2t & 1 \leqslant t<3 \\ 0 & t \geqslant 3 \end{cases}$$

卷积结果波形如图 4-53 所示。

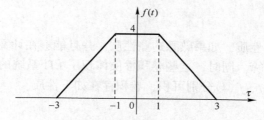

图 4-53 两信号卷积结果波形

2. 定义法

定义法直接利用式（4.5-8）计算卷积积分，关键之处在于积分上、下限的确定。

例 4-24 求 $f(t) * \delta(t)$。

解： 根据卷积定义，可得

$$f(t) * \delta(t) = \int_{-\infty}^{+\infty} f(\tau)\delta(t-\tau)\mathrm{d}\tau$$

利用冲激函数的抽样性，可得

$$\int_{-\infty}^{+\infty} f(\tau)\delta(t-\tau)\mathrm{d}\tau = \int_{-\infty}^{+\infty} f(t)\delta(t-\tau)\mathrm{d}\tau = f(t)\int_{-\infty}^{+\infty} \delta(t-\tau)\mathrm{d}\tau = f(t)$$

所以
$$f(t) * \delta(t) = f(t) \tag{4.5-10}$$

由此可以看出，一个信号与单位冲激信号 $\delta(t)$ 的卷积，等于信号本身。

例 4-25 求 $\varepsilon(t) * \varepsilon(t)$。

解： 由卷积积分的定义式，有

$$\varepsilon(t) * \varepsilon(t) = \int_{-\infty}^{+\infty} \varepsilon(\tau)\varepsilon(t-\tau)\mathrm{d}\tau$$

根据阶跃函数的定义，可知当 $\tau>0$ 和 $\tau<t$ 时，式中被积函数 $\varepsilon(\tau)\varepsilon(t-\tau) = 1$，$\tau$ 取其他

值时，$\varepsilon(\tau)\varepsilon(t-\tau)=0$。故积分下限为 0，上限为 t，有

$$\varepsilon(t)*\varepsilon(t)=\int_0^t 1\mathrm{d}\tau\varepsilon(t)=t\varepsilon(t)$$

📖 注意：在确定积分限带入具体数值时，积分式后加一个 $\varepsilon(t)$，因为上述的区间确定隐含着 $t>0$ 的条件。

例 4-26 已知 $f_1(t)=\varepsilon(t)-\varepsilon(t-1)$，$f_2(t)=\mathrm{e}^{-t}\varepsilon(t)$，求 $f_1(t)*f_2(t)$。

解：
$$f_1(t)*f_2(t)=\int_{-\infty}^{\infty}f_1(\tau)f_2(t-\tau)\mathrm{d}\tau$$

$$=\int_{-\infty}^{\infty}[\varepsilon(\tau)-\varepsilon(\tau-1)]\mathrm{e}^{-(t-\tau)}\varepsilon(t-\tau)\mathrm{d}\tau$$

$$=\mathrm{e}^{-t}\left[\int_{-\infty}^{+\infty}\mathrm{e}^{\tau}\varepsilon(\tau)\varepsilon(t-\tau)\mathrm{d}\tau-\int_{-\infty}^{+\infty}\mathrm{e}^{\tau}\varepsilon(\tau-1)\varepsilon(t-\tau)\mathrm{d}\tau\right]$$

$$=\mathrm{e}^{-t}\left[\int_0^t\mathrm{e}^{\tau}\mathrm{d}\tau\varepsilon(t)-\int_1^t\mathrm{e}^{\tau}\mathrm{d}\tau\varepsilon(t-1)\right]$$

$$=\mathrm{e}^{-t}(\mathrm{e}^t-1)\varepsilon(t)-\mathrm{e}^{-t}(\mathrm{e}^t-\mathrm{e})\varepsilon(t-1)$$

$$=(1-\mathrm{e}^{-t})\varepsilon(t)-[1-\mathrm{e}^{-(t-1)}]\varepsilon(t-1)$$

4.5.3 卷积的性质

卷积运算有其固有的性质，如果熟悉这些性质，并且能够在计算卷积时正确、灵活地加以运用，可以简化卷积运算。同时，这些卷积性质体现了 LTI 系统的性质。

假设函数 $f_1(t)$、$f_2(t)$、$f_3(t)$ 分别可积，卷积存在如下性质。

1. 交换律

$$f_1(t)*f_2(t)=f_2(t)*f_1(t) \tag{4.5-11}$$

交换律说明卷积结果与卷积次序无关。其实际意义如图 4-54 所示。信号 $f(t)$ 经过系统 $h(t)$ 产生的零状态响应与信号 $h(t)$ 经过系统 $f(t)$ 产生的响应相同。

图 4-54　卷积交换律的意义

需要注意的是，虽然 $f_1(t)*f_2(t)$ 与 $f_2(t)*f_1(t)$ 的运算结果相同，但运算的难易程度往往不一样。因此在计算卷积时，可以利用卷积结果与卷积次序无关的性质，避繁就简，选择计算更简单的一种。

2. 分配律

$$f_1(t)*[f_2(t)+f_3(t)]=f_1(t)*f_2(t)+f_1(t)*f_3(t) \tag{4.5-12}$$

式（4.5-12）可以有两种物理解释。

1）若把 $f_1(t)$ 视为系统激励，$f_2(t)+f_3(t)$ 是系统的单位冲激响应，从分配律可以看出，信号通过一个单位冲激响应为 $f_2(t)+f_3(t)$ 的系统，可以看作信号通过两个单位冲激响应分别为 $f_2(t)$ 和 $f_3(t)$ 的并联子系统，如图 4-55a 所示。也就是说，并联系统的单位冲激响应等于

各子系统的单位冲激响应之和，信号$f_1(t)$作用于并联系统产生的零状态响应等于$f_1(t)$分别作用于两个子系统产生的零状态响应之和。

2）若把$f_1(t)$视为系统的单位冲激响应，$f_2(t)+f_3(t)$视为系统激励，从分配律可以看出，两个信号共同作用于 LTI 系统产生的零状态响应等于每个信号单独作用于该系统产生的零状态响应之和，如图 4-55b 所示。该性质体现了线性系统的叠加性质。

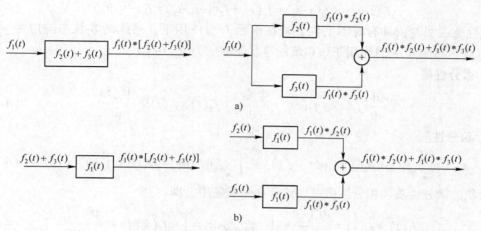

图 4-55　卷积分配律的意义

3. 结合律

$$\left[f_1(t) * f_2(t)\right] * f_3(t) = f_1(t) * \left[f_2(t) * f_3(t)\right] \tag{4.5-13}$$

如果把$f_1(t)$视为系统激励，$f_2(t)$和$f_3(t)$视为两个子系统的单位冲激响应，从图 4-56 可以看出，信号通过两个级联子系统产生的零状态响应等于信号通过一个单位冲激响应为 $f_2(t) * f_3(t)$ 的复合系统所产生的零状态响应，也就是级联系统的单位冲激响应等于各子系统的单位冲激响应的卷积。

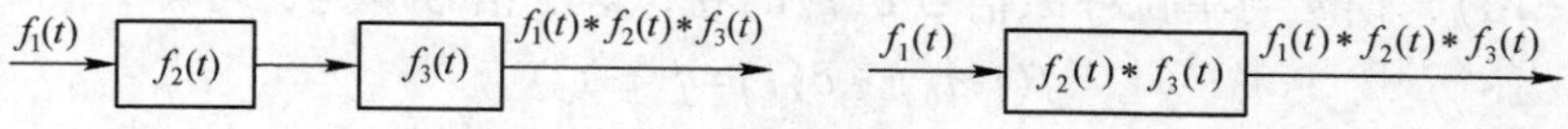

图 4-56　卷积结合律的意义

例 4-27　某复合系统如图 4-57 所示。已知 3 个子系统的冲激响应分别为$h_1(t)$、$h_2(t)$和$h_3(t)$，求该复合系统的冲激响应$h(t)$。

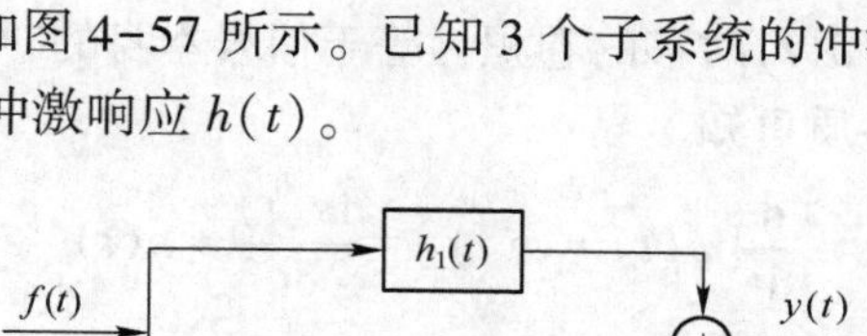

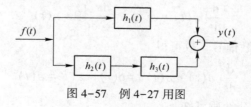

图 4-57　例 4-27 用图

解： 根据系统的输入输出关系，可知

$$y(t) = f(t) * \left[h_1(t) + h_2(t) * h_3(t)\right]$$

因为
$$y(t) = f(t) * h(t)$$
所以复合系统的单位冲激响应为
$$h(t) = h_1(t) + h_2(t) * h_3(t)$$

4. 时移性质

若 $f(t) = f_1(t) * f_2(t)$，则有
$$f_1(t-t_1) * f_2(t-t_2) = f_1(t) * f_2(t-t_1-t_2) = f(t-t_1-t_2) \tag{4.5-14}$$
该性质说明卷积具有时不变性。若在信号 $f(t)$ 作用下，系统的零状态响应为 $y_{zs}(t) = f(t) * h(t)$，那么 $f(t-t_0)$ 作用于该系统的零状态响应为 $y_{zs}(t-t_0)$。

5. 微分性质

$$\frac{\mathrm{d}}{\mathrm{d}t}[f_1(t) * f_2(t)] = \frac{\mathrm{d}f_1(t)}{\mathrm{d}t} * f_2(t) = f_1(t) * \frac{\mathrm{d}f_2(t)}{\mathrm{d}t} \tag{4.5-15}$$

6. 积分性质

$$\int_{-\infty}^{t}[f_1(\tau) * f_2(\tau)]\mathrm{d}\tau = f_1(t) * \int_{-\infty}^{t} f_2(\tau)\mathrm{d}\tau = f_2(t) * \int_{-\infty}^{t} f_1(\tau)\mathrm{d}\tau \tag{4.5-16}$$

卷积的微分性质和积分性质可以结合在一起使用，即

$$f_1(t) * f_2(t) = \frac{\mathrm{d}f_1(t)}{\mathrm{d}t} * \int_{-\infty}^{t} f_2(\tau)\mathrm{d}\tau = \int_{-\infty}^{t} f_1(\tau)\mathrm{d}\tau * \frac{\mathrm{d}f_2(t)}{\mathrm{d}t} \tag{4.5-17}$$

卷积的微积分性质也可以推广到高阶导数和高阶积分，这里不做详细描述。

例 4-28 求下列信号的卷积。

（1）$f(t) * \delta(t-t_0)$；（2）$\dfrac{\mathrm{d}}{\mathrm{d}t}[\varepsilon(t) * \varepsilon(t)]$；（3）$f(t) * \varepsilon(t)$。

解：

（1）利用卷积的时移性质，可知
$$f(t) * \delta(t-t_0) = f(t-t_0) * \delta(t)$$
根据式（4.5-10），信号与单位冲激信号 $\delta(t)$ 的卷积等于信号本身，可得
$$f(t-t_0) * \delta(t) = f(t-t_0)$$
所以
$$f(t) * \delta(t-t_0) = f(t-t_0) \tag{4.5-18}$$
由此可以得出，一个信号与 $\delta(t)$ 时移的卷积，等于信号本身的时移。

（2）利用卷积的微分性质可知
$$\frac{\mathrm{d}}{\mathrm{d}t}[\varepsilon(t) * \varepsilon(t)] = \frac{\mathrm{d}\varepsilon(t)}{\mathrm{d}t} * \varepsilon(t)$$
由于阶跃信号的导数为冲激信号，故可得
$$\frac{\mathrm{d}}{\mathrm{d}t}[\varepsilon(t) * \varepsilon(t)] = \delta(t) * \varepsilon(t) = \varepsilon(t)$$

（3）利用卷积的微积分性质可知
$$f(t) * \varepsilon(t) = \int_{-\infty}^{t} f(\tau)\mathrm{d}\tau * \varepsilon'(t) = \int_{-\infty}^{t} f(\tau)\mathrm{d}\tau * \delta(t)$$
故可得

$$f(t) * \varepsilon(t) = \int_{-\infty}^{t} f(\tau) \mathrm{d}\tau \qquad\qquad (4.5\text{--}19)$$

由此可以看出，一个信号与单位阶跃信号 $\varepsilon(t)$ 的卷积，等于信号本身的积分。

📖 注意：使用卷积的微积分性质时，要求信号本身要可积。

例 4-29 已知 $f_1(t) = \varepsilon(t) - \varepsilon(t-1)$，$f_2(t) = \mathrm{e}^{-t}\varepsilon(t)$，求 $f_1(t) * f_2(t)$。

解： 例 4-26 采用了卷积的定义来求取这两个信号的卷积，这里利用卷积的微积分性质。

$$
\begin{aligned}
f_1(t) * f_2(t) &= f_1'(t) * \int_{-\infty}^{t} f_2(\tau)\mathrm{d}\tau \\
&= \left[\varepsilon(t) - \varepsilon(t-1) \right]' * \int_{-\infty}^{t} \mathrm{e}^{-\tau}\varepsilon(\tau)\mathrm{d}\tau \\
&= \left[\delta(t) - \delta(t-1) \right] * \int_{0}^{t} \mathrm{e}^{-\tau}\mathrm{d}\tau\,\varepsilon(t) \\
&= \left[\delta(t) - \delta(t-1) \right] * (1 - \mathrm{e}^{-t})\varepsilon(t) \\
&= (1 - \mathrm{e}^{-t})\varepsilon(t) - \left[1 - \mathrm{e}^{-(t-1)} \right]\varepsilon(t-1)
\end{aligned}
$$

例 4-30 已知信号 $f_1(t)$ 和 $f_2(t)$ 的波形如图 4-58 所示，画出 $f(t) = f_1(t) * f_2(t)$ 的波形。

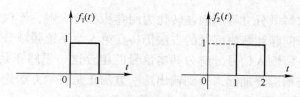

图 4-58　例 4-30 用图

解： 此题可以通过图解法和定义式来求，但是用卷积的微积分性质计算更简单一些。

$$f(t) = f_1(t) * f_2(t) = \int_{-\infty}^{t} f_1(\tau)\mathrm{d}\tau * f_2'(t)$$

用 $f_1^{(-1)}(t)$ 表示 $f_1(t)$ 的积分，则信号 $f_1^{(-1)}(t)$ 和 $f_2'(t)$ 的波形分别如图 4-59a、b 所示。

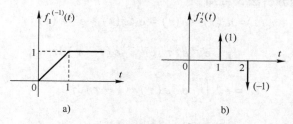

图 4-59　信号 $f_1(t)$ 积分和 $f_2(t)$ 微分的波形

从图中可以看出，$f_2'(t) = \delta(t-1) - \delta(t-2)$，故

$$
\begin{aligned}
f(t) &= f_1^{(-1)}(t) * f_2'(t) = f_1^{(-1)}(t) * \left[\delta(t-1) - \delta(t-2) \right] \\
&= f_1^{(-1)}(t-1) - f_1^{(-1)}(t-2)
\end{aligned}
$$

$f_1^{(-1)}(t-1)$ 和 $f_1^{(-1)}(t-2)$ 的波形分别如图 4-60a、b 所示，故信号卷积结果 $f(t)$ 的波形如

图 4-61 所示。

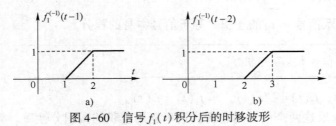

图 4-60 信号 $f_1(t)$ 积分后的时移波形

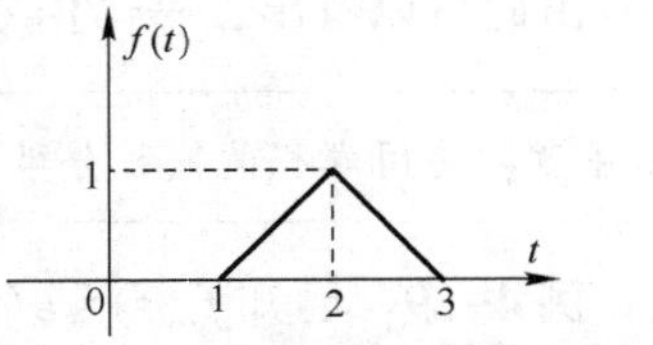

图 4-61 信号卷积结果 $f(t)$ 波形

4.5.4 利用卷积求解零状态响应

通过前面的讨论可知，可以通过卷积运算求解 LTI 系统的零状态响应，方法就是先求出系统的单位冲激响应，再和激励信号进行卷积，这种计算方法称为零状态响应的卷积法。这里回顾一下这种分析方法的思路。

1）把任意信号分解为无穷多个冲激信号的组合。

2）研究系统对冲激信号的零状态响应（冲激响应）。

3）根据线性时不变系统的性质，把每一个冲激信号作用于系统所引起的零状态响应叠加起来就得到了系统在任意信号激励下的零状态响应，这个过程可以通过卷积运算来实现。

这种分析方法把求解微分方程的问题转化为用卷积积分求解，不仅使运算大为简化，而且易于理解。这种分析问题和解决问题的方法仍将在第 5 章系统频域分析中应用，只是整个过程是在频域中进行。将输入信号分解为基本信号的组合这一思路正是科学认识论的应用，而将基本信号的零状态响应叠加起来得到输出这一方法正是科学方法论的应用。

例 4-31 已知电路如图 4-62 所示电路，其中 $R_1 = 2\ \Omega$，$R_2 = 2\ \Omega$，$C = 0.5\ \text{F}$，求激励为 $u_S(t) = \text{e}^{-t} \varepsilon(t)$ 时，电容电压 $u_C(t)$。

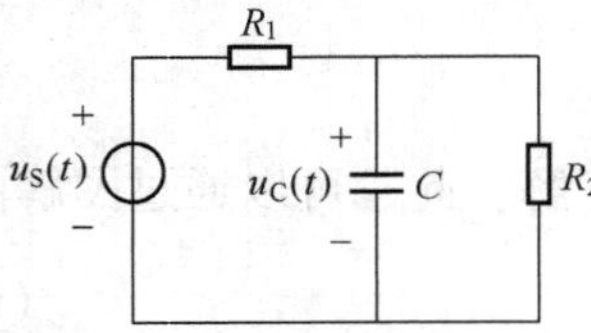

解：由例 4-20 的结果可知，该电路的单位冲激响应为

$$h(t) = \text{e}^{-2t} \varepsilon(t)$$

根据零状态响应的卷积分析法，可知

$$
\begin{aligned}
u_C(t) &= u_S(t) * h(t) = \text{e}^{-t} \varepsilon(t) * \text{e}^{-2t} \varepsilon(t) \\
&= \int_{-\infty}^{+\infty} \text{e}^{-2\tau} \varepsilon(\tau) \text{e}^{-(t-\tau)} \varepsilon(t-\tau) \text{d}\tau \\
&= \text{e}^{-t} \int_{-\infty}^{+\infty} \text{e}^{-\tau} \varepsilon(\tau) \varepsilon(t-\tau) \text{d}\tau \\
&= \text{e}^{-t} \int_{0}^{t} \text{e}^{-\tau} \text{d}\tau \varepsilon(t) = (\text{e}^{-t} - \text{e}^{-2t}) \varepsilon(t)
\end{aligned}
$$

图 4-62 例 4-31 用图

例 4-32 已知描述某 LTI 系统的微分方程为

$$\frac{\text{d}^2}{\text{d}t^2} i(t) + 5 \frac{\text{d}}{\text{d}t} i(t) + 6i(t) = \frac{\text{d}}{\text{d}t} e(t)$$

激励 $e(t)$ 的波形如图 4-63 所示，求该系统的零状态响应 $i(t)$。

解：由例 4-21 的结果可知，该系统的单位冲激响应为

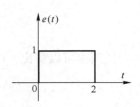

图 4-63 例 4-32 用图

$$h(t) = (3e^{-3t} - 2e^{-2t})\varepsilon(t)$$

根据零状态响应的卷积分析法，可知

$$i(t) = e(t) * h(t) = [\varepsilon(t) - \varepsilon(t-2)] * (3e^{-3t} - 2e^{-2t})\varepsilon(t)$$

设 $\varepsilon(t)$ 经过系统产生的零状态响应为 $i_0(t)$，则

$$i_0(t) = \varepsilon(t) * (3e^{-3t} - 2e^{-2t})\varepsilon(t)$$

$$= \int_0^t (3e^{-3\tau} - 2e^{-2\tau})d\tau\,\varepsilon(t)$$

$$= (e^{-2t} - e^{-3t})\varepsilon(t)$$

该系统的零状态响应为

$$i(t) = i_0(t) - i_0(t-2)$$

$$= (e^{-2t} - e^{-3t})\varepsilon(t) - [e^{-2(t-2)} - e^{-3(t-2)}]\varepsilon(t-2)$$

习题 4

4-1 已知一电感 $L = 0.2\,\text{H}$，其电流电压为关联参考方向。若 $t \geqslant 0$ 时通过它的电流 $i(t) = 5(1 - e^{-2t})\,\text{A}$，求 $t \geqslant 0$ 时其两端电压 $u(t)$，并计算电感的最大储能。

4-2 已知一电容 $C = 0.5\,\text{F}$，其电流电压为关联参考方向。若 $t \geqslant 0$ 时该电容两端电压 $u(t) = 4(1 - e^{-t})\,\text{V}$，求 $t \geqslant 0$ 时流过它的电路 $i(t)$，并画出 $u(t)$ 和 $i(t)$ 的波形。

4-3 如图 4-64 所示电路，已知 $t \geqslant 0$ 时电阻端电压 $u_R(t) = 5(1 - e^{-10t})\,\text{V}$，求 $t \geqslant 0$ 时的电压 $u(t)$，并画出其波形。

4-4 已知电容器两端电压 $u_C(t)$ 波形如图 4-65 所示。

（1）写出 $u_C(t)$ 的函数表达式。

（2）画出电流 $i_C(t)$ 的波形。

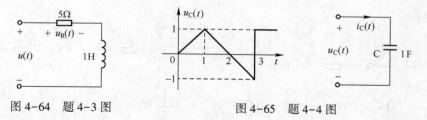

图 4-64 题 4-3 图   图 4-65 题 4-4 图

4-5 求如图 4-66 所示电路 $t = 0$ 换路后的时间常数 τ。

4-6 如图 4-67 所示电路，原电路已处于稳态，开关处于位置 "1"，当 $t = 0$ 时开关切换到位置 "2"，求 $i(0_+)$ 和 $u(0_+)$。

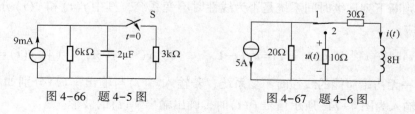

图 4-66 题 4-5 图   图 4-67 题 4-6 图

4-7　图4-68所示电路原已处于稳态，在$t=0$时开关S断开，求$i(0_+)$。

4-8　电路如图4-69所示，$t<0$时开关一直断开，电路已处于稳态。$t=0$时开关闭合，求$t>0$时的电压$u_C(t)$。

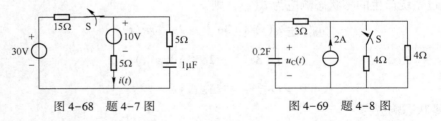

图4-68　题4-7图　　　　　图4-69　题4-8图

4-9　如图4-70所示电路，原电路已处于稳态，在$t=0$时开关S断开，求$t>0$时的$i(t)$。

4-10　如图4-71所示电路，原电路已处于稳态，在$t=0$时开关S断开，求$t>0$时$u(t)$。

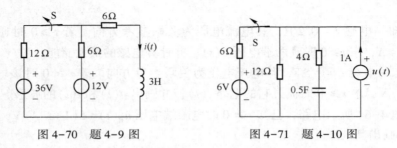

图4-70　题4-9图　　　　　图4-71　题4-10图

4-11　如图4-72所示电路原已处于稳态，开关S在$t=0$时闭合，求$t>0$时的$i_C(t)$和$i_1(t)$。

4-12　如图4-73所示电路，开关S闭合前已处于稳态。在$t=0$时，S闭合，求$t>0$时$i_L(t)$和$u_L(t)$。

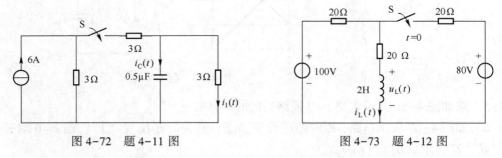

图4-72　题4-11图　　　　　图4-73　题4-12图

4-13　判断下列连续时间系统是否为线性时不变系统，其中$f(t)$和$y(t)$分别代表系统的激励和响应。

（1）$y(t)=|f(t)|$　　（2）$y(t)=t^2f(t-1)$　　（3）$y(t)=f(3t)$　　（4）$y(t)=\int_{-\infty}^{3t}f(\tau)\,\mathrm{d}\tau$

4-14　一无初始储能的线性时不变系统，若输入$f_1(t)$与输出$y_1(t)$分别如图4-74a、b所示，则当输入为图4-74c所示信号$f_2(t)$时，画出输出$y_2(t)$的波形。

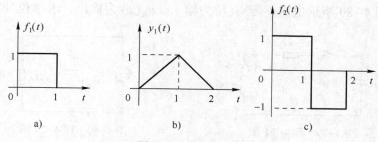

图 4-74　题 4-14 图

4-15　某初始储能为零的 LTI 系统，当激励 $f_1(t) = \delta(t)$ 时，系统响应 $y_1(t) = 3e^{-6t}\varepsilon(t)$，试求激励 $f_2(t) = 2\varepsilon(t) + \delta(t)$ 时的系统响应 $y_2(t)$。

4-16　如图 4-75 所示的电路，写出以 $u_S(t)$ 为激励，以 $u_C(t)$ 为响应的微分方程。

4-17　如图 4-76 所示电路原已处于稳态。$t=0$ 时将开关 S 打开。求 $t>0$ 时电流 $i_L(t)$ 和电压 $u_L(t)$。

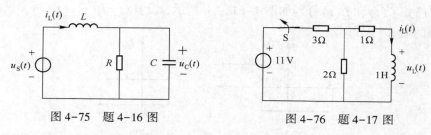

图 4-75　题 4-16 图　　　　　　图 4-76　题 4-17 图

4-18　如图 4-77 所示电路原已处于稳态。$t=0$ 时开关 S 闭合。求 $t>0$ 时电流 $i_L(t)$ 和电压 $u_L(t)$。

4-19　如图 4-78 所示电路原已处于稳态，在 $t=0$ 时开关 S 闭合，求 $t>0$ 时响应 $i(t)$ 的零输入响应分量和零状态响应分量。

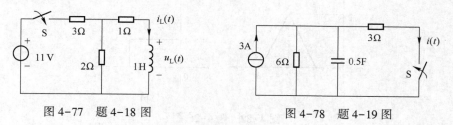

图 4-77　题 4-18 图　　　　　　图 4-78　题 4-19 图

4-20　某二阶系统的数学模型为

$$\frac{d^2}{dt^2}y(t) + 5\frac{d}{dt}y(t) + 6y(t) = \frac{df(t)}{dt}$$

式中，$f(t)$ 为激励，$y(t)$ 为响应。已知 $y(0_-)=1, y'(0_-)=1$，求 $t>0$ 时系统的零输入响应。

4-21　如图 4-79 所示电路，$t<0$ 时开关 S 一直断开，已知 $u_C(0_-)=6\text{ V}$，$i(0_-)=0$，当 $t=0$ 时刻开关 S 闭合，求 $t>0$ 时的零输入响应 $u_C(t)$ 和 $i(t)$。

4-22　某线性时不变系统的激励为 $f(t)$ 时，全响应为 $y_1(t) = 2e^{-t}\varepsilon(t)$，当激励为 $2f(t)$ 时，全响应为 $y_2(t) = (e^{-t} + \cos\pi t)\varepsilon(t)$。求激励为 $4f(t)$ 时的全响应 $y_3(t)$。

4-23 如图 4-80 所示电路，若 $i_S(t)$ 为输入，$u_R(t)$ 为输出，求单位冲激响应和阶跃响应。

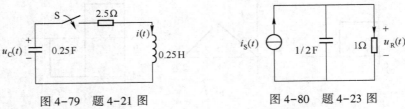

图 4-79 题 4-21 图   图 4-80 题 4-23 图

4-24 计算下列两函数的卷积。

(1) $f_1(t) = \varepsilon(t-2)$，$f_2(t) = \varepsilon(t-1)$

(2) $f_1(t) = e^{-t}\varepsilon(t)$，$f_2(t) = e^{-2t}\varepsilon(t)$

(3) $f_1(t) = e^{-t}\varepsilon(t)$，$f_2(t) = \delta'(t) * \varepsilon(t)$

(4) $f_1(t) = e^{-2t}\varepsilon(t)$，$f_2(t) = \delta'(t)$

(5) $f_1(t) = t[\varepsilon(t-1) - \varepsilon(t-2)]$，$f_2(t) = \delta(t+1)$

4-25 已知 $f_1(t)$ 和 $f_2(t)$ 分别如图 4-81a、b 所示，设 $f(t) = f_1(t) * f_2(t)$，试求 $f(-1)$、$f(0)$ 和 $f(1)$ 的值。

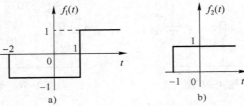

图 4-81 题 4-25 图

4-26 信号 $f_1(t)$ 和 $f_2(t)$ 波形分别如图 4-82a、b 所示，画出 $f_1(t) * f_2'(t)$ 的波形。

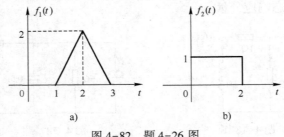

图 4-82 题 4-26 图

4-27 已知信号 $f_1(t)$、$f_2(t)$ 的波形分别如图 4-83a、b 所示，画出 $f_1'(t) * f_2(t)$ 的波形。

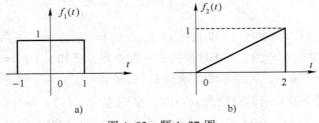

图 4-83 题 4-27 图

4-28 已知某系统是由几个子系统组合而成，如图 4-84 所示。各子系统的冲激响应分别为 $h_1(t)=\delta(t-3)$，$h_2(t)=\varepsilon(t)-\varepsilon(t-3)$，试求该系统总的冲激响应 $h(t)$。

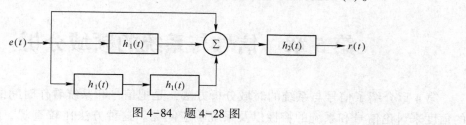

图 4-84 题 4-28 图

4-29 已知描述某系统的微分方程为 $\dfrac{\mathrm{d}^2 y(t)}{\mathrm{d}t^2}+3\dfrac{\mathrm{d}y(t)}{\mathrm{d}t}+2y(t)=f(t)$，其中激励为 $f(t)$，响应为 $y(t)$。

（1）求系统的单位冲激响应 $h(t)$。

（2）若激励 $f(t)=\mathrm{e}^{-t}\varepsilon(t)$，求系统的零状态响应 $y_{\mathrm{zs}}(t)$。

4-30 某线性时不变系统在激励信号 $f(t)=2\mathrm{e}^{-3t}\varepsilon(t)$ 时，产生的零状态响应为 $y(t)$，即 $y(t)=H[f(t)]$，又已知 $H\left[\dfrac{\mathrm{d}}{\mathrm{d}t}f(t)\right]=-3y(t)+\mathrm{e}^{-2t}\varepsilon(t)$，求该系统的单位冲激响应 $h(t)$。

4-31 描述某 LTI 系统的微分方程为 $\dfrac{\mathrm{d}^2 y(t)}{\mathrm{d}t^2}+5\dfrac{\mathrm{d}y(t)}{\mathrm{d}t}+6y(t)=2\dfrac{\mathrm{d}f(t)}{\mathrm{d}t}+8f(t)$，其中激励 $f(t)=\mathrm{e}^{-t}\varepsilon(t)$，初始状态为 $y(0_-)=0,y'(0_-)=2$。求系统的零输入响应 $y_{\mathrm{zi}}(t)$、零状态响应 $y_{\mathrm{zs}}(t)$ 和全响应 $y(t)$。

第5章 信号与系统的频域分析

第4章介绍了信号与系统的时域分析方法，是把信号和系统看作时间的函数，从时间的角度来讨论信号和系统的特性以及系统响应问题。这种方法比较直观，波形易于观察，物理概念也比较清晰。本章采用傅里叶分析方法将信号由时间变量变换成频率变量，揭示信号内在的频率特性，可以导出信号的频谱和带宽，以及系统的滤波和调制等重要概念。

本章从周期信号的傅里叶级数展开入手，介绍信号频域表示的基本概念和基本方法，再延伸到非周期信号的傅里叶变换，讨论信号时间特性与其频率特性之间的对应关系。同时从频域分析系统，建立信号通过线性系统传输的一些重要概念，讨论系统响应的频域求解方法。作为傅里叶变换的重要拓展，最后介绍频域分析的一些典型应用，包括通信和信号处理中的无失真传输、理想低通滤波器和调制解调等，以及由连续时间信号过渡到离散时间信号的理论"桥梁"——时域采样定理。

5.1 周期信号的傅里叶级数

非正弦周期信号可以分解为若干个正弦信号的线性组合，这是法国科学家傅里叶1822年所著《热的解析理论》中的重要观点。他提出并证明了将周期函数展开为正弦级数的原理。傅里叶分析方法对后来的电学、力学、光学、量子物理、通信与控制等领域产生了深刻的影响。

以一个例子来直观认识傅里叶的思想。设有角频率 $\omega = 1$ 的周期正弦函数，其波形如图5-1a所示。

$$f(t) = \frac{4}{\pi}\sin t$$

若在其后加上一个角频率 $\omega = 3$ 的正弦分量，其波形如图5-1b所示。

$$f(t) = \frac{4}{\pi}\sin t + \frac{4}{3\pi}\sin 3t$$

继续在其后加入角频率 $\omega = 5$ 及 $\omega = 7$ 的正弦分量，其波形如图5-1c所示。

$$f(t) = \frac{4}{\pi}\sin t + \frac{4}{3\pi}\sin 3t + \frac{4}{5\pi}\sin 5t + \frac{4}{7\pi}\sin 7t$$

可见随着正弦分量的增加，$f(t)$ 的波形逐渐逼近占空比为50%的方波。按此规律继续增加正弦分量，当 $f(t)$ 由100个正弦信号线性组合时，其波形如图5-1d所示。

$$f(t) = \sum_{n=0}^{99} \frac{4}{(2n+1)\pi}\sin(2n+1)t$$

不难预料，当正弦分量项数 $n \to \infty$ 时，$f(t)$ 的波形与周期性方波的波形一样。傅里叶分析的方法证明了：一般的周期信号，都可以按照正弦级数展开的形式进行分解。也就是说，在时域上用自变量 t 表示的周期函数 $f(t)$，也可以用各正弦分量的频率、幅度和相位来等价表示。由于这种分析方法的独立变量是频率，所以又称为频域分析。

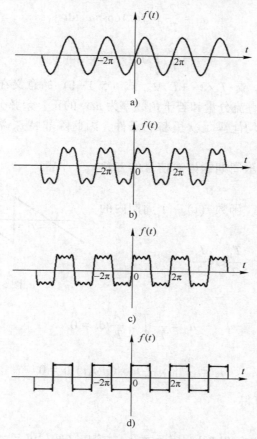

图 5-1　正弦函数合成方波

5.1.1　三角形式的傅里叶级数

1. 三角形式的傅里叶级数展开式

如果一个周期为 T_1 的信号满足狄里赫利条件，即

1）信号在一个周期内连续或有有限个第一类间断点。

2）一个周期内函数的极值（极大值、极小值）的数目是有限的。

3）一个周期内函数是绝对可积的，即 $\int_0^{T_1} |f(t)| \, \mathrm{d}t < +\infty$。

则该周期信号 $f(t)$ 可展开成三角形式的傅里叶级数，即

$$f(t) = a_0 + a_1\cos\omega_1 t + b_1\sin\omega_1 t + \cdots + a_n\cos n\omega_1 t + b_n\sin n\omega_1 t + \cdots$$

$$= a_0 + \sum_{n=1}^{\infty} (a_n\cos n\omega_1 t + b_n\sin n\omega_1 t) \tag{5.1-1}$$

式中，$\omega_1 = 2\pi/T_1$，a_0 为直流分量的幅度；a_n、b_n 分别为 $\cos n\omega_1 t$ 和 $\sin n\omega_1 t$ 的幅度，通常把

a_0、a_n 和 b_n 称为傅里叶级数的系数，具体数值计算如下。

直流分量
$$a_0 = \frac{1}{T_1}\int_0^{T_1} f(t)\,\mathrm{d}t \qquad (5.1-2)$$

余弦分量的幅度
$$a_n = \frac{2}{T_1}\int_0^{T_1} f(t)\cos n\omega_1 t\,\mathrm{d}t \qquad (5.1-3)$$

正弦分量的幅度
$$b_n = \frac{2}{T_1}\int_0^{T_1} f(t)\sin n\omega_1 t\,\mathrm{d}t \qquad (5.1-4)$$

通常积分区间取 $0\sim T_1$ 或 $-T_1/2\sim+T_1/2$。式（5.1-1）的意义在于：满足狄里赫利条件的周期信号，可以分解为直流分量和若干角频率为 $n\omega_1$ 的正、余弦分量的叠加。在实际工程中，我们遇到的周期信号均能满足狄里赫利条件，因此除非特殊说明，一般不再考虑这一条件。

例 5-1 求图 5-2 所示周期锯齿波信号的三角形式傅里叶级数展开式。

解： 从图 5-2 中可知，函数 $f(t)$ 一个周期内的表达式为

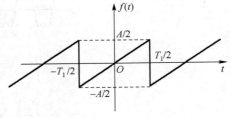

图 5-2 例 5-1 图

$$f(t) = \frac{A}{T_1}t \qquad -\frac{T_1}{2} < t < \frac{T_1}{2}$$

由于 $f(t)$ 是奇函数，可得

$$a_0 = \frac{1}{T_1}\int_{-\frac{T_1}{2}}^{\frac{T_1}{2}} \frac{A}{T_1}t\,\mathrm{d}t = 0$$

$$a_n = \frac{2}{T_1}\int_{-\frac{T_1}{2}}^{\frac{T_1}{2}} \frac{A}{T_1}t\cos(n\omega_1 t)\,\mathrm{d}t = 0$$

根据式（5.1-4），计算可得

$$b_n = \frac{2}{T_1}\int_{-\frac{T_1}{2}}^{\frac{T_1}{2}} \frac{A}{T_1}t\sin(n\omega_1 t)\,\mathrm{d}t = \frac{4}{T_1}\int_0^{\frac{T_1}{2}} \frac{A}{T_1}t\sin(n\omega_1 t)\,\mathrm{d}t = \frac{A}{n\pi}(-1)^{n+1}$$

则周期锯齿波信号三角形式的傅里叶级数展开式为

$$f(t) = \frac{A}{\pi}\sin\omega_1 t - \frac{A}{2\pi}\sin2\omega_1 t + \frac{A}{3\pi}\sin3\omega_1 t - \cdots$$

可以看出，奇函数的傅里叶级数展开式中没有余弦分量和直流分量，只包含正弦分量。

周期信号三角形式的傅里叶级数展开式中，$a_n\cos n\omega_1 t$ 和 $b_n\sin n\omega_1 t$ 均为角频率为 $n\omega_1$ 的同频分量，可以将式（5.1-1）改写成

$$f(t) = a_0 + \sum_{n=1}^{\infty}(a_n\cos n\omega_1 t + b_n\sin n\omega_1 t)$$

$$= a_0 + \sum_{n=1}^{\infty}\sqrt{a_n^2+b_n^2}\left(\frac{a_n}{\sqrt{a_n^2+b_n^2}}\cos n\omega_1 t - \frac{-b_n}{\sqrt{a_n^2+b_n^2}}\sin n\omega_1 t\right)$$

令 $c_0 = a_0$，$c_n = \sqrt{a_n^2+b_n^2}$，$\varphi_n = \arctan\left(\frac{-b_n}{a_n}\right)$，则

$$f(t) = c_0 + \sum_{n=1}^{\infty} c_n(\cos\varphi_n\cos n\omega_1 t - \sin\varphi_n\sin n\omega_1 t)$$

$$= c_0 + \sum_{n=1}^{\infty} c_n\cos(n\omega_1 t + \varphi_n)$$

(5.1-5)

其中相位 φ_n 的取值一般在 $-\pi \sim \pi$ 之间。式（5.1-5）称为标准三角形式的傅里叶级数展开式。此式表明，任何满足狄里赫利条件的周期信号可表示（分解）为无穷多个不同频率正弦信号的叠加。与三角形式傅里叶级数展开式不同的是，从式（5.1-5）中可以清晰地获得每个频率分量的幅度和相位。

通常把 c_0 称为 $f(t)$ 的直流分量，$c_1\cos(\omega_1 t + \varphi_1)$ 称为 $f(t)$ 的基波分量，$\omega_1 = 2\pi/T_1$ 称为基波频率，c_1 称为基波幅度，φ_1 称为基波相位。$n>1$ 时，$c_n\cos(\omega_n t + \varphi_n)$ 称为 $f(t)$ 的第 n 次谐波分量，$n\omega_1$ 称为 n 次谐波频率，c_n 称为 n 次谐波幅度，φ_n 称为 n 次谐波相位。可以看出，周期信号的波形取决于直流分量、基波和各次谐波的幅度和相位。

式（5.1-5）表明，时域上的周期信号 $f(t)$ 也可以用 $(n\omega_1, c_n, \varphi_n)$ 三个参数来等价表示，且 c_n、φ_n 都是角频率 $n\omega_1$ 的函数。此时可以看成对信号 $f(t)$ 进行了 $t \to n\omega_1$ 的"时域→频域"变换，从而可以从频率的角度来表示、分析和处理信号。

例 5-2 已知周期信号 $f(t)$ 如下，写出其标准三角形式的傅里叶级数。

$$f(t) = 1 + \sqrt{2}\cos\omega_0 t - \cos\left(2\omega_0 t + \frac{5\pi}{4}\right) + \sqrt{2}\sin\omega_0 t + 0.5\sin 3\omega_0 t$$

分析：标准三角形式的傅里叶级数仅包含直流 c_0 和 $c_n\cos(n\omega_1 t + \varphi_n)$ $(n=1,2,\cdots)$，此例中周期信号的时域表示式含有直流、正弦和余弦分量，因此需要将表达式转化成 $c_n\cos(n\omega_1 t + \varphi_n)$ 的形式，并且应注意到 $c_n>0$，相位 φ_n 取值限制在 $-\pi \sim \pi$ 之间。

解：根据三角函数的转换关系，可将 $f(t)$ 改写为

$$f(t) = 1 + (\sqrt{2}\cos\omega_0 t + \sqrt{2}\sin\omega_0 t) + \cos\left(2\omega_0 t + \frac{5\pi}{4} - \pi\right) + 0.5\sin 3\omega_0 t$$

$$= 1 + 2\cos\left(\omega_0 t - \frac{\pi}{4}\right) + \cos\left(2\omega_0 t + \frac{\pi}{4}\right) + 0.5\cos\left(3\omega_0 t - \frac{\pi}{2}\right)$$

从结果可以看出，此周期信号 $f(t)$ 由直流、基波、二次谐波和三次谐波分量组成。

2. 三角形式的频谱图

为了直观、清楚地看出周期信号由哪些频率分量构成，以及各频率分量幅度和相位情况，通常可借助于频谱图。所谓频谱图就是用图形的方式来描述信号所包含频谱分量的幅度和相位。

三角形式的频谱图通常包括两部分，其中 c_n-ω 的关系图称为信号的幅度谱，体现了各频率分量的幅度和频率的关系；φ_n-ω 的关系图称为信号的相位谱，体现了各频率分量的相位和频率的关系。

例 5-3 已知周期信号 $f(t)$ 如下，试画出其频谱图。

$$f(t) = 1 + \sqrt{2}\cos\omega_0 t - \cos\left(2\omega_0 t + \frac{5\pi}{4}\right) + \sqrt{2}\sin\omega_0 t + 0.5\sin 3\omega_0 t$$

解：例 5-2 已经给出了 $f(t)$ 标准三角形式的傅里叶级数，即

117

$$f(t) = 1 + 2\cos\left(\omega_0 t - \frac{\pi}{4}\right) + \cos\left(2\omega_0 t + \frac{\pi}{4}\right) + 0.5\cos\left(3\omega_0 t - \frac{\pi}{2}\right)$$

可以看出，直流分量 $c_0 = 1$，基波幅度 $c_1 = 2$，相位 $\varphi_1 = -\frac{\pi}{4}$，二次谐波幅度 $c_2 = 1$，相位 $\varphi_2 = \pi/4$，三次谐波幅度 $c_3 = 0.5$，相位 $\varphi_3 = -\pi/2$。所以信号 $f(t)$ 幅度谱和相位谱分别如图 5-3a、b 所示。

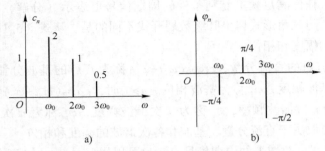

图 5-3 信号 $f(t)$ 三角形式的频谱图

由于直流分量的频率为 0，所以在三角形式的傅里叶级数展开式中，信号仅包含零频和正的频率分量，因此三角函数形式的频谱图为单边谱，即信号频率 $\omega \geqslant 0$。

5.1.2 复指数形式的傅里叶级数

1. 复指数形式的傅里叶级数展开式

根据欧拉公式可将三角函数转换为复指数函数

$$\cos n\omega_1 t = \frac{e^{jn\omega_1 t} + e^{-jn\omega_1 t}}{2}, \qquad \sin n\omega_1 t = \frac{e^{jn\omega_1 t} - e^{-jn\omega_1 t}}{2j}$$

对式（5.1-1）的三角级数展开式做变换，有

$$
\begin{aligned}
f(t) &= a_0 + \sum_{n=1}^{\infty}(a_n \cos n\omega_1 t + b_n \sin n\omega_1 t) \\
&= a_0 + \sum_{n=1}^{\infty}\left(a_n \frac{e^{jn\omega_1 t} + e^{-jn\omega_1 t}}{2} + b_n \frac{e^{jn\omega_1 t} - e^{-jn\omega_1 t}}{2j}\right) \\
&= a_0 + \sum_{n=1}^{\infty}\left(\frac{a_n - jb_n}{2}e^{jn\omega_1 t} + \frac{a_n + jb_n}{2}e^{-jn\omega_1 t}\right)
\end{aligned}
$$

令 $F_0 = a_0$，$F_n = \frac{1}{2}(a_n - jb_n)$，$F_{-n} = \frac{1}{2}(a_n + jb_n)$，则

$$f(t) = F_0 + \sum_{n=1}^{\infty}(F_n e^{jn\omega_1 t} + F_{-n} e^{-jn\omega_1 t}) = \sum_{n=-\infty}^{\infty} F_n e^{jn\omega_1 t} \qquad (5.1\text{-}6)$$

式（5.1-6）称为周期信号 $f(t)$ 复指数形式的傅里叶级数展开式，它意味着周期信号可以分解为一系列复指数 $e^{jn\omega_1 t}$ 的线性组合。其中，F_n 为 $n\omega_1$ 频率分量的系数，称为傅里叶级数的谱系数，有

$$F_n = \frac{1}{T_1}\int_0^{T_1} f(t)e^{-jn\omega_1 t}dt \qquad (5.1\text{-}7)$$

F_n 通常是复数，可以写成模和辐角的形式，即 $F_n = |F_n| \mathrm{e}^{\mathrm{j}\varphi_n}$，其中 $|F_n|$ 为频率分量 $n\omega_1$ 的幅度，φ_n 为频率分量 $n\omega_1$ 的相位。需要注意的是，由于 n 的取值为整数，当 n 取负整数时，出现了负频率。虽然负频率在物理意义上不存在，但在频域分析信号时，却是一个重要的数学表示。

例 5-4 求图 5-4 所示周期信号复指数形式的傅里叶级数展开式。

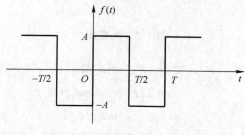

图 5-4　例 5-4 图

解：根据式（5.1-7），有

$$F_n = \frac{1}{T} \int_{-\frac{T}{2}}^{\frac{T}{2}} f(t) \mathrm{e}^{-\mathrm{j}n\omega_1 t} \mathrm{d}t$$

$$= \frac{1}{T} \left(\int_{-\frac{T}{2}}^{0} (-A) \mathrm{e}^{-\mathrm{j}n\omega_1 t} \mathrm{d}t + \int_{0}^{\frac{T}{2}} A \mathrm{e}^{-\mathrm{j}n\omega_1 t} \mathrm{d}t \right)$$

$$= \frac{A}{T} \left(\int_{0}^{\frac{T}{2}} \mathrm{e}^{-\mathrm{j}n\omega_1 t} \mathrm{d}t - \int_{-\frac{T}{2}}^{0} \mathrm{e}^{-\mathrm{j}n\omega_1 t} \mathrm{d}t \right)$$

$$= \frac{A}{\mathrm{j}n\pi} (1 - \cos n\pi)$$

所以，该周期信号复指数形式的傅里叶级数展开式为

$$f(t) = \sum_{n=-\infty}^{\infty} \frac{A}{\mathrm{j}n\pi} (1 - \cos n\pi) \mathrm{e}^{\mathrm{j}n\omega_1 t}$$

2. 傅里叶级数的复指数形式与三角形式的关系

从前面的分析过程可知

$$F_n = \frac{1}{2}(a_n - \mathrm{j}b_n), \quad F_{-n} = \frac{1}{2}(a_n + \mathrm{j}b_n)$$

可以看出，F_n 与 F_{-n} 为一对共轭复数。

借助图 5-5，可以得到复指数形式与三角形式的系数关系为

$$F_0 = c_0 \tag{5.1-8}$$

$$|F_n| = |F_{-n}| = \frac{1}{2}\sqrt{a_n^2 + b_n^2} = \frac{1}{2}c_n \tag{5.1-9}$$

$$\varphi_n = \arctan\left(\frac{-b_n}{a_n}\right), \quad \varphi_{-n} = -\varphi_n \tag{5.1-10}$$

由于 $F_n = |F_n| \mathrm{e}^{\mathrm{j}\varphi_n}$，$F_{-n} = |F_{-n}| \mathrm{e}^{\mathrm{j}\varphi_{-n}} = |F_n| \mathrm{e}^{-\mathrm{j}\varphi_n}$，所以

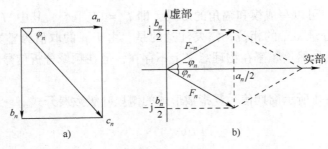

图 5-5　矢量图

$$F_n\mathrm{e}^{\mathrm{j}n\omega_1 t}+F_{-n}\mathrm{e}^{-\mathrm{j}n\omega_1 t}=\left|F_n\right|\mathrm{e}^{\mathrm{j}\varphi_n}\mathrm{e}^{\mathrm{j}n\omega_1 t}+\left|F_n\right|\mathrm{e}^{-\mathrm{j}\varphi_n}\mathrm{e}^{-\mathrm{j}n\omega_1 t}$$
$$=2\left|F_n\right|\cos(n\omega_1 t+\varphi_n)$$
$$=c_n\cos(n\omega_1 t+\varphi_n)$$

正如之前所述，三角级数形式和复指数级数形式只是同一信号的两种不同表示方法。前者为实数级数，后者为复指数级数，但都是把周期信号表示为不同频率分量的组合。当复指数级数的负频率和正频率项成对地合并起来后，就变成标准三角级数形式。

3. 复指数形式的频谱图

周期信号也可以用复指数形式的频谱来描述频率分量的分布情况，称为复指数频谱。通常把 $\left|F_n\right|$-ω 的关系图称为信号的幅度谱，φ_n-ω 的关系图称为信号的相位谱。

例 5-5　已知周期信号 $f(t)$ 的表达式如下，写出该信号复指数形式的傅里叶级数展开式，并画出频谱图。

$$f(t)=1+\sqrt{2}\cos\omega_0 t-\cos\left(2\omega_0 t+\frac{5\pi}{4}\right)+\sqrt{2}\sin\omega_0 t+0.5\sin 3\omega_0 t$$

解： $f(t)$ 标准三角形式的傅里叶级数为

$$f(t)=1+2\cos\left(\omega_0 t-\frac{\pi}{4}\right)+\cos\left(2\omega_0 t+\frac{\pi}{4}\right)+0.5\cos\left(3\omega_0 t-\frac{\pi}{2}\right)$$

利用复指数形式和三角形式的傅里叶系数关系，可以看出

$$F_0=1,\ F_1=\mathrm{e}^{-\mathrm{j}\frac{\pi}{4}},\ F_{-1}=\mathrm{e}^{\mathrm{j}\frac{\pi}{4}},\ F_2=\frac{1}{2}\mathrm{e}^{\mathrm{j}\frac{\pi}{4}},\ F_{-2}=\frac{1}{2}\mathrm{e}^{-\mathrm{j}\frac{\pi}{4}},\ F_3=\frac{1}{4}\mathrm{e}^{-\mathrm{j}\frac{\pi}{2}},\ F_{-3}=\frac{1}{4}\mathrm{e}^{\mathrm{j}\frac{\pi}{2}}$$

故可得信号 $f(t)$ 复指数形式的傅里叶级数展开式为

$$f(t)=1+\mathrm{e}^{-\mathrm{j}\frac{\pi}{4}}\mathrm{e}^{\mathrm{j}\omega_0 t}+\mathrm{e}^{\mathrm{j}\frac{\pi}{4}}\mathrm{e}^{-\mathrm{j}\omega_0 t}+\frac{1}{2}\mathrm{e}^{\mathrm{j}\frac{\pi}{4}}\mathrm{e}^{\mathrm{j}2\omega_0 t}+\frac{1}{2}\mathrm{e}^{-\mathrm{j}\frac{\pi}{4}}\mathrm{e}^{-\mathrm{j}2\omega_0 t}+\frac{1}{4}\mathrm{e}^{-\mathrm{j}\frac{\pi}{2}}\mathrm{e}^{\mathrm{j}3\omega_0 t}+\frac{1}{4}\mathrm{e}^{\mathrm{j}\frac{\pi}{2}}\mathrm{e}^{-\mathrm{j}3\omega_0 t}$$

其复指数形式的幅度谱和相位谱分别如图 5-6a、b 所示。

从复指数形式的频谱图中可以看出，由于 n 取整数，因此信号 $f(t)$ 既包含正频率分量成分，也包含负频率分量，所以频谱图为双边谱。因为 $\left|F_n\right|=\left|F_{-n}\right|=c_n/2$，$\varphi_n=-\varphi_{-n}$，所以幅度谱是偶对称，相位谱是奇对称。与图 5-3 所示的三角形式单边谱相比，两者幅度谱的直流分量相同，其他分量的双边谱幅度是单边谱幅度的一半，两者的相位谱在 $n\geqslant 0$ 时相同。

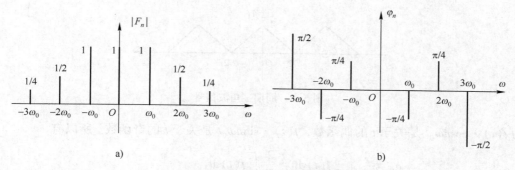

图 5-6　周期信号复指数形式的频谱图

5.1.3　函数对称性与傅里叶系数的关系

　　函数的对称性有两类：一类是波形对原点或纵轴对称，即奇函数和偶函数。通过这类对称条件可以判断傅里叶级数中是否含有正弦、余弦项；另一类是波形在半周期有对称条件，通过这类条件可以确定傅里叶级数含有偶次或奇次谐波的情况。下面具体讨论对称条件对傅里叶级数系数的影响。根据函数波形的对称关系，能够迅速判断波形的谐波分量，简化傅里叶系数的计算。

1. 奇函数

　　奇函数关于原点对称，即

$$f(t) = -f(-t)$$

　　图 5-7 所示的周期锯齿波信号，其波形关于原点对称，是一个典型的奇函数。

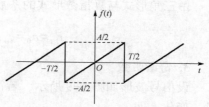

图 5-7　周期锯齿波信号

　　因为 $f(t) \cdot \cos n\omega_0 t$ 是关于 t 的奇函数，$f(t) \cdot \sin n\omega_0 t$ 是关于 t 的偶函数，故有

$$a_0 = \frac{1}{T}\int_{-\frac{T}{2}}^{\frac{T}{2}} f(t)\,\mathrm{d}t = 0$$

$$a_n = \frac{2}{T}\int_{-\frac{T}{2}}^{\frac{T}{2}} f(t)\cos n\omega_0 t\,\mathrm{d}t = 0 \qquad\qquad (5.1\text{-}11)$$

$$b_n = \frac{2}{T}\int_{-\frac{T}{2}}^{\frac{T}{2}} f(t)\sin n\omega_0 t\,\mathrm{d}t = \frac{4}{T}\int_{0}^{\frac{T}{2}} f(t)\sin n\omega_0 t\,\mathrm{d}t$$

可见，奇函数分解后没有直流和余弦分量，只可能含有正弦分量。即

$$f(t) = \sum_{n=1}^{\infty} b_n \sin n\omega_0 t$$

　　由三角形式与复指数形式的系数关系，可知

$$F_0 = a_0 = c_0 = 0,\ c_n = |b_n| = 2|F_n| \qquad\qquad (5.1\text{-}12)$$

2. 偶函数

　　偶函数波形关于纵轴对称，即满足

$$f(t) = f(-t)$$

　　设周期三角波信号波形如图 5-8 所示。

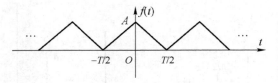

图 5-8 周期三角波信号

因为 $f(t) \cdot \cos n\omega_0 t$ 是关于 t 的偶函数，$f(t) \cdot \sin n\omega_0 t$ 是关于 t 的奇函数，所以有

$$a_0 = \frac{1}{T}\int_{-\frac{T}{2}}^{\frac{T}{2}} f(t)\,\mathrm{d}t = \frac{2}{T}\int_0^{\frac{T}{2}} f(t)\,\mathrm{d}t$$

$$a_n = \frac{2}{T}\int_{-\frac{T}{2}}^{\frac{T}{2}} f(t)\cos n\omega_0 t\,\mathrm{d}t = \frac{4}{T}\int_0^{\frac{T}{2}} f(t)\cos n\omega_0 t\,\mathrm{d}t \qquad (5.1\text{--}13)$$

$$b_n = \frac{2}{T}\int_{-\frac{T}{2}}^{\frac{T}{2}} f(t)\sin n\omega_0 t\,\mathrm{d}t = 0$$

可见，偶函数分解后有直流和余弦分量，没有正弦分量，即

$$f(t) = a_0 + \sum_{n=1}^{\infty} a_n \cos n\omega_0 t$$

由三角形式与复指数形式的系数关系，可知

$$F_0 = a_0 = c_0, \quad F_n = F_{-n} = \frac{a_n}{2}, \quad c_n = |a_n| = 2|F_n| \qquad (5.1\text{--}14)$$

3. 奇谐函数

设信号波形如图 5-9 所示，若波形沿时间轴平移半个周期并沿上下翻转，此时波形不发生变化，即

$$f(t) = -f\left(t \pm \frac{T}{2}\right)$$

这样的函数称为奇谐函数。

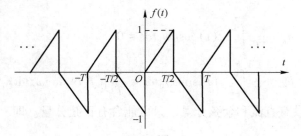

图 5-9 奇谐信号波形示意

根据三角形式傅里叶系数的计算公式，有

$$a_n = \frac{2}{T}\int_{-\frac{T}{2}}^{\frac{T}{2}} f(t)\cos n\omega_0 t\,\mathrm{d}t = \frac{2}{T}\int_{-\frac{T}{2}}^{0} f(t)\cos n\omega_1 t\,\mathrm{d}t + \frac{2}{T}\int_0^{\frac{T}{2}} f(t)\cos n\omega_1 t\,\mathrm{d}t$$

将 $f(t) = -f\left(t \pm \frac{T}{2}\right)$ 代入第一项积分中，有

$$\frac{2}{T}\int_{-\frac{T}{2}}^{0}f(t)\cos n\omega_1 t\mathrm{d}t = \frac{2}{T}\int_{-\frac{T}{2}}^{0}-f\left(t+\frac{T}{2}\right)\cos n\omega_1\left(t+\frac{T}{2}-\frac{T}{2}\right)\mathrm{d}t$$

$$= \frac{2}{T}\int_{-\frac{T}{2}}^{0}-f\left(t+\frac{T}{2}\right)\cos n\omega_1\left(t+\frac{T}{2}\right)\cos n\pi\mathrm{d}t$$

$$= -\cos n\pi\frac{2}{T}\int_{0}^{\frac{T}{2}}f(t)\cos n\omega_1 t\mathrm{d}t$$

从而得到

$$a_n = \frac{2}{T}\int_{0}^{\frac{T}{2}}f(t)\cos n\omega_1 t\mathrm{d}t - \cos\frac{2}{T}\cdot\int_{0}^{\frac{T}{2}}f(t)\cos n\omega_1 t\mathrm{d}t$$

$$= (1-\cos n\pi)\frac{2}{T}\int_{0}^{\frac{T}{2}}f(t)\cos n\omega_1 t\mathrm{d}t \qquad (5.1\text{-}15)$$

$$= \begin{cases} 0 & n\text{ 为偶数} \\ \dfrac{4}{T}\displaystyle\int_{0}^{\frac{T}{2}}f(t)\cos n\omega_1 t\mathrm{d}t & n\text{ 为奇数} \end{cases}$$

同理可得

$$b_n = \begin{cases} 0 & n\text{ 为偶数} \\ \dfrac{4}{T}\displaystyle\int_{0}^{\frac{T}{2}}f(t)\sin n\omega_1 t\mathrm{d}t & n\text{ 为奇数} \end{cases} \qquad (5.1\text{-}16)$$

可见，奇谐函数的傅里叶级数展开式中，只含有基波和奇次谐波的正弦和余弦项，不含有偶次谐波项。

5.1.4　典型周期信号的傅里叶级数

1. 周期矩形脉冲信号的傅里叶级数

周期矩形脉冲是典型的周期信号，通过分析其频谱，可以了解周期信号频谱的一般规律和特点。

设$f(t)$为脉宽为τ，高度为E，周期为T_1的周期矩形脉冲信号，波形如图5-10所示。

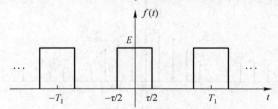

图5-10　周期矩形脉冲信号的时域波形

对信号$f(t)$进行傅里叶级数展开，可以采用三角形式的傅里叶级数。由偶函数的性质可知，三角形式分解后只有直流和余弦分量，没有正弦分量。当然也可以采用复指数形式的傅里叶级数，根据偶函数的性质有$F_n = F_{-n} = \dfrac{a_n}{2}$，即$F_n$为实数。为了与后续分析傅里叶变换方法统一，这里讨论复指数形式的傅里叶级数。

周期矩形信号 $f(t)$ 在一个周期内 $\left(-\dfrac{T_1}{2} < t < \dfrac{T_1}{2}\right)$ 的表达式为

$$f(t) = \begin{cases} E & -\dfrac{\tau}{2} < t < \dfrac{\tau}{2} \\ 0 & \text{其他} \end{cases}$$

其复指数形式的傅里叶谱系数为

$$F_n = \frac{1}{T_1}\int_{-\frac{T_1}{2}}^{\frac{T_1}{2}} f(t)\,\mathrm{e}^{-\mathrm{j}n\omega_1 t}\mathrm{d}t = \frac{1}{T_1}\int_{-\frac{\tau}{2}}^{\frac{\tau}{2}} E\mathrm{e}^{-\mathrm{j}n\omega_1 t}\mathrm{d}t = \frac{E}{T_1}\frac{1}{-\mathrm{j}n\omega_1}\mathrm{e}^{-\mathrm{j}n\omega_1 t}\Big|_{-\frac{\tau}{2}}^{\frac{\tau}{2}}$$

$$= \frac{-E}{\mathrm{j}n\omega_1 T_1}\big[\mathrm{e}^{-\mathrm{j}n\omega_1\frac{\tau}{2}} - \mathrm{e}^{\mathrm{j}n\omega_1\frac{\tau}{2}}\big] = \frac{E\tau}{T_1}\frac{\sin\left(n\omega_1\dfrac{\tau}{2}\right)}{n\omega_1\dfrac{\tau}{2}} \qquad (5.1\text{-}17)$$

$$= \frac{E\tau}{T_1}\mathrm{Sa}\left(n\omega_1\frac{\tau}{2}\right)$$

所以周期矩形信号复指数形式的傅里叶级数为

$$f(t) = \sum_{n=-\infty}^{+\infty} F_n\mathrm{e}^{\mathrm{j}n\omega_1 t} = \frac{E\tau}{T_1}\sum_{n=-\infty}^{+\infty}\mathrm{Sa}\left(\frac{n\omega_1\tau}{2}\right)\mathrm{e}^{\mathrm{j}n\omega_1 t} \qquad (5.1\text{-}18)$$

2. 周期矩形脉冲信号的频谱图

周期信号的频谱图通常由幅度谱和相位谱构成。由于周期矩形脉冲信号 $f(t)$ 为偶函数，其傅里叶系数 F_n 为实数，则

$$|F_n| = \frac{E\tau}{T_1}\left|\mathrm{Sa}\left(\frac{n\omega_1\tau}{2}\right)\right| \qquad (5.1\text{-}19)$$

当 $F_n > 0$ 时，相位 $\varphi_n = 0$；当 $F_n < 0$ 时，相位 $\varphi_n = \pm\pi$。假设 $T_1 = 5\tau$，可画出幅度谱和相位谱分别如图 5-11a、b 所示。

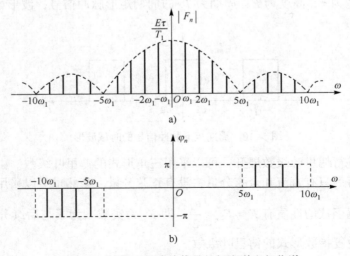

图 5-11　周期矩形脉冲信号的幅度谱和相位谱

当谱系数 F_n 为实数时，相位信息可通过幅值的正负来体现，所以幅度谱和相位谱可以合并为一个图，如图5-12所示。

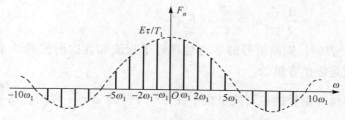

图5-12 周期矩形脉冲信号的频谱图

可以看出周期矩形信号 $f(t)$ 的频谱图具有以下特点。

1）频谱图是离散的，谱线只出现在 $\omega = n\omega_1$ 处，频率间隔为 $\omega_1 = 2\pi/T_1$。随着周期 T_1 的增加，离散谱线间隔 ω_1 减小。每根谱线代表一个谐波分量。

2）直流、基波及各次谐波分量的大小与脉冲幅度 E 及脉冲宽度 τ 成正比，与周期 T_1 成反比，各谐波幅度随 $\mathrm{Sa}(n\omega_1\tau/2)$ 的包络变化，第一个过零点坐标为 $\omega = 2\pi/\tau$。

3）频谱图中有无穷多根谱线，即包含无穷的频率分量，但总体趋势是幅度越来越小，主要能量集中在第一个零点之内。

以上是周期矩形脉冲信号的频谱特点，通常一般周期信号的频谱都具有离散性、谐波性和收敛性的特点。

例5-6 用可变中心频率的选频回路能否从图5-13所示的周期矩形信号中选取 25 kHz、50 kHz、100 kHz、150 kHz 和 200 kHz 频率分量？其中频率 $f_0 = 10$ kHz，$\tau = 10$ μs，$E = 10$ V。

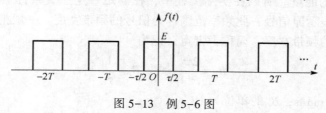

图5-13 例5-6图

解： 1）已知基频 $f_0 = 10$ kHz，根据谐波性，周期信号 $f(t)$ 频谱中出现的频率应为 f_0 的整数倍，则可判断 $f(t)$ 中不能选出 25 kHz 的频率分量。

2）$f(t)$ 的傅里叶谱系数 $F_n = \dfrac{E\tau}{T}\mathrm{Sa}\left(\dfrac{n\omega_0\tau}{2}\right)$

$$F_n = \frac{10 \times 10 \times 10^{-6}}{0.1 \times 10^{-3}}\mathrm{Sa}\left(\frac{n \times 2\pi \times 10^4 \times 10 \times 10^{-6}}{2}\right) = \mathrm{Sa}\left(\frac{n\pi}{10}\right)$$

当 $n\pi/10 = k\pi, k = 1, 2, 3, \cdots$ 时，频谱的幅值为0，即 $n = 10k$，$k = 1, 2, 3, \cdots$，此时对应的谐波频率 $nf_0 = 100$ kHz，200 kHz，300 kHz，$\cdots$，所以不能选出 100 kHz，200 kHz 的频率分量。

综合1）和2），只能选出 50 kHz 和 150 kHz 的频率分量。

3. 周期信号的平均功率

周期信号通常为功率信号，其平均功率为

$$P = \frac{1}{T_1} \int_0^{T_1} f^2(t) \, \mathrm{d}t = \frac{1}{T_1} \int_0^{T_1} \left[c_0 + \sum_{n=1}^{\infty} c_n \cos(n\omega_1 t + \varphi_n) \right]^2 \mathrm{d}t$$

$$= c_0^2 + \frac{1}{2} \sum_{n=1}^{\infty} c_n^2 = \sum_{n=-\infty}^{\infty} |F_n|^2 \tag{5.1-20}$$

式（5.1-20）表明，周期信号的平均功率等于直流和各次谐波的功率之和，也意味着信号在时域和频域是能量守恒的。

因为周期矩形脉冲信号的主要能量集中在第一个零点 $\omega = \dfrac{2\pi}{\tau}$ 以内，从中可以引出信号带宽的概念。设 $T_1 = 5\tau$，根据式（5.1-19），可得

$$|F_n| = \frac{E\tau}{T_1} \left| \mathrm{Sa}\left(\frac{n\omega_1\tau}{2}\right) \right| = \frac{E}{5} \left| \mathrm{Sa}\left(\frac{n\pi}{5}\right) \right|$$

取直流和前 5 次谐波来计算其功率，即

$$P_{5n} = F_0^2 + |F_1|^2 + |F_2|^2 + |F_3|^2 + |F_4|^2 + |F_{-1}|^2 + |F_{-2}|^2 + |F_{-3}|^2 + |F_{-4}|^2 = 0.181E^2$$

周期矩形信号的总功率为

$$\frac{1}{T_1} \int_0^{T_1} f^2(t) \, \mathrm{d}t = 0.2E^2$$

两者比值为

$$\frac{P_{5n}}{P} = 90.5\%$$

可以看出，尽管周期矩形信号所包含的频率分布在无限宽的范围，但是在第一个过零点内集中了 90% 以上的能量。所以在实际工程中，在满足一定失真条件下，可以用某段频率范围的信号来近似表示原信号，此频率范围称为信号的频带宽度。一般把第一个过零点作为周期矩形脉冲信号的频带宽度，简称为带宽，记为

$$B_\omega = \frac{2\pi}{\tau} \quad \text{或} \quad B_f = \frac{1}{\tau} \tag{5.1-21}$$

式中，B_ω 的单位为 rad/s；B_f 的单位为 Hz。

可以看出，周期矩形脉冲信号带宽与脉宽成反比，脉宽越窄，带宽越大。这也是信道带宽越大，数据传输速度（单位时间脉冲个数）越快的一个重要原因。

5.2 傅里叶变换

5.1 节讨论了周期信号的傅里叶级数展开，并以频谱图的形式反映出了信号所包含各频率分量的幅度和相位情况。但在实际应用中，遇到更多的往往是非周期信号，那么对于非周期信号又该如何分析其频率特性呢？借助傅里叶级数的复指数形式，可以获得非周期信号频谱的分析工具——傅里叶变换。

5.2.1 傅里叶变换的定义

当周期信号 $f(t)$ 的周期 $T_1 \to \infty$ 时，周期信号可以看成是非周期信号，傅里叶级数的谱系数为

$$F_n = F(n\omega_1) = \frac{1}{T_1}\int_{-\frac{T_1}{2}}^{\frac{T_1}{2}} f(t)\mathrm{e}^{-jn\omega_1 t}\mathrm{d}t \to 0$$

对应的谱线间隔 $\omega_1 = 2\pi/T_1 \to 0$，这意味着信号频谱由离散谱变成了连续谱，且谱线高度无穷小，此时再用傅里叶级数表示各频率分量的幅度就失去了意义。但是注意，虽然各频谱系数幅度无限小，但相对大小仍有区别。在极限情况下，无穷多的无穷小量之和就是积分，积分值大小取决于信号的能量。

为了描述这种情况，可以用无穷大的 T_1 乘以无穷小的 $F(n\omega_1)$，即 $T_1 F(n\omega_1) = 2\pi\frac{F(n\omega_1)}{\omega_1}$。从数学意义上解释，相当于以 $\frac{F(n\omega_1)}{\omega_1}$ 的幅度作为高，以间隔 ω_1 为宽的一个矩形，矩形的面积等于 $\omega = n\omega_1$ 处的频谱值 $F(n\omega_1)$，如图 5-14 所示。

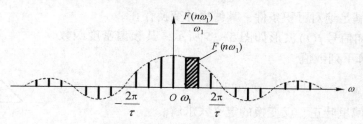

图 5-14 信号频谱分解示意图

其中，$F(n\omega_1)/\omega_1$ 代表了信号单位频带的频谱值。当 $T_1 \to \infty$ 也就是 $\omega_1 \to 0$ 时，$F(n\omega_1)/\omega_1$ 称为频谱密度函数，简称频谱函数，用 $F(\omega)$ 表示。

$$F(\omega) = \lim_{T_1 \to \infty} T_1 F(n\omega_1) = \lim_{T_1 \to \infty}\int_{-\frac{T_1}{2}}^{\frac{T_1}{2}} f(t)\mathrm{e}^{-jn\omega_1 t}\mathrm{d}t$$

此时 $n\omega_1$ 由离散频率点变为连续频率，这样就得到了非周期信号 $f(t)$ 的傅里叶正变换式为

$$F(\omega) = \mathcal{F}[f(t)] = \int_{-\infty}^{\infty} f(t)\mathrm{e}^{-j\omega t}\mathrm{d}t \tag{5.2-1}$$

同理，可推出 $F(\omega)$ 的傅里叶反变换式为

$$f(t) = \mathcal{F}^{-1}[F(\omega)] = \frac{1}{2\pi}\int_{-\infty}^{\infty} F(\omega)\mathrm{e}^{j\omega t}\mathrm{d}\omega \tag{5.2-2}$$

式（5.2-1）和式（5.2-2）称为傅里叶变换对，可以简写为 $f(t) \leftrightarrow F(\omega)$。$F(\omega)$ 一般为复数，可以写为模和辐角的形式，即

$$F(\omega) = |F(\omega)|\mathrm{e}^{j\varphi(\omega)} \tag{5.2-3}$$

与周期信号的频谱类似，通常把 $|F(\omega)|$ 与 ω 的关系曲线称为幅度谱，$\varphi(\omega)$ 与 ω 的关系曲线称为相位谱。$|F(\omega)|$ 称为幅度谱函数，$\varphi(\omega)$ 称为相位谱函数。傅里叶变换可以看作非周期信号的一种分解方式。由傅里叶反变换公式，可知

$$f(t) = \frac{1}{2\pi}\int_{-\infty}^{\infty} F(\omega)\mathrm{e}^{j\omega t}\mathrm{d}\omega = \frac{1}{2\pi}\int_{-\infty}^{\infty} |F(\omega)|\mathrm{e}^{j\varphi(\omega)}\mathrm{e}^{j\omega t}\mathrm{d}\omega$$

$$= \frac{1}{2\pi}\int_{-\infty}^{\infty} |F(\omega)|\mathrm{e}^{j[\varphi(\omega)+\omega t]}\mathrm{d}\omega$$

$$= \frac{1}{2\pi}\int_{-\infty}^{\infty}|F(\omega)|\cos[\omega t+\varphi(\omega)]\mathrm{d}\omega + \frac{\mathrm{j}}{2\pi}\int_{-\infty}^{\infty}|F(\omega)|\sin[\omega t+\varphi(\omega)]\mathrm{d}\omega$$

$$= \frac{1}{\pi}\int_{0}^{\infty}|F(\omega)|\cos[\omega t+\varphi(\omega)]\mathrm{d}\omega \tag{5.2-4}$$

式（5.2-4）说明，非周期信号可以分解成许多不同频率的正弦分量的叠加。与周期信号不同的是，它包含从零到无穷大的连续频率成分。

满足狄里赫利条件的周期信号可以展开为傅里叶级数，同样非周期信号的傅里叶变换也需要满足一定的条件才存在，不同之处在于积分范围由一个周期变为了无限的区间。信号傅里叶变换存在的充分条件是无限区间内信号绝对可积，即

$$\int_{-\infty}^{\infty}|f(t)|\mathrm{d}t < \infty \tag{5.2-5}$$

所有能量信号均满足绝对可积条件，其傅里叶变换存在。

例 5-7 已知信号 $f(t)$ 波形如图 5-15 所示，其频谱密度函数为 $F(\omega)$，试计算下列数值。

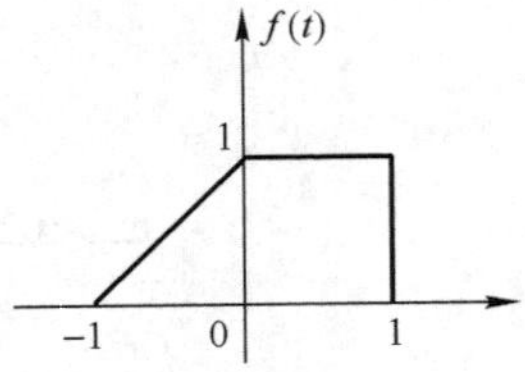

(1) $F(\omega)\big|_{\omega=0}$；　　(2) $\int_{-\infty}^{\infty}F(\omega)\mathrm{d}\omega$。

解：可以从傅里叶正、反变换的定义式求解。

(1) $F(\omega) = \int_{-\infty}^{+\infty}f(t)\mathrm{e}^{-\mathrm{j}\omega t}\mathrm{d}t$

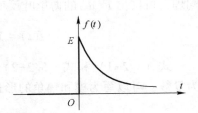

图 5-15　例 5-7 图

$$F(0) = F(\omega)\big|_{\omega=0} = \int_{-\infty}^{\infty}f(t)\mathrm{d}t = \frac{3}{2}$$

(2) $f(t) = \frac{1}{2\pi}\int_{-\infty}^{\infty}F(\omega)\mathrm{e}^{\mathrm{j}\omega t}\mathrm{d}\omega$

$$f(0) = \frac{1}{2\pi}\int_{-\infty}^{\infty}F(\omega)\mathrm{d}\omega$$

$$\int_{-\infty}^{\infty}F(\omega)\mathrm{d}\omega = 2\pi f(0) = 2\pi$$

5.2.2　常用信号的傅里叶变换

1. 指数信号

(1) 因果指数信号

因果指数信号的时域数学表达式为

$$f(t) = E\mathrm{e}^{-\alpha t}\varepsilon(t) \quad \alpha \text{ 为正实数}$$

因果指数信号的时域波形如图 5-16 所示。

根据式（5.2-1），其傅里叶变换为

图 5-16　因果指数信号的时域波形图

$$F(\omega) = \mathcal{F}[f(t)] = \int_{-\infty}^{\infty}E\mathrm{e}^{-\alpha t}\varepsilon(t)\mathrm{e}^{-\mathrm{j}\omega t}\mathrm{d}t = E\int_{0}^{\infty}\mathrm{e}^{-\alpha t}\mathrm{e}^{-\mathrm{j}\omega t}\mathrm{d}t$$

$$= -\frac{E}{\alpha+\mathrm{j}\omega}\mathrm{e}^{-(\alpha+\mathrm{j}\omega)t}\big|_{0}^{\infty} = \frac{E}{\alpha+\mathrm{j}\omega} \tag{5.2-6}$$

可以计算得到，因果指数信号的幅度谱函数为 $|F(\omega)| = \dfrac{E}{\sqrt{\alpha^2+\omega^2}}$，相位谱函数为

$\varphi(\omega) = -\arctan \dfrac{\omega}{\alpha}$。其频谱图如图 5-17 所示。

（2）单边非因果指数信号

单边非因果指数信号的时域波形如图 5-18 所示，其数学表达式为

$$f(t) = E e^{\alpha t} \varepsilon(-t) \quad \alpha \text{ 为正实数}$$

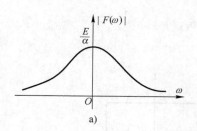

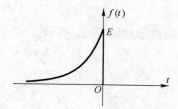

图 5-17　因果指数
信号的频谱图

图 5-18　单边非因果指数
信号的时域波形图

该信号的傅里叶变换为

$$F(\omega) = \mathcal{F}[f(t)] = \int_{-\infty}^{\infty} E e^{\alpha t} \varepsilon(-t) e^{-j\omega t} dt = E \int_{-\infty}^{0} e^{\alpha t} e^{-j\omega t} dt$$

$$= \frac{E}{\alpha - j\omega} e^{(\alpha - j\omega)t} \Big|_{-\infty}^{0} = \frac{E}{\alpha - j\omega} \tag{5.2-7}$$

其幅度谱函数为 $|F(\omega)| = \dfrac{E}{\sqrt{\alpha^2 + \omega^2}}$，相位谱函数为 $\varphi(\omega) = \arctan \dfrac{\omega}{\alpha}$，故频谱图如图 5-19 所示。

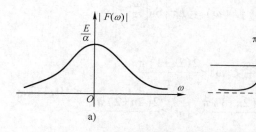

图 5-19　单边非因果指数信号的频谱图

（3）双边指数信号

双边指数信号的数学表达式为

$$f(t) = E[e^{-\alpha t} \varepsilon(t) + e^{\alpha t} \varepsilon(-t)] \quad \alpha \text{ 为正实数}$$

其时域波形如图 5-20 所示。

该信号的傅里叶变换为

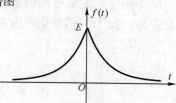

图 5-20　双边指数信号的时域波形图

$$F(\omega) = \mathcal{F}[f(t)] = \int_{-\infty}^{\infty} E[e^{-\alpha t} \varepsilon(t) + e^{\alpha t} \varepsilon(-t)] e^{-j\omega t} dt$$

$$= \frac{E}{\alpha + j\omega} + \frac{E}{\alpha - j\omega} = \frac{2E\alpha}{\alpha^2 + \omega^2} \tag{5.2-8}$$

可以看出，双边指数信号的傅里叶变换为正实数，相位均为零。因此双边指数信号的频谱图如图 5-21 所示。

2. 矩形脉冲信号（门函数）

矩形脉冲信号是在数字通信领域中一种常用的非周期信号。幅度为 E、脉宽为 τ 的矩形脉冲信号的时域表示式为

$$f(t) = E\left[\varepsilon\left(t + \frac{\tau}{2}\right) - \varepsilon\left(t - \frac{\tau}{2}\right)\right] = EG_\tau(t)$$

时域波形如图 5-22 所示。

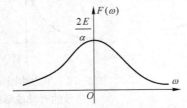

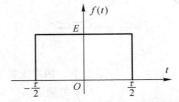

图 5-21 双边指数信号的频谱图　　图 5-22 矩形脉冲信号的时域波形图

矩形脉冲信号的傅里叶变换为

$$F(\omega) = \int_{-\frac{\tau}{2}}^{\frac{\tau}{2}} E e^{-j\omega t} dt = E \cdot \frac{e^{-j\omega t}}{-j\omega}\Big|_{-\frac{\tau}{2}}^{\frac{\tau}{2}} = -\frac{E}{j\omega}\left[e^{-j\omega\tau/2} - e^{j\omega\tau/2}\right]$$

$$= \frac{2Ej\sin\frac{\omega\tau}{2}}{j\omega} = E\tau \mathrm{Sa}\left(\frac{\omega\tau}{2}\right) \tag{5.2-9}$$

故该信号的幅度谱函数为

$$|F(\omega)| = E\tau\left|\mathrm{Sa}\left(\frac{\omega\tau}{2}\right)\right| \tag{5.2-10}$$

相位谱函数为

$$\varphi(\omega) = \begin{cases} 0 & \dfrac{4n\pi}{\tau} < |\omega| < \dfrac{2(2n+1)\pi}{\tau} \\[2mm] \pm\pi & \dfrac{2(2n+1)\pi}{\tau} < |\omega| < \dfrac{2(2n+2)\pi}{\tau} \end{cases} \quad n = 0,1,2,\cdots \tag{5.2-11}$$

由于矩形脉冲信号的傅里叶变换是实数，与周期矩形信号类似，也可以将幅度谱和相位谱合并为一幅图，相位信息由幅值的正负来体现。频谱图如图 5-23 所示。

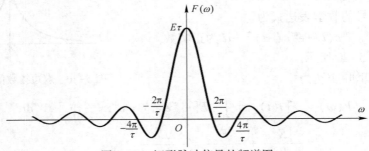

图 5-23 矩形脉冲信号的频谱图

3. 冲激函数

冲激函数 $\delta(t)$ 的傅里叶变换为

$$F(\omega) = \int_{-\infty}^{\infty} \delta(t) e^{-j\omega t} dt = 1 \qquad (5.2\text{-}12)$$

时域波形和频谱分别如图 5-24 和图 5-25 所示。可以看出，冲激信号在时域上只存在于 $t=0$ 时刻，体现到频谱上，包含从零到无穷大的频率成分。

图 5-24　单位冲激信号的时域波形图　　　图 5-25　单位冲激信号的频谱图

4. 直流信号

直流信号 $f(t)=E$ 的时域波形如图 5-26 所示。由于直流信号不满足绝对可积的条件，无法通过傅里叶变换的定义式来求其傅里叶变换。这里利用求 $\delta(\omega)$ 原函数的方法。

$\delta(\omega)$ 的傅里叶反变换为

$$\mathcal{F}^{-1}[\delta(\omega)] = \frac{1}{2\pi} \int_{-\infty}^{\infty} \delta(\omega) e^{j\omega t} d\omega = \frac{1}{2\pi}$$

所以可得

$$\frac{1}{2\pi} \leftrightarrow \delta(\omega), \quad 1 \leftrightarrow 2\pi\delta(\omega)$$

因此直流信号 $f(t)=E$ 的傅里叶变换为

$$E \leftrightarrow 2\pi E \delta(\omega) \qquad (5.2\text{-}13)$$

其频谱图如图 5-27 所示。注意，这里引入了冲激函数，使得不满足绝对可积条件的直流信号也可以表示出其傅里叶变换。

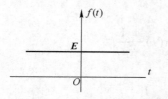 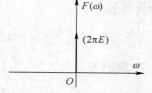

图 5-26　直流信号的时域波形图　　　图 5-27　直流信号的频谱图

可以看出，时间上无限窄的冲激信号，其频谱是无限宽的，而时域无限宽的直流信号，其频谱是无限窄的冲激函数，这体现了后面要介绍的信号时频域之间的对称性。

5. 符号函数

符号函数的时域表达式为

$$f(t) = \operatorname{sgn}(t) = \begin{cases} +1 & t>0 \\ -1 & t<0 \end{cases} \qquad (5.2\text{-}14)$$

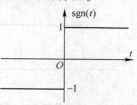

时域波形如图 5-28 所示。可以看出，符号函数同样不满足绝对可积的条件，可借助指数函数求极限的方法求

图 5-28　符号函数的时域波形图

其傅里叶变换。

因为 $\mathrm{sgn}(t) = \lim\limits_{\alpha \to 0}\left[\mathrm{e}^{-\alpha t}\varepsilon(t) - \mathrm{e}^{\alpha t}\varepsilon(-t)\right]$，所以其傅里叶变换为

$$F(\omega) = \lim_{\alpha \to 0}\left[\frac{1}{\alpha + \mathrm{j}\omega} - \frac{1}{\alpha - \mathrm{j}\omega}\right] = \frac{2}{\mathrm{j}\omega} \qquad (5.2\text{-}15)$$

从式（5.2-15）可以看出，符号函数的傅里叶变换为虚数，其幅度函数为

$$|F(\omega)| = \frac{2}{|\omega|}$$

当 $\omega > 0$ 时，相位 $\varphi(\omega) = -\pi/2$；当 $\omega < 0$ 时，$\varphi(\omega) = \pi/2$，所以幅度谱和相位谱分别如图 5-29a、b 所示。

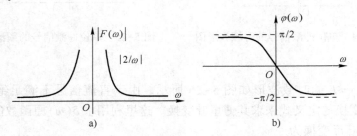

图 5-29 符号函数的频谱图

6. 单位阶跃函数

单位阶跃函数的时域表示式为

$$\varepsilon(t) = \begin{cases} 1 & t > 0 \\ 0 & t < 0 \end{cases}$$

时域波形如图 5-30 所示。可以看出单位阶跃函数同样不满足绝对可积条件，不能用定义直接求其傅里叶变换。此处可以利用阶跃函数与符号函数的关系来求其傅里叶变换，因为

$$\varepsilon(t) = \frac{1}{2} + \frac{1}{2}\mathrm{sgn}(t)$$

根据前面的分析可知

$$\frac{1}{2} \leftrightarrow \pi\delta(\omega) \qquad \frac{1}{2}\mathrm{sgn}(t) \leftrightarrow \frac{1}{\mathrm{j}\omega}$$

故 $\varepsilon(t)$ 的傅里叶变换为

$$\mathcal{F}[\varepsilon(t)] = \pi\delta(\omega) + \frac{1}{\mathrm{j}\omega} \qquad (5.2\text{-}16)$$

其幅度谱图如图 5-31 所示。

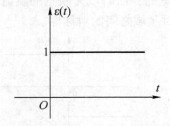

图 5-30 单位阶跃信号的时域波形图

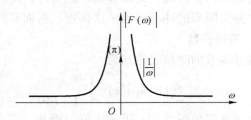

图 5-31 单位阶跃信号的幅度谱

常见信号的傅里叶变换汇总见表 5-1。

表 5-1　常见信号的傅里叶变换

序号	信号	时 域	频 域
1	单位冲激信号	$f(t)$, (1), O, t $\delta(t)$	$F(\omega)$, 1, O, ω, 1
2	直流信号	$f(t)$, E, O, t E	$F(\omega)$, $(2\pi E)$, O, ω $2\pi E\delta(\omega)$
3	单位阶跃函数	$\varepsilon(t)$, 1, O, t $\varepsilon(t)$	$F(\omega)$, $\left|\dfrac{1}{\omega}\right|$, (π), O, ω $\pi\delta(\omega)+\dfrac{1}{j\omega}$
4	符号函数	$f(t)$, 1, O, t, -1 $\mathrm{sgn}\ (t)$	$|F(\omega)|$, $\left|\dfrac{2}{\omega}\right|$, O, ω 幅度谱 $\varphi(\omega)$, $\dfrac{\pi}{2}$, O, ω, $-\dfrac{\pi}{2}$ 相位谱 $\dfrac{2}{j\omega}$
5	门函数	$f(t)$, E, $-\tau/2$, O, $\tau/2$, t $EG_{\tau}(t)$	$F(\omega)$, $E\tau$, $-\dfrac{2\pi}{\tau}$, O, $\dfrac{2\pi}{\tau}$, ω $E\tau\mathrm{Sa}\left(\dfrac{\omega\tau}{2}\right)$
6	抽样信号	$\dfrac{E\omega_0}{\pi}$, $-\dfrac{\pi}{\omega_0}$, $\dfrac{\pi}{\omega_0}$, t $\dfrac{E\omega_0}{\pi}\mathrm{Sa}(\omega_0 t)$	$F(\omega)$, E, $-\omega_0$, O, ω_0, ω $EG_{2\omega_0}(\omega)$

（续）

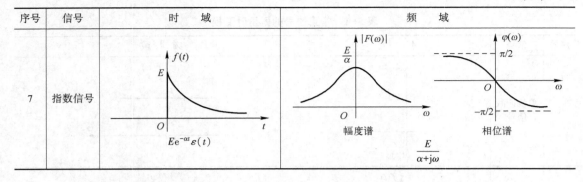

序号	信号	时　域	频　域
7	指数信号	$Ee^{-\alpha t}\varepsilon(t)$	幅度谱　相位谱　$\dfrac{E}{\alpha+\mathrm{j}\omega}$

5.2.3　傅里叶谱系数 F_n 与频谱函数 $F(\omega)$ 的关系

当周期信号的周期为无穷大时，则由周期信号变为非周期信号，所以周期信号傅里叶级数的谱系数 F_n 与非周期信号的傅里叶变换 $F(\omega)$ 之间存在一定的对应关系。

设 $f(t)$ 是从周期矩形脉冲信号 $f_T(t)$ 中截取一个周期 $\left(-\dfrac{T}{2},\dfrac{T}{2}\right)$ 而得到的信号，如图 5-32 所示。则 $f(t)$ 的傅里叶变换为

$$F(\omega) = \int_{-\infty}^{\infty} f(t)\,\mathrm{e}^{-\mathrm{j}\omega t}\mathrm{d}t = \int_{-\frac{T}{2}}^{\frac{T}{2}} f_T(t)\,\mathrm{e}^{-\mathrm{j}\omega t}\mathrm{d}t$$

而周期信号 $f_T(t)$ 的傅里叶谱系数为

$$F_n = \frac{1}{T}\int_{-\frac{T}{2}}^{\frac{T}{2}} f_T(t)\,\mathrm{e}^{-\mathrm{j}n\omega_1 t}\mathrm{d}t, \quad \omega_1 = \frac{2\pi}{T}$$

图 5-32　周期矩形信号和非周期矩形信号时域波形

可见非周期信号的频谱函数 $F(\omega)$ 与周期信号的傅里叶谱系数 F_n 之间存在如下关系：

$$F_n = \frac{F(\omega)}{T}\bigg|_{\omega=n\omega_1} = \frac{F(n\omega_1)}{T} \tag{5.2-17}$$

例如，图 5-32b 中非周期矩形信号 $f(t)$ 为矩形脉冲信号，且

$$F(\omega) = \mathcal{F}[f(t)] = E\tau\mathrm{Sa}\left(\frac{\omega\tau}{2}\right)$$

所以，图 5-32a 中周期矩形信号的傅里叶谱系数为

$$F_n = \frac{E\tau}{T}\mathrm{Sa}\left(\frac{\omega\tau}{2}\right)\bigg|_{\omega=n\omega_1} = \frac{E\tau}{T}\mathrm{Sa}\left(\frac{n\omega_1\tau}{2}\right)$$

5.3 傅里叶变换的性质和定理

傅里叶变换揭示了信号的时间特性与频率特性之间的联系。信号可以在时域中用时间函数 $f(t)$ 来描述，也可以在频域中用频谱密度函数 $F(\omega)$ 来描述，两者是一一对应的关系。如果信号在时域进行某种运算，其频率特性会发生什么变化呢？傅里叶变换的性质和定理描述了相应的变化规律。

1. 线性

若 $f_1(t) \leftrightarrow F_1(\omega)$，$f_2(t) \leftrightarrow F_2(\omega)$，则

$$a_1 f_1(t) + a_2 f_2(t) \leftrightarrow a_1 F_1(\omega) + a_2 F_2(\omega) \tag{5.3-1}$$

式中，a_1、a_2 为任意常数。式（5.3-1）还可进一步推广为

$$\sum_{i=1}^{\infty} a_i f_i(t) \leftrightarrow \sum_{i=1}^{\infty} a_i F_i(\omega) \tag{5.3-2}$$

利用线性性质，在对复杂信号进行频谱分析时，可以首先将复杂信号分解为一些简单信号的线性组合，这样复杂信号的频谱就是这些简单信号频谱的叠加。

例5-8 求图5-33所示信号 $f(t)$ 的频谱函数 $F(\omega)$。

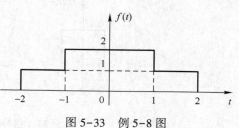

图 5-33 例 5-8 图

解：信号 $f(t)$ 可以看成两个门函数的叠加，即

$$f(t) = \left[\varepsilon(t+2) - \varepsilon(t-2) \right] + \left[\varepsilon(t+1) - \varepsilon(t-1) \right]$$
$$= G_4(t) + G_2(t)$$

因为

$$G_4(t) \leftrightarrow 4\mathrm{Sa}(2\omega)$$
$$G_2(t) \leftrightarrow 2\mathrm{Sa}(\omega)$$

利用傅里叶变换的线性性质，可得

$$F(\omega) = 4\mathrm{Sa}(2\omega) + 2\mathrm{Sa}(\omega)$$

2. 尺度变换特性

若 $f(t) \leftrightarrow F(\omega)$，则

$$f(at) \leftrightarrow \frac{1}{|a|} F\left(\frac{\omega}{a}\right) \tag{5.3-3}$$

式中，a 为非零实常数。特别地，当 $a=-1$ 时，$f(-t) \leftrightarrow F(-\omega)$。

当 $a>1$ 时，$f(at)$ 的时域波形是 $f(t)$ 压缩 a 倍，$F(\omega/a)$ 是 $F(\omega)$ 的频谱展宽 a 倍；当 $0<a<1$ 时，$f(at)$ 的波形是 $f(t)$ 展宽 $1/a$ 倍，$F(\omega/a)$ 是 $F(\omega)$ 的频谱压缩 $1/a$ 倍。这说明信号持续时间与其占有的频谱带宽成反比。图5-34展现了这种对应关系，其中图5-34a为幅度为 E、脉宽为 τ 的矩形脉冲信号及其频谱图，图5-34b、c分别给出了信号时域扩展和压缩所对应的波形和频谱图。

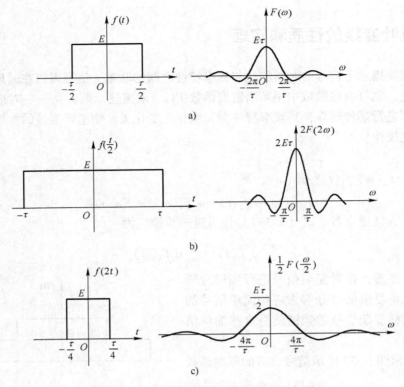

图 5-34 信号时域尺度变换及对应的频谱

数字通信系统中，为了提高信号传输速率，就需要将码元持续时间压缩，以提高每秒内传送的码元数目，这样做必然会使信号的频带变宽，所以码元传输速率与占用带宽是一对矛盾，这也是宽带信道能实现信号高速传输的原理。

3. 时移特性

若 $f(t) \leftrightarrow F(\omega)$，则

$$f(t \pm t_0) \leftrightarrow F(\omega) e^{\pm j\omega t_0} \qquad (5.3\text{-}4)$$

时移性质说明，信号在时域中的时移与频域中的移相相对应，但时移信号和原信号的幅度谱是相同的。

例 5-9 求如图 5-35 所示的三脉冲信号的频谱。

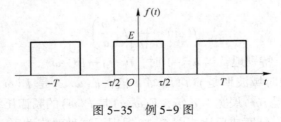

图 5-35 例 5-9 图

解： 令 $f_0(t) = EG_\tau(t) = E\left[\varepsilon\left(t + \dfrac{\tau}{2}\right) - \varepsilon\left(t - \dfrac{\tau}{2}\right)\right]$，其傅里叶变换为 $F_0(\omega)$，则

$$F_0(\omega) = E\tau \cdot \mathrm{Sa}\left(\frac{\omega\tau}{2}\right)$$

从图中可以看出

$$f(t) = f_0(t) + f_0(t+T) + f_0(t-T)$$

根据傅里叶变换的时移特性，可知三脉冲信号的傅里叶变换为

$$F(\omega) = F_0(\omega)(1 + e^{j\omega T} + e^{-j\omega T}) = E\tau\mathrm{Sa}\left(\frac{\omega\tau}{2}\right)[1 + 2\cos(\omega T)]$$

例 5-10 已知信号 $f(t)$ 的频谱函数为 $F(\omega)$，求 $f(3t-5)$ 的频谱函数。

解：根据尺度变换性质，可知

$$f(3t) \leftrightarrow \frac{1}{3}F\left(\frac{\omega}{3}\right)$$

因为

$$f(3t-5) = f\left[3\left(t-\frac{5}{3}\right)\right]$$

所以

$$f(3t-5) \leftrightarrow \frac{1}{3}F\left(\frac{\omega}{3}\right)e^{-j\frac{5}{3}\omega}$$

4. 频移特性

若 $f(t) \leftrightarrow F(\omega)$，则

$$f(t)e^{\pm j\omega_0 t} \leftrightarrow F(\omega \mp \omega_0) \tag{5.3-5}$$

频移性质说明，信号在时域中与因子 $e^{j\omega_0 t}$ 相乘，在频域中原信号频谱将右移 ω_0；信号与因子 $e^{-j\omega_0 t}$ 相乘，频谱将左移 ω_0。

从上面的性质和欧拉公式，可以导出以下两个实用结论。

$$\begin{cases} f(t)\cos\omega_0 t \leftrightarrow \dfrac{1}{2}\left[F(\omega+\omega_0) + F(\omega-\omega_0)\right] \\[2mm] f(t)\sin\omega_0 t \leftrightarrow \dfrac{j}{2}\left[F(\omega+\omega_0) - F(\omega-\omega_0)\right] \end{cases} \tag{5.3-6}$$

例 5-11 求图 5-36 所示高频脉冲信号 $f(t) = G_\tau(t)\cos\omega_0 t$ 的频谱密度函数 $F(\omega)$。

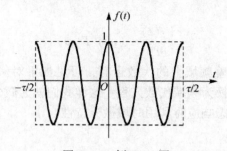

图 5-36 例 5-11 图

解：因为 $G_\tau(t) \leftrightarrow F_1(\omega) = \tau\mathrm{Sa}\left(\dfrac{\omega\tau}{2}\right)$，则

$$G_\tau(t)\cos\omega_0 t \leftrightarrow F(\omega) = \frac{1}{2}\left[F_1(\omega+\omega_0) + F_1(\omega-\omega_0)\right] = \frac{1}{2}\left\{\tau\mathrm{Sa}\left(\frac{(\omega+\omega_0)\tau}{2}\right) + \tau\mathrm{Sa}\left(\frac{(\omega-\omega_0)\tau}{2}\right)\right\}$$

图 5-37a、b 分别给出了 $G_\tau(t)$ 和 $G_\tau(t)\cos\omega_0 t$ 的频谱图。可以看出，$G_\tau(t)\cos\omega_0 t$ 的频谱是将 $G_\tau(t)$ 的频谱分别向左、向右平移 ω_0，幅度变为原来的一半再叠加而成。

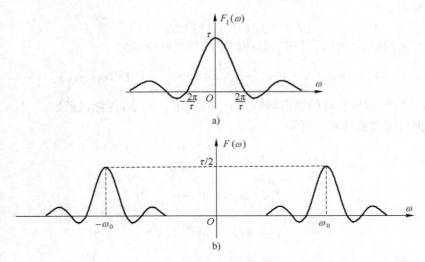

图 5-37　原信号的频谱及频谱搬移后的频谱

在通信和信号处理领域，将这种频谱搬移的过程称为调制。在无线通信中，由于基带信号频率较低，且受限于天线尺寸，为了将信号以电磁波的形式发射出去，必须把低频的基带信号搬移到较高的发射频率附近，也就是要进行调制。实际做法就是把待传输的信号与高频的 $\cos\omega_0 t$ 或 $\sin\omega_0 t$ 相乘，形成调制信号在信道上传输。在接收方需要进行解调，从调制信号中恢复基带信号。5.6 节将对调制和解调问题进行重点讨论。

5. 时域微分特性

若 $f(t)\leftrightarrow F(\omega)$，则

$$\frac{\mathrm{d}f(t)}{\mathrm{d}t}\leftrightarrow\mathrm{j}\omega F(\omega) \tag{5.3-7}$$

推广到高阶导数，则有

$$\frac{\mathrm{d}^n f(t)}{\mathrm{d}t^n}\leftrightarrow(\mathrm{j}\omega)^n F(\omega) \tag{5.3-8}$$

时域上的微分运算对应着频域上的代数运算，可见如果对微分方程两端进行傅里叶变换，即可将时域微分方程转换为频域代数方程。这样我们就为微分方程的求解找到了一种新的方法，在求解系统的零状态响应时利用时域微分特性。

6. 时域积分特性

若 $f(t)\leftrightarrow F(\omega)$，则

$$\int_{-\infty}^{t} f(\tau)\mathrm{d}\tau\leftrightarrow\pi F(0)\delta(\omega)+\frac{F(\omega)}{\mathrm{j}\omega} \tag{5.3-9}$$

式中，$F(0)=F(\omega)\big|_{\omega=0}=\int_{-\infty}^{\infty}f(t)\mathrm{d}t$。

若 $F(0)=0$，则式（5.3-9）可以简写为

$$\int_{-\infty}^{t} f(\tau)\mathrm{d}\tau \leftrightarrow \frac{F(\omega)}{\mathrm{j}\omega} \tag{5.3-10}$$

例 5-12 已知 $\delta(t)\leftrightarrow1$，求 $\varepsilon(t)$ 的傅里叶变换。

解： 因为 $\delta(t)\leftrightarrow1$，即 $F(\omega)=1$。

由时域积分特性可知

$$\varepsilon(t)=\int_{-\infty}^{t}\delta(\tau)\mathrm{d}\tau\leftrightarrow\pi F(0)\delta(\omega)+\frac{F(\omega)}{\mathrm{j}\omega}=\pi\delta(\omega)+\frac{1}{\mathrm{j}\omega}$$

例 5-13 已知梯形脉冲 $f(t)$ 的波形如图 5-38 所示，求其频谱函数 $F(\omega)$。

解： 由分段折线组成的函数波形，可用积分特性来求其频谱函数。因为函数一次或多次微分后，总会出现阶跃和冲激函数，而阶跃和冲激函数的频谱函数求解较为方便，再利用时域积分特性即可求得原信号的频谱函数。

$f(t)$ 导数的时域波形如图 5-39 所示，其表达式为

$$f'(t)=2[G_2(t+3)-G_2(t-3)]$$

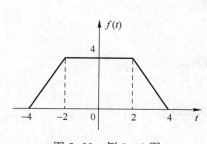

图 5-38　例 5-13 图

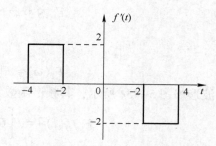

图 5-39　$f'(t)$ 的时域波形

因为

$$\mathscr{F}[G_2(t)]\leftrightarrow2\mathrm{Sa}(\omega)$$

由时移性质，可知

$$\mathscr{F}[G_2(t+3)]\leftrightarrow2\mathrm{Sa}(\omega)\mathrm{e}^{\mathrm{j}3\omega}$$
$$\mathscr{F}[G_2(t-3)]\leftrightarrow2\mathrm{Sa}(\omega)\mathrm{e}^{-\mathrm{j}3\omega}$$

所以 $f'(t)$ 的频谱函数为

$$\mathscr{F}[f'(t)]=4\mathrm{Sa}(\omega)[\mathrm{e}^{\mathrm{j}3\omega}-\mathrm{e}^{-\mathrm{j}3\omega}]=8\mathrm{jSa}(\omega)\sin(3\omega)$$

由时域积分特性式（5.3-10），可知

$$F(\omega)=\mathscr{F}[f(t)]=\frac{8\mathrm{jSa}(\omega)\sin(3\omega)}{\mathrm{j}\omega}=24\mathrm{Sa}(\omega)\mathrm{Sa}(3\omega)$$

例 5-14 求图 5-40 所示信号 $f(t)$ 的傅里叶变换 $F(\omega)$。

求解分段折线函数的傅里叶变换，采用例 5-13 的方法时，要求信号先微分再积分后能够得到原信号。图 5-41 和图 5-42 分别给出了 $f'(t)$ 和 $\int_{-\infty}^{t} f'(\tau)\mathrm{d}\tau$ 的波形，可以看出信号 $f(t)$ 先微分再积分后不能得到 $f(t)$，此时直接利用时域积分性质会带来错误。

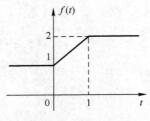

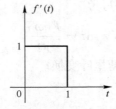

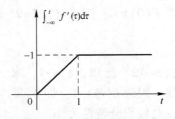

图 5-40　例 5-14 图　　　图 5-41　$f'(t)$ 的时域波形　　图 5-42　$f'(t)$ 积分的时域波形

解：将 $f(t)$ 分解为 $f_1(t)$ 与 $f_2(t)$ 的叠加，即 $f(t)=f_1(t)+f_2(t)$，如图 5-43a、b 所示。

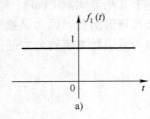

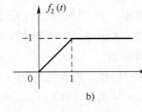

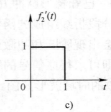

a)　　　　　　　　　　b)　　　　　　　　　　c)

图 5-43　$f(t)$ 分解示意图

因为

$$F_1(\omega)=\mathcal{F}[f_1(t)]=2\pi\delta(\omega)$$

$f_2'(t)$ 的波形如图 5-43c 所示，其频谱函数为

$$\mathcal{F}[f_2'(t)]=\mathcal{F}\left[G_1\left(t-\frac{1}{2}\right)\right]=\mathrm{Sa}\left(\frac{\omega}{2}\right)\mathrm{e}^{-\mathrm{j}\frac{\omega}{2}}$$

利用时域积分性质，可知

$$F_2(\omega)=\mathcal{F}[f_2(t)]=\frac{1}{\mathrm{j}\omega}\mathrm{Sa}\left(\frac{\omega}{2}\right)\mathrm{e}^{-\mathrm{j}\frac{\omega}{2}}+\pi\delta(\omega)$$

所以原信号 $f(t)$ 的傅里叶变换为

$$F(\omega)=F_1(\omega)+F_2(\omega)=3\pi\delta(\omega)+\frac{1}{\mathrm{j}\omega}\mathrm{Sa}\left(\frac{\omega}{2}\right)\mathrm{e}^{-\mathrm{j}\frac{\omega}{2}}$$

7. 频域微分特性

若 $f(t)\leftrightarrow F(\omega)$，则

$$(-\mathrm{j}t)f(t)\leftrightarrow\frac{\mathrm{d}F(\omega)}{\mathrm{d}\omega} \tag{5.3-11}$$

推广到一般情况，有

$$(-\mathrm{j}t)^nf(t)\leftrightarrow\frac{\mathrm{d}^nF(\omega)}{\mathrm{d}\omega^n} \tag{5.3-12}$$

频域微分性质更常用的形式为

$$t^nf(t)\leftrightarrow\mathrm{j}^n\frac{\mathrm{d}^nF(\omega)}{\mathrm{d}\omega^n} \tag{5.3-13}$$

例 5-15　求 $f(t)=t\mathrm{e}^{-at}\varepsilon(t)$，$a>0$ 的频谱函数 $F(\omega)$。

解：由常用信号的傅里叶变换，有

$$e^{-at}\varepsilon(t)\leftrightarrow\frac{1}{a+j\omega}$$

由频域微分特性，可知

$$te^{-at}\varepsilon(t)\leftrightarrow F(\omega)=j\frac{d}{d\omega}\left(\frac{1}{a+j\omega}\right)=\frac{1}{(a+j\omega)^2}$$

例 5-16　已知 $f(t)\leftrightarrow F(\omega)$，求 $(t-2)f(t)$ 的傅里叶变换。

解：因为

$$(t-2)f(t)=tf(t)-2f(t)$$

所以

$$\mathcal{F}[(t-2)f(t)]=\mathcal{F}[tf(t)-2f(t)]=j\frac{dF(\omega)}{d\omega}-2F(\omega)$$

8. 对称性

若 $f(t)\leftrightarrow F(\omega)$，则

$$F(t)\leftrightarrow 2\pi f(-\omega) \tag{5.3-14}$$

当 $f(t)$ 为偶函数，有

$$F(t)\leftrightarrow 2\pi f(\omega) \tag{5.3-15}$$

其中，$F(t)$ 与 $F(\omega)$ 的函数形式一致，只是自变量不同，$f(t)$ 与 $f(\omega)$ 也类似。该性质说明，若 $f(t)$ 的频谱函数为 $F(\omega)$，则 $F(t)$ 的频谱函数的形状与 $f(t)$ 的形状一样，只是幅度相差 2π，即这两个信号的时域波形与频域波形之间具有一定的对称性。

例 5-17　求直流信号 $f(t)=1$ 的频谱函数 $F(\omega)$。

解：因为 $\delta(t)\leftrightarrow 1$，由对称性可得

$$1\leftrightarrow 2\pi\delta(-\omega)=2\pi\delta(\omega)$$

例 5-18　求抽样函数 $\mathrm{Sa}(t)=\dfrac{\sin t}{t}$ 的频谱函数 $F(\omega)$。

解：因为 $G_\tau(t)=\tau\mathrm{Sa}\left(\dfrac{\omega\tau}{2}\right)$，当 $\tau=2$ 时，$G_2(t)\leftrightarrow 2\mathrm{Sa}(\omega)$。

由对称性可知

$$\mathrm{Sa}(t)\leftrightarrow\frac{1}{2}\cdot 2\pi G_2(\omega)=\pi G_2(\omega)$$

例 5-19　已知频谱函数 $F(\omega)$ 波形如图 5-44 所示，求原信号 $f(t)$。

解：门函数的傅里叶变换为抽样函数，根据对称性可得，频域是门函数，则时域必定是抽样信号。此题可以先在时域上设计与图 5-44 相同形式的门函数，并求出其傅里叶变换为抽样信号。然后再根据对称性，得到时域抽样信号与频域门函数的对应关系。

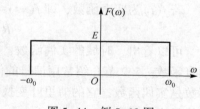

图 5-44　例 5-19 图

从图中可以看出

$$F(\omega)=E[\varepsilon(\omega+\omega_0)-\varepsilon(\omega-\omega_0)]$$

令 $f_1(t)=E[\varepsilon(t+\omega_0)-\varepsilon(t-\omega_0)]$，则其傅里叶变换为

$$F_1(\omega) = 2E\omega_0 \mathrm{Sa}(\omega_0 \omega)$$

根据对称性可知

$$F_1(t) \leftrightarrow 2\pi f_1(-\omega) = 2\pi f_1(\omega)$$

所以

$$f_1(\omega) = F(\omega) \leftrightarrow \frac{1}{2\pi}F_1(t) = \frac{1}{2\pi} \cdot 2E\omega_0 \mathrm{Sa}(\omega_0 t) = \frac{E\omega_0}{\pi}\mathrm{Sa}(\omega_0 t)$$

从上面的例题中可以得到一个非常有用的结论，即

$$G_{2\omega_0}(\omega) \leftrightarrow \frac{\omega_0}{\pi}\mathrm{Sa}(\omega_0 t) \tag{5.3-16}$$

可以看出，时域门函数的频谱为抽样信号，而时域抽样信号的频谱为门函数，这就是对称性的体现。

9. 奇偶虚实性

一般情况下，信号 $f(t)$ 的傅里叶变换 $F(\omega)$ 是复函数，所以可以写成实部和虚部之和，即

$$F(\omega) = |F(\omega)| \mathrm{e}^{\mathrm{j}\varphi(\omega)} = R(\omega) + \mathrm{j}X(\omega) \tag{5.3-17}$$

若 $f(t)$ 为实函数，利用傅里叶变换的定义式，可得

$$F(\omega) = \int_{-\infty}^{\infty} f(t)\mathrm{e}^{-\mathrm{j}\omega t}\mathrm{d}t = \int_{-\infty}^{\infty} f(t)(\cos\omega t - \mathrm{j}\sin\omega t)\mathrm{d}t$$

$$= \int_{-\infty}^{\infty} f(t)\cos\omega t\mathrm{d}t - \mathrm{j}\int_{-\infty}^{\infty} f(t)\sin\omega t\mathrm{d}t$$

则

$$R(\omega) = \int_{-\infty}^{\infty} f(t)\cos\omega t\mathrm{d}t \tag{5.3-18}$$

$$X(\omega) = -\int_{-\infty}^{\infty} f(t)\sin\omega t\mathrm{d}t \tag{5.3-19}$$

可以看出，$R(\omega)$ 是 ω 的偶函数，$X(\omega)$ 是 ω 的奇函数，即

$$R(\omega) = R(-\omega)$$

$$X(\omega) = -X(-\omega)$$

若 $f(t)$ 为实偶函数，即 $f(t) = f(-t)$，可得

$$X(\omega) = 0, \quad F(\omega) = R(\omega)$$

若 $f(t)$ 为实奇函数，即 $f(-t) = -f(t)$，可得

$$R(\omega) = 0, \quad F(\omega) = \mathrm{j}X(\omega)$$

可以看出，时域的实偶函数，其频域上也是实偶函数。时域的实奇函数，其频谱函数为虚奇函数。5.2 节介绍常用信号的傅里叶变换时，奇偶虚实性就有所体现。例如，时域的门函数是实偶函数，它的傅里叶变换也为实偶函数；时域的符号函数是实奇函数，它的傅里叶变换是虚奇函数。

10. 时域卷积定理

若 $f_1(t) \leftrightarrow F_1(\omega)$，$f_2(t) \leftrightarrow F_2(\omega)$，则

$$f_1(t) * f_2(t) \leftrightarrow F_1(\omega)F_2(\omega) \tag{5.3-20}$$

时域卷积定理表明：两个时域信号的卷积，在频域上对应于两者傅里叶变换的乘积。

例 5-20　已知信号 $f(t) \leftrightarrow F(\omega)$，求 $\displaystyle\int_{-\infty}^{t} f(\tau)\mathrm{d}\tau$ 的傅里叶变换 $F_1(\omega)$。

解：根据卷积的性质，可知

$$\int_{-\infty}^{t} f(\tau)\mathrm{d}\tau = \varepsilon(t) * f(t)$$

根据时域卷积定理，有

$$F_1(\omega) = \mathcal{F}[\varepsilon(t)] \cdot \mathcal{F}[f(t)]$$

$$= \left[\pi\delta(\omega) + \frac{1}{\mathrm{j}\omega}\right] \cdot F(\omega) = \pi F(0)\delta(\omega) + \frac{F(\omega)}{\mathrm{j}\omega}$$

此例题也证明了傅里叶变换的时域积分特性。

例 5-21　求图 5-45a 所示的三角脉冲的傅里叶变换。

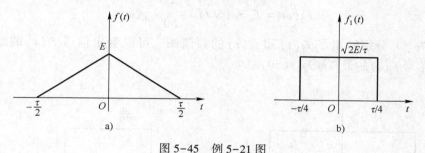

图 5-45　例 5-21 图

解：图 5-45a 所示的三角脉冲可以看成两个 5-45b 所示矩形脉冲 $f_1(t)$ 的卷积。根据时域卷积定理，有

$$f(t) = f_1(t) * f_1(t)$$

由典型信号傅里叶变换，可知

$$F_1(\omega) = \sqrt{\frac{2E}{\tau}} \times \frac{\tau}{2} \times \mathrm{Sa}\left(\frac{\omega\tau}{4}\right)$$

故可得

$$F(\omega) = F_1(\omega)F_1(\omega)$$

$$= \left[\sqrt{\frac{2E}{\tau}} \times \frac{\tau}{2} \times \mathrm{Sa}\left(\frac{\omega\tau}{4}\right)\right]^2 = \frac{E\tau}{2}\mathrm{Sa}^2\left(\frac{\omega\tau}{4}\right) \qquad (5.3-21)$$

三角脉冲的傅里叶变换也可以利用积分性质进行求解，有兴趣的读者请自行证明。

图 5-46 给出了信号通过线性时不变系统的输入-输出框图，系统产生的零状态响应 $y(t) = f(t) * h(t)$。

设 $f(t) \leftrightarrow F(\omega)$，$h(t) \leftrightarrow H(\omega)$，$y(t) \leftrightarrow Y(\omega)$，则由时域卷积定理可知

图 5-46　信号通过线性时
不变系统的时域框图

$$Y(\omega) = F(\omega)H(\omega)$$

这意味着求系统的零状态响应时，可以利用时域卷积定理，先求出零状态响应的傅里叶变换，再进行反变换，即可获得系统零状态响应的时域表示。由于将时域的卷积运算转化为频域的相乘运算，从而简化了系统响应的求解。

11. 频域卷积定理

若 $f_1(t) \leftrightarrow F_1(\omega)$，$f_2(t) \leftrightarrow F_2(\omega)$，则

$$f_1(t) \times f_2(t) \leftrightarrow \frac{1}{2\pi}[F_1(\omega) * F_2(\omega)] \qquad (5.3\text{-}22)$$

频域卷积定理表明：两个时域信号的乘积，在频域上对应于两者傅里叶变换的卷积。

例 5-22 已知信号 $f_1(t) = \mathrm{Sa}(100t)$，$f_2(t) = \mathrm{Sa}(50t)$，则 $f_1(t) + f_2(t)$、$f_1(t) \cdot f_2(t)$ 和 $f_1(t) * f_2(t)$ 的最高频率分别为多少？

解： 根据对称性，可知

$$F_1(\omega) = \mathcal{F}[\mathrm{Sa}(100t)] = \frac{\pi}{100}G_{200}(\omega)$$

$$F_2(\omega) = \mathcal{F}[\mathrm{Sa}(50t)] = \frac{\pi}{50}G_{100}(\omega)$$

图 5-47a、b 分别给出了 $f_1(t)$ 和 $f_2(t)$ 的频谱图。可以看出信号 $f_1(t)$ 的最高频率为 100 rad/s，信号 $f_2(t)$ 的最高频率为 50 rad/s。

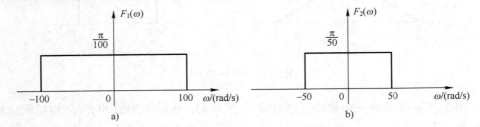

图 5-47 $f_1(t)$ 和 $f_2(t)$ 的频谱图

根据傅里叶变换的线性性质，可知

$$\mathcal{F}[f_1(t) + f_2(t)] = F_1(\omega) + F_2(\omega)$$

所以信号 $f_1(t) + f_2(t)$ 的最高频率 $\omega_{\max} = \max(100,50) = 100$ rad/s。

根据傅里叶变换的频域卷积定理，可知

$$\mathcal{F}[f_1(t) \cdot f_2(t)] = \frac{1}{2\pi}F_1(\omega) * F_2(\omega)$$

所以信号 $f_1(t) \cdot f_2(t)$ 的最高频率 $\omega_{\max} = (100+50)$ rad/s $= 150$ rad/s。

根据傅里叶变换的时域卷积定理，可知

$$\mathcal{F}[f_1(t) * f_2(t)] = F_1(\omega) \cdot F_2(\omega)$$

所以信号 $f_1(t) * f_2(t)$ 的最高频率 $\omega_{\max} = \min(100,50) = 50$ rad/s。

表 5-2 列出了本节讨论的傅里叶变换的基本性质和定理。

表 5-2 傅里叶变换的基本性质和定理

性　质	时　域	频　域
线性	$a_1f_1(t) + a_2f_2(t)$	$a_1F_1(\omega) + a_2F_2(\omega)$
尺度变换	$f(at)$	$\dfrac{1}{|a|}F\left(\dfrac{\omega}{a}\right)$

性　　质	时　　域	频　　域
时移	$f(t\pm t_0)$	$F(\omega)\,\mathrm{e}^{\pm\mathrm{j}\omega t_0}$
频移	$f(t)\,\mathrm{e}^{\pm\mathrm{j}\omega_0 t}$	$F(\omega\mp\omega_0)$
时域微分	$\dfrac{\mathrm{d}^n f(t)}{\mathrm{d}t^n}$	$(\mathrm{j}\omega)^n F(\omega)$
时域积分	$\displaystyle\int_{-\infty}^{t} f(\tau)\,\mathrm{d}\tau$	$\pi F(0)\delta(\omega)+\dfrac{1}{\mathrm{j}\omega}F(\omega)$
频域微分	$(-\mathrm{j}t)^n f(t)$	$\dfrac{\mathrm{d}^n F(\omega)}{\mathrm{d}\omega^n}$
对称性	$F(t)$	$2\pi f(-\omega)$
时域卷积定理	$f_1(t)*f_2(t)$	$F_1(\omega)F_2(\omega)$
频域卷积定理	$f_1(t)\times f_2(t)$	$\dfrac{1}{2\pi}F_1(\omega)*F_2(\omega)$

5.4　周期信号的傅里叶变换

设 $f(t)$ 是周期为 T_1 的周期信号，则其复指数形式的傅里叶级数展开式为

$$f(t)=\sum_{n=-\infty}^{\infty} F_n\,\mathrm{e}^{\mathrm{j}n\omega_1 t}\qquad \omega_1=\frac{2\pi}{T_1}$$

因为 $1\leftrightarrow 2\pi\delta(\omega)$，结合频移性质可知

$$1\cdot\mathrm{e}^{\mathrm{j}n\omega_1 t}\leftrightarrow 2\pi\delta(\omega-n\omega_1)$$

所以周期信号 $f(t)$ 的傅里叶变换为

$$F(\omega)=\mathcal{F}[f(t)]=2\pi\sum_{n=-\infty}^{\infty} F_n\mathcal{F}[\mathrm{e}^{\mathrm{j}n\omega_1 t}]=2\pi\sum_{n=-\infty}^{\infty} F_n\delta(\omega-n\omega_1)\qquad(5.4\text{-}1)$$

式（5.4-1）说明周期信号的傅里叶变换是一个冲激序列，冲激位于各次谐波频率 $n\omega_1$ 处，冲激强度分别等于各次谐波系数 F_n 的 2π 倍。从傅里叶变换的引入过程也可以理解这一点，由于傅里叶变换反映的是频谱密度，而周期信号的傅里叶系数 F_n 在谐波处是有限值，其频谱密度则为幅度无穷大的冲激函数。

特别地，对信号 $\sin\omega_0 t$ 和 $\cos\omega_0 t$，根据欧拉公式

$$\sin\omega_0 t=\frac{1}{2\mathrm{j}}\left[\mathrm{e}^{\mathrm{j}\omega_0 t}-\mathrm{e}^{-\mathrm{j}\omega_0 t}\right]$$

$$\cos\omega_0 t=\frac{1}{2}\left[\mathrm{e}^{\mathrm{j}\omega_0 t}+\mathrm{e}^{-\mathrm{j}\omega_0 t}\right]$$

所以

$$\sin\omega_0 t\leftrightarrow \mathrm{j}\pi\left[\delta(\omega+\omega_0)-\delta(\omega-\omega_0)\right]\qquad(5.4\text{-}2)$$

$$\cos\omega_0 t\leftrightarrow \pi\left[\delta(\omega+\omega_0)+\delta(\omega-\omega_0)\right]\qquad(5.4\text{-}3)$$

例 5-23　周期单位冲激序列 $\delta_{T_1}(t)=\displaystyle\sum_{n=-\infty}^{\infty}\delta(t-nT_1)$ 的时域波形如图 5-48 所示，求其傅

里叶级数展开式和傅里叶变换。

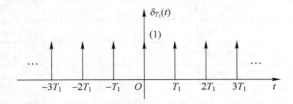

图 5-48　周期单位冲激序列的时域波形

解： 先求傅里叶级数的谱系数

$$F_n = \frac{1}{T_1} \int_{-\frac{T_1}{2}}^{\frac{T_1}{2}} \delta_{T_1}(t) e^{-jn\omega_1 t} dt = \frac{1}{T_1} \int_{-\frac{T_1}{2}}^{\frac{T_1}{2}} \delta(t) e^{-jn\omega_1 t} dt = \frac{1}{T_1}$$

该周期单位冲激序列的傅里叶级数展开式为

$$f(t) = \sum_{n=-\infty}^{+\infty} F_n e^{jn\omega_1 t} = \frac{1}{T_1} \sum_{n=-\infty}^{+\infty} e^{jn\omega_1 t} \tag{5.4-4}$$

由于

$$2\pi \sum_{n=-\infty}^{\infty} F_n \delta(\omega - n\omega_1) = \frac{2\pi}{T_1} \sum_{n=-\infty}^{\infty} \delta(\omega - n\omega_1) = \omega_1 \sum_{n=-\infty}^{\infty} \delta(\omega - n\omega_1)$$

所以周期单位冲激序列的傅里叶变换为

$$\mathcal{F}\left[\sum_{n=-\infty}^{\infty} \delta(t - nT_1) \right] = \omega_1 \sum_{n=-\infty}^{\infty} \delta(\omega - n\omega_1) \tag{5.4-5}$$

可以看出，时域周期单位冲激序列的傅里叶变换也是一个周期冲激序列，冲激强度和周期均为 ω_1。图 5-49a、b 分别给出了周期单位冲激序列 $\delta_{T_1}(t)$ 傅里叶级数形式的频谱图和傅里叶变换的频谱图。

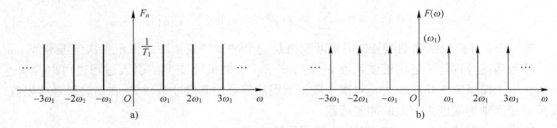

图 5-49　单位冲激序列的频谱图

5.5　系统的频域分析

第 4 章从时域的角度分析了系统模型和信号通过系统所产生的响应。本节从频域的角度分析系统的特性，讨论系统函数的定义、物理意义及其求解方法，最后在频域上得到求解系统零状态响应的方法。

5.5.1 系统函数

1. 系统函数的定义

当信号通过系统时，系统通常会对输入的信号进行某种处理，所以系统可以看作是一个信号处理器。在时域中可以用单位冲激响应 $h(t)$ 来体现系统自身特性，在频域分析中，如何描述系统自身特性呢？一种直观的方法就是利用 $h(t)$ 的傅里叶变换 $H(\omega)$ 来表示。通常把 $H(\omega)$ 称为频域的系统函数，即

$$H(\omega) = \mathcal{F}[h(t)] \tag{5.5-1}$$

从定义可知，系统函数 $H(\omega)$ 与单位冲激响应 $h(t)$ 一样与激励无关，仅由系统本身决定。在时域分析中，线性时不变系统的零状态响应 $y_{zs}(t)$ 可通过激励 $f(t)$ 和单位冲激响应 $h(t)$ 的卷积来计算，即 $y_{zs}(t) = f(t) * h(t)$。

设 $f(t) \leftrightarrow F(\omega)$，$h(t) \leftrightarrow H(\omega)$，$y_{zs}(t) \leftrightarrow Y_{zs}(\omega)$，根据时域卷积定理，可知

$$Y_{zs}(\omega) = F(\omega) H(\omega)$$

即零状态响应的傅里叶变换是激励信号的傅里叶变换和单位冲激响应傅里叶变换的乘积，所以系统函数 $H(\omega)$ 的另一种定义可写为

$$H(\omega) = \frac{Y_{zs}(\omega)}{F(\omega)} \tag{5.5-2}$$

系统函数 $H(\omega)$ 也称为系统的频响函数，可以写成模和辐角的形式，即

$$H(\omega) = |H(\omega)| e^{j\varphi(\omega)}$$

通常把 $|H(\omega)|$ 与 ω 的关系曲线称为系统的幅频特性曲线，$\varphi(\omega)$ 与 ω 的关系曲线称为系统的相频特性曲线。

2. 系统函数的物理意义

将激励信号、系统函数和响应都写成模和辐角的形式，可得

$$F(\omega) = |F(\omega)| e^{j\varphi_f(\omega)}$$
$$H(\omega) = |H(\omega)| e^{j\varphi_h(\omega)}$$
$$Y_{zs}(\omega) = |Y_{zs}(\omega)| e^{j\varphi_y(\omega)}$$

则有

$$Y_{zs}(\omega) = F(\omega) H(\omega) = |F(\omega)| e^{j\varphi_f(\omega)} \cdot |H(\omega)| e^{j\varphi_h(\omega)}$$

因此响应的幅度和相位分别为

$$|Y_{zs}(\omega)| = |F(\omega)| \cdot |H(\omega)| \tag{5.5-3}$$
$$\varphi_y(\omega) = \varphi_f(\omega) + \varphi_h(\omega) \tag{5.5-4}$$

可以看出，响应的幅度 $|Y_{zs}(\omega)|$ 是系统函数幅度 $|H(\omega)|$ 和激励信号幅度 $|F(\omega)|$ 的乘积，响应的相位 $\varphi_y(\omega)$ 是系统函数相位 $\varphi_h(\omega)$ 和激励信号相位 $\varphi_f(\omega)$ 的叠加。当 $|H(\omega)|$ 不是常数时，系统对于输入信号的不同频率分量，其幅度有着不同的加权。

通过系统频率响应特性曲线可以很方便地观察出系统对激励信号的作用。图 5-50 给出了系统频率响应特性曲线的示例，为讨论方便，这里假设系统的相位谱为零，所以幅度谱即为系统的频谱。假设激励信号 $f(t)$ 的频谱如图 5-51a 所示。当 $f(t)$ 通过图 5-50 所示的系统时，响应的频谱是激励信号的频谱与系统函数的频谱乘积。若激励信号最高频率 ω_1 大于系统函数的最高频率 ω_0，则系统响应的频谱如图 5-51b 所示。可以看出，由于系统的作用，

响应中只包含$(-\omega_0, \omega_0)$的频率成分。

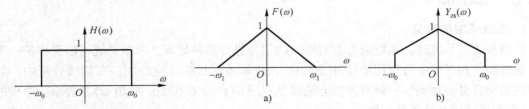

图 5-50 系统频率响应特性曲线   图 5-51   激励及响应信号频谱

3. 系统函数的求解

从前面的学习中可知，系统可以用多种形式来描述，例如微分方程、框图、电路等，所以系统函数也存在多种求解方法。

（1）系统以微分方程的形式表示

n 阶 LTI 系统的微分方程一般可表示为

$$a_n \frac{\mathrm{d}^n y(t)}{\mathrm{d}t^n} + a_{n-1} \frac{\mathrm{d}^{n-1} y(t)}{\mathrm{d}t^{n-1}} + \ldots a_1 \frac{\mathrm{d}y(t)}{\mathrm{d}t} + a_0 y(t) = b_m \frac{\mathrm{d}^m f(t)}{\mathrm{d}t^m} + b_{m-1} \frac{\mathrm{d}^{m-1} f(t)}{\mathrm{d}t^{m-1}} + \ldots + b_1 \frac{\mathrm{d}f(t)}{\mathrm{d}t} + b_0 f(t)$$

式中，$f(t)$为激励，$y(t)$为响应。对上式两边取傅里叶变换，可得

$$[a_n (\mathrm{j}\omega)^n + a_{n-1} (\mathrm{j}\omega)^{n-1} + \ldots + a_1 (\mathrm{j}\omega) + a_0] Y(\omega) = [b_m (\mathrm{j}\omega)^m + b_{m-1} (\mathrm{j}\omega)^{m-1} + \ldots + b_1 (\mathrm{j}\omega) + b_0] F(\omega)$$

所以系统函数为

$$H(\omega) = \frac{Y(\omega)}{F(\omega)} = \frac{b_m (\mathrm{j}\omega)^m + b_{m-1} (\mathrm{j}\omega)^{m-1} + \ldots + b_1 (\mathrm{j}\omega) + b_0}{a_n (\mathrm{j}\omega)^n + a_{n-1} (\mathrm{j}\omega)^{n-1} + \ldots + a_1 (\mathrm{j}\omega) + a_0}$$

例 5-24 已知描述某线性时不变系统的微分方程如下，求系统函数 $H(\omega)$ 和单位冲激响应 $h(t)$。

$$\frac{\mathrm{d}^2 y(t)}{\mathrm{d}t^2} + 3 \frac{\mathrm{d}y(t)}{\mathrm{d}t} + 2y(t) = \frac{\mathrm{d}f(t)}{\mathrm{d}t} + 3f(t)$$

解：对微分方程两边同时取傅里叶变换，得到

$$[(\mathrm{j}\omega)^2 + 3\mathrm{j}\omega + 2] Y(\omega) = (\mathrm{j}\omega + 3) F(\omega)$$

所以系统函数为

$$H(\omega) = \frac{Y(\omega)}{F(\omega)} = \frac{\mathrm{j}\omega + 3}{(\mathrm{j}\omega)^2 + 3\mathrm{j}\omega + 2}$$

采用部分分式分解方法，将 $H(\omega)$ 分解为

$$H(\omega) = \frac{\mathrm{j}\omega + 3}{(\mathrm{j}\omega)^2 + 3\mathrm{j}\omega + 2} = \frac{2}{\mathrm{j}\omega + 1} - \frac{1}{\mathrm{j}\omega + 2}$$

所以系统单位冲激响应为

$$h(t) = \mathcal{F}^{-1}[H(\omega)] = (2\mathrm{e}^{-t} - \mathrm{e}^{-2t}) \varepsilon(t)$$

（2）系统以框图的形式表示

例 5-25 求图 5-52 所示零阶保持电路的系统函数 $H(\omega)$。

解：方法一：通过单位冲激响应求系统函数。

当 $f(t) = \delta(t)$ 时，系统输出 $y(t) = h(t)$

根据加法器的作用，可知

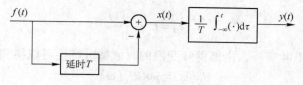

图 5-52　例 5-25 图

$$x(t) = \delta(t) - \delta(t-T)$$

所以

$$y(t) = \frac{1}{T}[\varepsilon(t) - \varepsilon(t-T)] = h(t)$$

则系统函数为

$$H(\omega) = \mathcal{F}[h(t)] = \mathcal{F}\left\{\frac{1}{T}[\varepsilon(t) - \varepsilon(t-T)]\right\} = \frac{1}{j\omega T}(1 - e^{-j\omega T})$$

方法二：通过输入-输出关系求系统函数。

从图中可以看出

$$y(t) = \frac{1}{T}\int_{-\infty}^{t}[f(\tau) - f(\tau - T)]d\tau$$

对其做傅里叶变换，有

$$F_1(\omega) = \mathcal{F}[f(t) - f(t-T)] = F(\omega)(1 - e^{-j\omega T})$$

利用傅里叶变换的时域积分特性，可得

$$Y(\omega) = \frac{1}{T}\left[\pi F_1(0)\delta(\omega) + \frac{F_1(\omega)}{j\omega}\right] = \frac{F(\omega)}{j\omega T}(1 - e^{-j\omega T})$$

$$H(\omega) = \frac{Y(\omega)}{F(\omega)} = \frac{1}{j\omega T}(1 - e^{-j\omega T})$$

（3）系统以电路的方式表示

为了从频域角度来分析具体电路，就需要研究电路元件的频域模型。

电阻元件的时域模型如图 5-53a 所示，其伏安特性为

$$u_R(t) = i_R(t)R$$

对上式两端进行傅里叶变换，可得

$$U_R(\omega) = I_R(\omega)R \qquad (5.5-5)$$

电阻元件的频域模型如图 5-53b 所示。

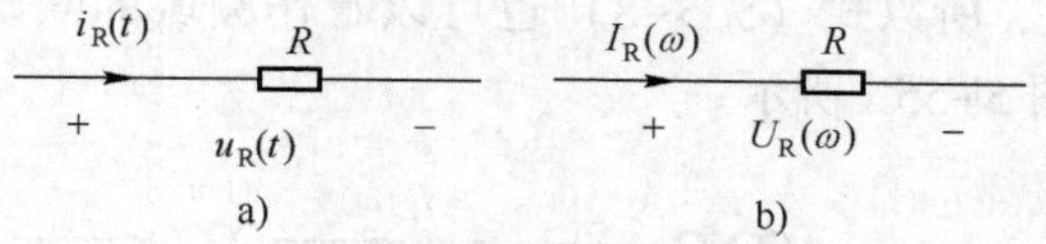

图 5-53　电阻元件的时域和频域模型

　　无初始储能的电容元件的时域模型如图 5-54a 所示。假设电容两端的电压为 $u_C(t)$，通过它的电流为 $i_C(t)$，参考方向如图中所标。根据电容元件的伏安特性，流过电容两端的电流为

$$i_C(t) = C\frac{\mathrm{d}u_C(t)}{\mathrm{d}t}$$

上式两边同时进行傅里叶变换，由傅里叶变换的时域微分特性可以得到

$$I_C(\omega) = \mathrm{j}\omega C U_C(\omega) \tag{5.5-6}$$

或

$$U_C(\omega) = \frac{1}{\mathrm{j}\omega C}I_C(\omega) \tag{5.5-7}$$

式（5.5-7）描述了电容频域电压和电流的关系，即电容的频域电压等于$\frac{1}{\mathrm{j}\omega C}$与流过它的频域电流的乘积，此时$\frac{1}{\mathrm{j}\omega C}$具有阻抗的含义，所以式（5.5-7）可以看作频域的欧姆定律。电容元件阻抗形式的频域等效模型如图 5-54b 所示。由于傅里叶变换的时域微分特性中没有包含初始状态，所以该模型是电容的零状态模型，即电容等效为一个频域容抗为$\frac{1}{\mathrm{j}\omega C}$的元件。

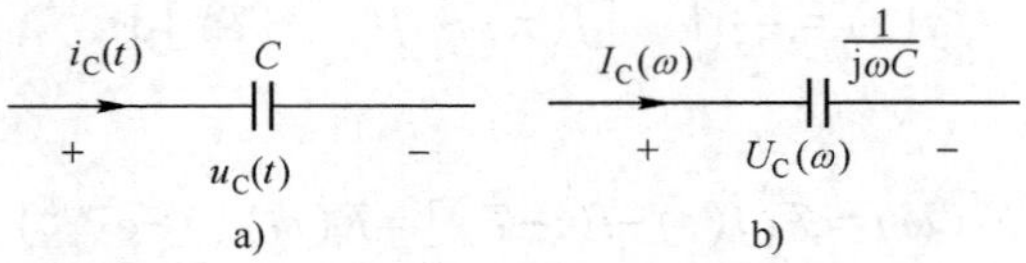

图 5-54　电容元件的时域和频域模型

同样，对于电感元件，设其两端的电压为$u_L(t)$，通过它的电流为$i_L(t)$，时域模型和参考方向如图 5-55a 所示。

根据电感元件的伏安特性，可知

$$u_L(t) = L\frac{\mathrm{d}i_L(t)}{\mathrm{d}t}$$

对等式两边同时进行傅里叶变换，可得

$$U_L(\omega) = \mathrm{j}\omega L I_L(\omega) \tag{5.5-8}$$

$$I_L(\omega) = \frac{1}{\mathrm{j}\omega L}U_L(\omega) \tag{5.5-9}$$

从式（5.5-8）可以看出，电感的频域电压等于$\mathrm{j}\omega L$与流过它的频域电流的乘积。同样，$\mathrm{j}\omega L$可看作频域阻抗。所以式（5.5-8）也可以看作频域的欧姆定律。电感元件在零状态条件下的频域模型如图 5-55b 所示。

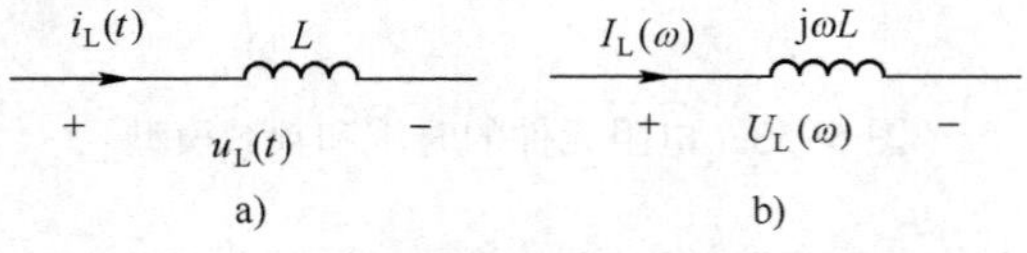

图 5-55　电感元件的时域和频域模型

若将电路中的激励、响应和所有元件均用频域形式表示，则得到的电路称为频域电路模

型。为了分析具体频域电路，除了元件特性约束，还需要网络拓扑约束。时域中的 KVL 和 KCL 分别为

$$\sum_m u_m(t) = 0, \qquad \sum_m i_m(t) = 0$$

根据傅里叶变换的线性性质，可得

$$\sum_m U_m(\omega) = 0, \qquad \sum_m I_m(\omega) = 0 \qquad\qquad (5.5\text{-}10)$$

式（5.5-10）可以看作频域的 KVL 和 KCL，与时域的形式一致。结合频域的两类约束条件，我们可以建立电路系统的频域方程，从而在频域上对电路进行分析。

例 5-26 电路如图 5-49a 所示，已知激励 $e(t) = \sin t\,\mathrm{V}$，$R = 10\,\Omega$，$C = 0.1\mathrm{F}$，响应为电容两端的电压，求该系统的系统函数，并大致画出系统的幅频特性曲线。

解： 电路的频域模型如图 5-56b 所示。在频域模型中，电容用值为 $\dfrac{1}{\mathrm{j}\omega C}$ 的阻抗来代替，其他各电压和电流用其相应的频域形式来表示。

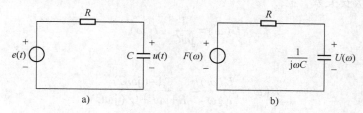

图 5-56　例 5-26 图

根据频域电路的分压关系，可得

$$U(\omega) = \frac{\dfrac{1}{\mathrm{j}\omega C}}{R + \dfrac{1}{\mathrm{j}\omega C}} E(\omega)$$

所以系统函数为

$$H(\omega) = \frac{U(\omega)}{E(\omega)} = \frac{\dfrac{1}{\mathrm{j}\omega C}}{R + \dfrac{1}{\mathrm{j}\omega C}} = \frac{1}{\mathrm{j}\omega RC + 1}$$

代入 $R = 10\,\Omega$，$C = 0.1\mathrm{F}$，可得系统函数为

$$H(\omega) = \frac{1}{\mathrm{j}\omega + 1}$$

系统的幅度谱函数为

$$|H(\omega)| = \frac{1}{\sqrt{\omega^2 + 1}}$$

图 5-57 给出了系统的幅频特性曲线。可以看出，信号通过系统时，系统对高频分量的衰减比低频分量大，通常可称这个电路具有低通的功能。同时也可以看

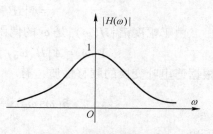

图 5-57　系统的幅频特性曲线

151

出，系统函数 $H(\omega)$ 与激励信号无关。

例 5-27 图 5-58a 所示电路中，输入是激励电压 $f(t)$，输出是电容电压 $u(t)$，求系统函数 $H(\omega)$。

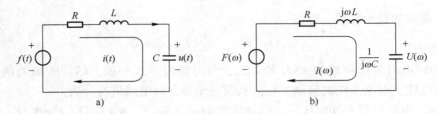

图 5-58 例 5-27 图

解：电路的频域模型如图 5-58b 所示。列出 KVL 方程，可得

$$F(\omega) = [R + j\omega L + 1/(j\omega C)] \cdot I(\omega)$$

根据频域电容的伏安关系，有

$$U(\omega) = \frac{1}{j\omega C} \cdot I(\omega)$$

所以系统函数为

$$H(\omega) = \frac{U(\omega)}{F(\omega)} = \frac{1/(j\omega C)}{R + j\omega L + 1/(j\omega C)}$$

5.5.2 系统的频域分析

系统分析中一个很重要的部分就是根据已知激励和系统，求解系统的响应。结合前面的分析，信号通过系统时，幅度被系统函数加权，同时会产生相移。利用频域分析方法有时可以简化分析过程。

1. 正弦信号激励下的响应

设激励信号为正弦信号 $f(t) = A\sin(\omega_0 t)$，系统函数为 $H(\omega) = |H(\omega)| e^{j\varphi(\omega)}$，通过该系统产生的输出为 $y(t)$，则

$$Y(\omega) = \mathcal{F}[y(t)] = H(\omega)\mathcal{F}[A\sin\omega_0 t]$$

由于

$$\mathcal{F}[\sin\omega_0 t] = j\pi[\delta(\omega + \omega_0) - \delta(\omega - \omega_0)]$$

可得

$$Y(\omega) = |H(\omega)| e^{j\varphi(\omega)} \cdot jA\pi[\delta(\omega + \omega_0) - \delta(\omega - \omega_0)]$$

$$= A|H(-\omega_0)| e^{j\varphi(-\omega_0)} \cdot j\pi\delta(\omega + \omega_0) - A|H(\omega_0)| e^{j\varphi(\omega_0)} \cdot j\pi\delta(\omega - \omega_0)$$

由于幅度谱 $|H(\omega)|$ 是 ω 的偶函数，相位谱 $\varphi(\omega)$ 是 ω 的奇函数，则

$$Y(\omega) = A|H(\omega_0)| \cdot j\pi[\delta(\omega + \omega_0)e^{-j\varphi(\omega_0)} - \delta(\omega - \omega_0)e^{j\varphi(\omega_0)}]$$

根据傅里叶变换的频移性质，有

$$\delta(\omega + \omega_0) \longleftrightarrow \frac{1}{2\pi}e^{-j\omega_0 t}, \quad \delta(\omega - \omega_0) \longleftrightarrow \frac{1}{2\pi}e^{j\omega_0 t}$$

所以

$$y(t) = A|H(\omega_0)| \cdot \frac{j}{2}[e^{-j\omega_0 t}e^{-j\varphi(\omega_0)} - e^{j\omega_0 t}e^{j\varphi(\omega_0)}]$$

$$= A|H(\omega_0)|\sin[\omega_0 t + \varphi(\omega_0)] \tag{5.5-11}$$

式（5.5-11）说明：频率为 ω_0 的正弦信号通过系统时，系统响应为相同频率 ω_0 的正弦信号，只是幅度放大了 $|H(\omega_0)|$ 倍，并且增加了 $\varphi(\omega_0)$ 的相移。

例 5-28 若 $H(\omega) = \dfrac{1}{j\omega+1}$，当输入分别为 $\sin t$、$\sin 2t$ 和 $\sin 3t$ 时，输出为多少？

解： 系统幅度谱函数和相位谱函数分别为

$$|H(\omega)| = \frac{1}{\sqrt{\omega^2+1}}, \quad \varphi(\omega) = -\arctan\omega$$

当激励信号为 $\sin t$ 时，

$$|H(1)| = \frac{\sqrt{2}}{2}, \quad \varphi(1) = -\frac{\pi}{4}$$

所以输出为

$$y_1(t) = \frac{1}{\sqrt{2}}\sin(t - 45°)$$

同理，当激励信号为 $\sin 2t$ 和 $\sin 3t$ 时，

$$|H(2)| = \frac{\sqrt{5}}{5}, \quad \varphi(2) = -\arctan 2 \approx -63.5°$$

$$|H(3)| = \frac{\sqrt{10}}{10}, \quad \varphi(3) = -\arctan 3 \approx -71.6°$$

所以输出为

$$y_2(t) = \frac{1}{\sqrt{5}}\sin(2t - 63.5°)$$

$$y_3(t) = \frac{1}{\sqrt{10}}\sin(3t - 71.6°)$$

例 5-29 已知图 5-59a 所示的 RLC 串联电路，其中 $R = 2\,\Omega$，$L = 0.4\mathrm{H}$，$C = 0.05\mathrm{F}$，激励为 $e(t) = 10\sin 10t\,\mathrm{V}$，求电路中电流的稳态响应 $i(t)$。

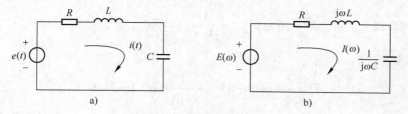

图 5-59 例 5-29 图

解： 电路的频域模型如图 5-59b 所示。

列 KVL 方程，可得

$$E(\omega) = [2 + 0.4j\omega + 20/(j\omega)]I(\omega)$$

所以系统函数为

$$H(\omega)=\frac{I(\omega)}{E(\omega)}=\frac{1}{2+0.4\mathrm{j}\omega+20/(\mathrm{j}\omega)}$$

由于激励为 $e(t)=10\sin10t\,\mathrm{V}$，因此

$$H(10)=\frac{1}{2+4\mathrm{j}+2/\mathrm{j}}=\frac{1}{2+2\mathrm{j}}=\frac{\sqrt{2}}{4}\mathrm{e}^{-\mathrm{j}\frac{\pi}{4}}$$

即 $\omega=10$ 时，系统函数的幅度和相位分别为

$$|H(10)|=\frac{\sqrt{2}}{4},\quad \varphi(10)=-\frac{\pi}{4}$$

因此，电流的稳态响应为

$$i(t)=\frac{5}{2}\sqrt{2}\sin\left(10t-\frac{\pi}{4}\right)\approx3.54\sin\left(10t-\frac{\pi}{4}\right)$$

2. 一般周期信号激励下系统的响应

满足狄里赫利条件的周期信号 $f_T(t)$ 可以展开为标准三角形式的傅里叶级数，即

$$f_T(t)=c_0+\sum_{n=1}^{\infty}c_n\cos(n\omega_1t+\varphi_n),\quad \omega_1=\frac{2\pi}{T}$$

当系统函数为 $H(\omega)=|H(\omega)|\mathrm{e}^{\mathrm{j}\varphi(\omega)}$ 时，根据线性系统的特性，信号 $f_T(t)$ 通过系统的响应为

$$y(t)=c_0H(0)+\sum_{n=1}^{\infty}c_n|H(n\omega_1)|\cos[n\omega_1t+\varphi_n+\varphi(n\omega_1)] \tag{5.5-12}$$

可以看出，当包含多个频率成分的信号通过系统时，系统对每个频率成分都进行幅度加权和相移处理，这就是从频域角度反映出的系统对信号的作用。

例 5-30 已知某 LTI 系统的系统函数 $H(\omega)=\dfrac{1}{\mathrm{j}\omega+1}$，激励 $f(t)=\cos t+\sin3t$，求系统的稳态响应 $y(t)$。

解： 从题目中可知，$f(t)$ 包含 $\omega=1$ 和 $\omega=3$ 的频率成分。根据系统函数的表达式，可计算得到

$$H(\omega)\big|_{\omega=1}=\frac{1}{\mathrm{j}+1}=\frac{1}{\sqrt{2}}\mathrm{e}^{-\mathrm{j}45°}$$

$$H(\omega)\big|_{\omega=3}=\frac{1}{\mathrm{j}3+1}=\frac{1}{\sqrt{10}}\mathrm{e}^{-\mathrm{j}71.6°}$$

所以系统稳态响应为

$$y(t)=\frac{1}{\sqrt{2}}\times\cos(t-45°)+\frac{1}{\sqrt{10}}\times\sin(3t-71.6°)$$

例 5-31 某线性时不变系统的频响特性曲线如图 5-60 所示，已知系统的激励为 $f(t)=2+4\cos(5t)+4\cos(10t)$，求系统输出 $y(t)$。

解： 输入信号包含 $\omega=0$（直流）、$\omega=5$ 和 $\omega=10$ 的频率成分。从频响特性曲线可以看出

$$|H(0)|=1 \qquad \varphi(0)=0$$

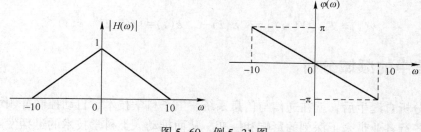

图 5-60   例 5-31 图

$$|H(5)| = \frac{1}{2} \qquad \varphi(5) = -\frac{\pi}{2}$$
$$|H(10)| = 0 \qquad \varphi(5) = -\pi$$

所以输出为

$$y(t) = 2 + 4 \times \frac{1}{2}\cos(5t - \pi/2) = 2 + 2\cos(5t - \pi/2)$$

3. 非周期信号激励下系统的响应

非周期信号的频谱是连续谱，对周期信号每个频率分量幅度加权和相移的方法并不适合。我们从系统零状态响应的讨论，可知

$$y_{zs}(t) = f(t) * h(t)$$

根据傅里叶变换的时域卷积定理，有

$$Y_{zs}(\omega) = F(\omega)H(\omega)$$

所以，求解系统响应通常包括以下步骤。

1）求激励信号 $f(t)$ 的傅里叶变换 $F(\omega)$。

2）求系统函数 $H(\omega)$。

3）求系统响应的频域表示 $Y_{zs}(\omega) = F(\omega)H(\omega)$。

4）利用傅里叶反变换，求系统响应的时域表示 $y(t) = \mathcal{F}^{-1}[Y_{zs}(\omega)]$。

例 5-32   已知描述某 LTI 系统的微分方程为

$$\frac{\mathrm{d}^2 y(t)}{\mathrm{d}t^2} + 3\frac{\mathrm{d}y(t)}{\mathrm{d}t} + 2y(t) = \frac{\mathrm{d}f(t)}{\mathrm{d}t} + 3f(t)$$

当激励 $f(t) = e^{-3t}\varepsilon(t)$ 时，求该系统的零状态响应 $y(t)$。

解： 对微分方程两端同时进行傅里叶变换，根据时域微分性质可得

$$(\mathrm{j}\omega)^2 Y(\omega) + 3\mathrm{j}\omega Y(\omega) + 2Y(\omega) = \mathrm{j}\omega F(\omega) + 3F(\omega)$$

整理可得

$$Y(\omega) = \frac{\mathrm{j}\omega + 3}{(\mathrm{j}\omega + 1)(\mathrm{j}\omega + 2)}F(\omega) = H(\omega)F(\omega)$$

因为

$$f(t) = e^{-3t}\varepsilon(t) \leftrightarrow F(\omega) = \frac{1}{\mathrm{j}\omega + 3}$$

故零状态响应的傅里叶变换为

$$Y(\omega) = \frac{1}{\mathrm{j}\omega + 3} \times \frac{\mathrm{j}\omega + 3}{(\mathrm{j}\omega + 1)(\mathrm{j}\omega + 2)} = \frac{1}{(\mathrm{j}\omega + 1)(\mathrm{j}\omega + 2)} = \frac{1}{(\mathrm{j}\omega + 1)} - \frac{1}{(\mathrm{j}\omega + 2)}$$

所以
$$y(t) = \mathcal{F}^{-1}[Y(\omega)] = \mathrm{e}^{-t}\varepsilon(t) - \mathrm{e}^{-2t}\varepsilon(t) = (\mathrm{e}^{-t} - \mathrm{e}^{-2t})\varepsilon(t)$$

5.6 通信中的频域分析

傅里叶分析自诞生后，就在通信与信息系统、电子科学技术、自动控制等领域得到了广泛应用，给各行各业带来了深刻的影响和巨变，从而推动人类科学技术的迅猛发展和生产力的不断提高。在通信领域，无论是早期的模拟通信系统，还是当今蓬勃发展的数字通信系统，都离不开傅里叶分析这只有力的"幕后推手"。本节运用傅里叶变换的数学工具，对通信中的无失真传输、滤波、调制以及系统的物理可实现条件等问题，从频域的角度进行了初步探讨。

5.6.1 无失真传输

信号经系统传输，由于受到系统函数 $H(\omega)$ 的作用，输出信号的波形与输入波形可能不同，通常称信号在传输过程中发生了失真。信号的失真可以分为线性失真和非线性失真。线性失真是由信号经过线性系统引起，此时输出信号中各频率分量的幅度或相位发生了相对变化，没有产生新的频率分量。非线性失真一般由信号经过非线性系统引起，此时信号经过系统产生了新的频率分量。

信号通过系统时，有时希望能够无失真传输。无失真传输是指信号通过系统后，输出信号与输入信号相比，只有幅度大小和出现时间先后的不同，而波形形状相同，如图 5-61 所示。从时域波形来看，输出信号只是对输入信号波形幅度放大了 K 倍，延迟了 t_0。

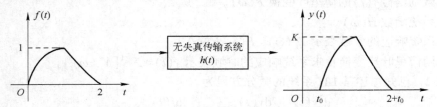

图 5-61　信号通过无失真传输系统

此时输出信号 $y(t)$ 与输入信号 $f(t)$ 的关系可以表示为
$$y(t) = Kf(t-t_0) \tag{5.6-1}$$
因为 $y(t) = f(t) * h(t)$，所以系统单位冲激响应为
$$h(t) = K\delta(t-t_0) \tag{5.6-2}$$
式（5.6-2）称为系统无失真传输的时域条件。

对式（5.6-1）两端同时进行傅里叶变换，设 $f(t) \leftrightarrow F(\omega)$，$y(t) \leftrightarrow Y(\omega)$，可得
$$Y(\omega) = KF(\omega)\mathrm{e}^{-\mathrm{j}\omega t_0} \tag{5.6-3}$$
则频域系统函数为
$$H(\omega) = \frac{Y(\omega)}{F(\omega)} = K\mathrm{e}^{-\mathrm{j}\omega t_0} \tag{5.6-4}$$
式（5.6-4）称为系统无失真传输的频域条件。可以计算得到，无失真传输时，系统的幅频

特性函数和相频特性函数分别为

$$|H(\omega)| = K \tag{5.6-5}$$

$$\varphi(\omega) = -\omega t_0 \tag{5.6-6}$$

图 5-62 给出了无失真系统的频率特性曲线。可以看出，此时系统的幅频特性为常数，这意味着系统对输入信号各频率分量的幅度放大同样倍数；系统的相频特性 $\varphi(\omega) = -\omega t_0$，为经过原点的直线，这说明信号各频率分量经过系统产生的相移与频率成正比。

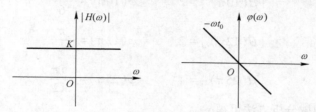

图 5-62 无失真传输系统的频响特性曲线

对输入信号所有的频率分量放大同样的倍数，意味着信号通过系统传输不会产生幅度失真，所以式（5.6-5）是幅度不失真的条件。对各频率分量的相移与频率成正比，则保证各频率成分具有相同的延迟时间，叠加后相位不失真，所以式（5.6-6）是相位不失真的条件。

以信号 $f(t) = \sin\omega_1 t + \sin\omega_2 t$ 为例，若通过系统后信号整体延时 t_0，不产生相位失真，则系统输出为

$$f(t-t_0) = \sin\omega_1(t-t_0) + \sin\omega_2(t-t_0) = \sin(\omega_1 t - \omega_1 t_0) + \sin(\omega_2 t - \omega_2 t_0)$$

可以看出，ω_1 频率分量的相移量为 $\varphi_1 = -\omega_1 t_0$，$\omega_2$ 频率分量的相移量为 $\varphi_2 = -\omega_2 t_0$，此时

$$\frac{\varphi_1}{\varphi_2} = \frac{-\omega_1 t_0}{-\omega_2 t_0} = \frac{\omega_1}{\omega_2}$$

即各频率分量的相移与频率成正比。

在通信中，通常用群时延 τ 来表示传输系统的相移特性，定义如下：

$$\tau = -\frac{\mathrm{d}\varphi(\omega)}{\mathrm{d}\omega} \tag{5.6-7}$$

在不产生相位失真的情况下，相位特性曲线为经过原点的直线，即系统的群时延为常数。

例 5-33 已知某系统的幅频和相频特性如图 5-63 所示。

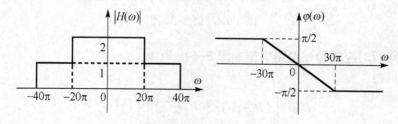

图 5-63 例 5-33 图

（1）当输入 $f_1(t)=2\cos10\pi t+\sin12\pi t$ 及 $f_2(t)=2\cos10\pi t+\sin25\pi t$ 时，求系统输出 $y_1(t)$ 和 $y_2(t)$。

（2）判断输出 $y_1(t)$ 和 $y_2(t)$ 有无失真？若有，指出为何种失真。

解：输入信号 $f_1(t)$ 和 $f_2(t)$ 包含 $\omega=10\pi$、$\omega=12\pi$ 和 $\omega=25\pi$ 的频率成分，从频响特性曲线中可以看出

$$|H(10\pi)|=2 \qquad \varphi(10\pi)=-\frac{\pi}{6}$$

$$|H(12\pi)|=2 \qquad \varphi(12\pi)=-\frac{\pi}{5}$$

$$|H(25\pi)|=1 \qquad \varphi(25\pi)=-\frac{5\pi}{12}$$

（1）根据系统频域分析方法可得

$$y_1(t)=2\left[2\cos\left(10\pi t-\frac{\pi}{6}\right)+\sin\left(12\pi t-\frac{\pi}{5}\right)\right]$$

$$=4\cos\left(10\pi t-\frac{\pi}{6}\right)+2\sin\left(12\pi t-\frac{\pi}{5}\right)$$

$$y_2(t)=2\times2\cos\left(10\pi t-\frac{\pi}{6}\right)+\sin\left(25\pi t-\frac{5\pi}{12}\right)$$

$$=4\cos\left(10\pi t-\frac{\pi}{6}\right)+\sin\left(25\pi t-\frac{5\pi}{12}\right)$$

（2）由系统函数的频域特性曲线可知，系统对 $\omega=10\pi$ 和 $\omega=12\pi$ 的频率分量幅度放大同样的倍数，相移与频率成正比，所以 $y_1(t)$ 无失真。系统对 $\omega=10\pi$ 和 $\omega=25\pi$ 的频率分量幅度放大的倍数不同，所以 $y_2(t)$ 存在幅度失真，但相移与频率成正比，所以 $y_2(t)$ 不存在相位失真。

例 5-34 在图 5-64a 所示电路中，为使系统无失真传输信号，求电阻 R_1 和 R_2 的值。

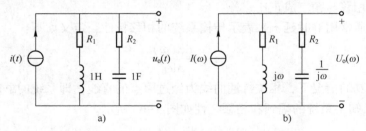

图 5-64　例 5-34 图

解：该电路所对应的频域电路模型如图 5-64b 所示。

列电路方程，可得

$$I(\omega)\left[(R_1+\mathrm{j}\omega)//\left(R_2+\frac{1}{\mathrm{j}\omega}\right)\right]=U_0(\omega)$$

系统函数为

$$H(\omega) = \frac{U_0(\omega)}{I(\omega)} = (R_1 + j\omega) // \left(R_2 + \frac{1}{j\omega}\right)$$

$$= \frac{(R_1 + j\omega) \cdot [R_2 + 1/(j\omega)]}{(R_1 + j\omega) + R_2 + 1/(j\omega)} = \frac{R_2 (j\omega)^2 + (1 + R_1 R_2) j\omega + R_1}{(j\omega)^2 + (R_1 + R_2) j\omega + 1}$$

可以看出，当 $R_1 = R_2 = 1\,\Omega$ 时，系统函数 $H(\omega) = 1$，满足无失真传输的条件，此时系统可无失真传输信号。

5.6.2 理想低通滤波器

滤波器是一种能够选取信号中所需频率分量，同时抑制不需要频率分量的系统或电路。根据选取的频率分量范围的不同，滤波器通常分为低通滤波器、高通滤波器、带通滤波器和带阻滤波器。为了便于研究滤波器特性，有时会将滤波器的某些特性理想化而定义滤波网络，这就是所谓的"理想滤波器"。

图 5-65a、b、c、d 分别给出了理想低通滤波器、理想高通滤波器、理想带通滤波器和理想带阻滤波器的幅频特性曲线。

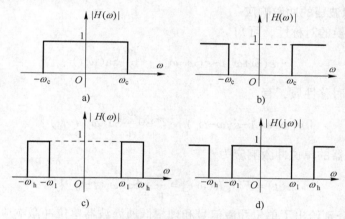

图 5-65　理想滤波器的幅频特性曲线

通常将信号能够通过的频率范围称为通带，信号被抑制的频率范围称为阻带。从图 5-65 中可以看出理想滤波器在通带内系统的幅频特性 $|H(\omega)| = 1$，在阻带内 $|H(\omega)| = 0$。不同类型的滤波器，其通带和阻带的频率范围各不相同。

1）对于理想低通滤波器，$|\omega| < \omega_c$ 时，信号无衰减通过，而其他频率分量则被完全抑制。其通带为 $|\omega| < \omega_c$ 的频率范围，阻带为 $|\omega| > \omega_c$ 的频率范围，通常称 ω_c 为截止频率，。

2）对于理想高通滤波器，$|\omega| < \omega_c$ 的频率范围为阻带，$|\omega| > \omega_c$ 的频率范围为通带。

3）理想带通滤波器的通带为 $\omega_l < |\omega| < \omega_h$。

4）理想带阻滤波器的阻带为 $\omega_l < |\omega| < \omega_h$。

接下来本节以理想低通滤波器为例，讨论滤波器的频率特性。

1. 理想低通滤波器的频率特性

图 5-66a、b 分别给出了理想低通滤波器的幅频特性曲线和相频特性曲线。理想低通滤波器的系统函数为

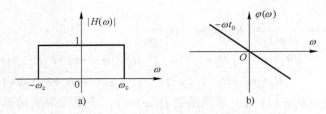

图 5-66　理想低通滤波器的幅频和相频特性曲线

$$H(\omega) = [\varepsilon(\omega+\omega_c) - \varepsilon(\omega-\omega_c)] e^{-j\omega t_0} \tag{5.6-8}$$

其幅度谱和相位谱函数分别为

$$|H(\omega)| = \begin{cases} 1 & |\omega| < \omega_c \\ 0 & |\omega| > \omega_c \end{cases}$$

$$\varphi(\omega) = -\omega t_0$$

式中，ω_c 为截止频率。信号通过理想低通滤波器时，频率低于 ω_c 的分量无失真传输，频率高于 ω_c 的部分被完全滤除。

2. 理想低通滤波器的冲激响应

根据傅里叶变换的对称性，可知

$$[\varepsilon(\omega+\omega_c) - \varepsilon(\omega-\omega_c)] \leftrightarrow \frac{\omega_c}{\pi} \text{Sa}(\omega_c t)$$

利用傅里叶变换的时移性质，有

$$[\varepsilon(\omega+\omega_c) - \varepsilon(\omega-\omega_c)] e^{-j\omega t_0} \leftrightarrow \frac{\omega_c}{\pi} \text{Sa}[\omega_c(t-t_0)]$$

所以理想低通滤波器的单位冲激响应为

$$h(t) = \mathcal{F}^{-1}[H(\omega)] = \frac{\omega_c}{\pi} \cdot \text{Sa}[\omega_c(t-t_0)] \tag{5.6-9}$$

图 5-67a、b 分别给出了单位冲激信号和理想低通滤波器单位冲激响应的时域波形图。

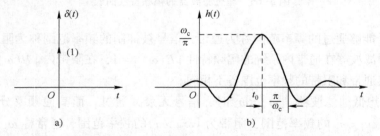

图 5-67　单位冲激信号和理想低通滤波器单位冲激响应的时域波形图

由于单位冲激信号的频带无限宽，通过理想低通滤波器时，ω_c 以上的频率分量完全衰减，所以从图 5-67 中可以看出，单位冲激信号通过理想低通滤波器之后，波形产生了失真。同时也可以看到，激励信号 $\delta(t)$ 在 $t=0$ 时出现，而单位冲激响应 $h(t)$ 在 $t<0$ 时就已经存在，所以理想低通滤波器是一个物理不可实现的非因果系统。

3. 理想低通滤波器的单位阶跃响应

单位阶跃信号 $\varepsilon(t)$ 及其通过单位冲激响应为 $h(t)$ 的理想低通滤波器后输出 $r(t)=\varepsilon(t)*h(t)$ 的波形如图 5-68a、b 所示（有兴趣的读者可以参阅相关书籍证明）。可以看出，由于 ω_c 以上的频率分量被完全滤除，输出信号失真。由于滤除了高频分量，信号通过滤波器由跳变变成了平滑的缓升，输出最大值出现在 $t=t_0+\dfrac{\pi}{\omega_c}$，最小值出现在 $t=t_0-\dfrac{\pi}{\omega_c}$。通常称输出由最小值到最大值所经历的时间为上升时间，记作 t_r，则

$$t_r=\frac{2\pi}{\omega_c} \tag{5.6-10}$$

可以看出，上升时间 t_r 与滤波器的截止频率 ω_c 成反比，也就是说 ω_c 越大，允许通过的高频分量越高，阶跃响应的上升速度越快。

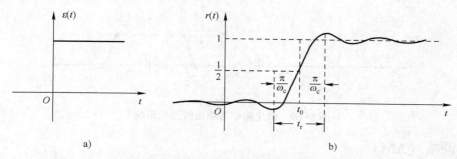

图 5-68　阶跃信号和理想低通滤波器的单位阶跃响应的时域波形

4. 矩形脉冲通过理想低通滤波器的响应

设矩形脉冲的表示式为

$$G_\tau(t)=\varepsilon\left(t+\frac{\tau}{2}\right)-\varepsilon\left(t-\frac{\tau}{2}\right)$$

根据理想低通滤波器的单位阶跃响应，利用傅里叶变换的线性和时移性质，即可得到矩形脉冲通过理想低通滤波器的响应表示式。图 5-69a、b 分别为幅度为 1、脉宽为 1 的矩形脉冲信号的时域波形和频谱图。当该信号通过如图 5-69c 所示的截止频率 $\omega_c=4\pi$ 的理想低通滤波器时，输出信号波形如图 5-69d 所示；该信号通过如图 5-69e 所示的低通滤波器，此时截止频率 $\omega_c=8\pi$，输出波形如图 5-69f 所示。可见在矩形脉冲跳变（上升沿和下降沿）位置，随着截止频率 ω_c 的增大，允许通过的高频分量增加，跳变点附近的峰值越靠近跳变点，上升时间和下降时间也随之下降，与 ω_c 成反比。

从频域角度看，理想滤波器就像一个"矩形窗"，截止频率 ω_c 的大小决定了截取信号频谱的频率分量的多少。对应于时域上，在时域的不连续点处会出现上冲。尽管增加 ω_c 可以使响应的上升和下降时间减少，但却无法改变近 9% 的上冲值，这就是吉布斯现象。只有改用其他具有滚降形式的窗函数进行频域滤波时，才有可能消减上冲，比如选用升余弦窗函数等。

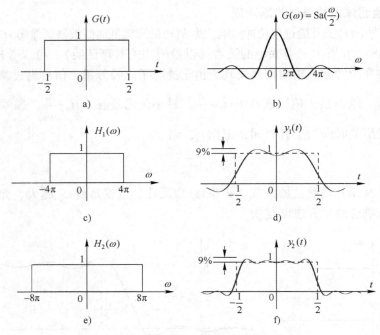

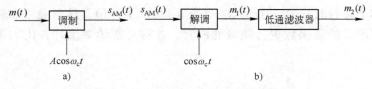

图 5-69   截止频率对输出波形的影响

5.6.3   调幅（AM）

在前面讨论傅里叶变换的频移性质时，就已经提到过，在通信系统中，要将基带信号从发射端传输到接收端，一般都需要进行调制和解调。例如，语音信号的主要能量集中在 4 kHz以下，人耳能够听到的声音的频率范围在 20 Hz ~ 20 kHz 之间，显然都属于低频信号。如果电台要采用无线方式进行传输，必须通过天线将信号辐射到空间。一般来说，天线长度需要等于无线电波长的 1/4，信号才能有效地辐射出去。对于 4 kHz 的语音，其波长 $\lambda = c/f \approx 75$ km，相应的天线尺寸要为 20 km 左右，这样的天线在实际中是难以制作和使用的。如果我们采用调幅（AM）方式调制信号，将频率提升到 600 kHz，则天线长度只需要 500 m，此时将天线（发射塔）建立在海拔地势高处就可以达到尺寸要求，信号就容易以电磁波形式辐射出去。如果我们采用调频（FM）方式调制信号，将频率提升到 100 MHz，则天线长度只需要 3 m，此时电磁波更容易发射出去。

下面，以振幅调制为例来说明信号频谱搬移的过程，主要讨论两种常见的方式：一种称为抑制载波振幅调制（AM-SC），一种是常规的振幅调制（AM）。下面分别进行讨论。

1. 抑制载波振幅调制（AM-SC）

信号调制和解调的示意框图如图 5-70 所示。

图 5-70   信号调制和解调示意框图

假设基带信号为 $m(t)$，$A\cos\omega_c t$ 称为载波，ω_c 称为载波频率，$s_{AM}(t)$ 称为调幅信号。ω_c 通常远大于原信号最高频率。基带、载波、调幅信号的时域波形分别如图 5-71a、b、c 所示。

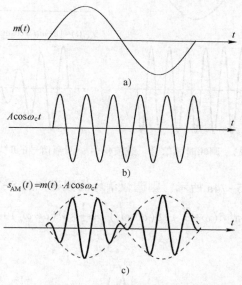

图 5-71 基带、载波、调幅信号的时域波形

若不考虑信道传输的影响，则对方接收到的信号为 $s_{AM}(t) = m(t) \cdot A\cos\omega_c t$，在解调时需产生和发送方同频同相的载波 $\cos\omega_c t$，并与之相乘进行解调，即

$$m_1(t) = s_{AM}(t)\cos\omega_c t = m(t) \cdot A\cos\omega_c^2 t = \frac{A}{2}m(t)(1+\cos 2\omega_c t)$$

其傅里叶变换为

$$M_1(\omega) = \frac{A}{2}M(\omega) + \frac{A}{4}[M(\omega+2\omega_c)+M(\omega-2\omega_c)] \tag{5.6-11}$$

由于载波频率 ω_c 远大于原信号最高频率，所以 $M(\omega+2\omega_c)$、$M(\omega-2\omega_c)$ 位于高频区域。通过低通滤波器保留低频成分，滤除高频成分，则滤波器输出的频谱只含有 $\frac{A}{2}M(\omega)$ 频率成分。当 $A=2$ 时，对应的时域输出为 $m_2(t) = m(t)$，从而解调恢复出了原基带信号。

抑制载波振幅调制需要在接收端产生与发送端频率相同的本地载波，在工程实现时比较复杂。为了降低接收机设计的复杂性，可采用以下的振幅调制方式。

2. 常规振幅调制（AM）

AM 调制器模型如图 5-72 所示。这种方法的思想是在发射信号中加入一定强度的载波信号 $A\cos\omega_c t$，即调幅信号 $s_{AM}(t)$ 为

$$s_{AM}(t) = g(t)\cos\omega_c t = [A+m(t)]\cos\omega_c t \tag{5.6-12}$$

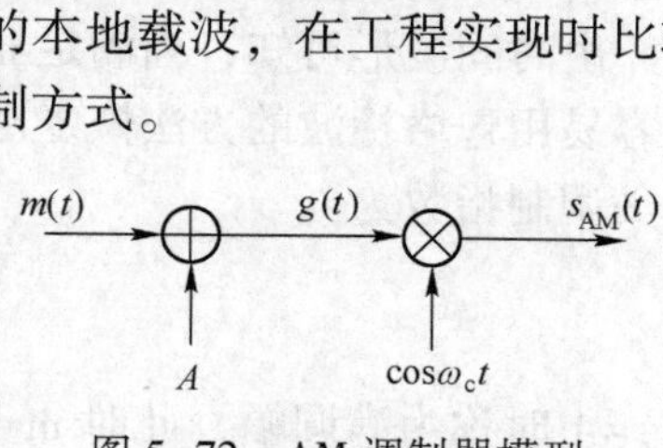

可见调幅信号 $s_{AM}(t)$ 可视为 AM-SC 信号加入一定强度的载波信号 $A\cos\omega_c t$ 所形成的。相关信号的时域波形如图 5-73 所示。

图 5-72 AM 调制器模型

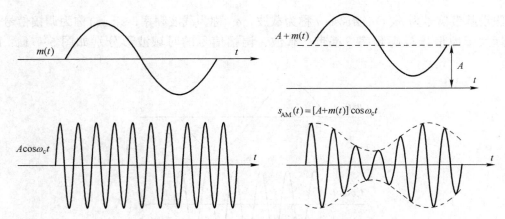

图 5-73　调幅时原信号、载波信号、调幅信号的时域波形

若原信号的频谱如图 5-74a 所示，则调幅信号的频谱如图 5-74b 所示，其表示式为

$$S_{AM}(\omega) = A\pi\left[\delta(\omega+\omega_c)+\delta(\omega-\omega_c)\right]+\frac{1}{2}\left[M(\omega+\omega_c)+M(\omega-\omega_c)\right] \qquad (5.6\text{-}13)$$

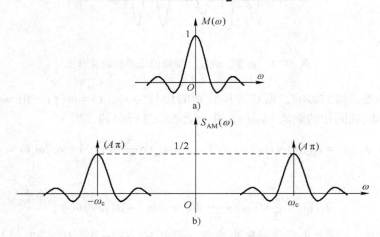

图 5-74　原信号、调幅信号频谱图

　　由频谱图和表示式可知，AM 信号是带有载波的双边带信号。其频谱在 $\pm\omega_c$ 处，由载波分量和上下两个边带组成，边带的频谱结构与基带信号的频谱结构相同，幅度是其一半。

　　由时间波形可知，当满足 $\max\{|m(t)|\}\leqslant A$ 时，AM 信号的包络与 $m(t)$ 成正比，所以很容易用包络检波的方法恢复出来。否则，将会出现"过调幅"现象而产生包络失真。可以定义调制指数为

$$\beta_{AM}=\frac{\max\{A(t)\}-\min\{A(t)\}}{\max\{A(t)\}+\min\{A(t)\}} \qquad (5.6\text{-}14)$$

$\beta_{AM}=1$ 时称为满调幅，此时 $\max\{m(t)\}=A$。一般 $\beta_{AM}\leqslant1$，只有 $\min\{A(t)\}<0$ 即出现"过调幅"时，才会出现 $\beta_{AM}>1$。"过调幅"时不能用包络检波器进行无失真解调，为保证无失真解调，需要采用前面介绍的同步解调方式。

AM 调制的最大优点是接收机简单，可以采用包络检波法。这里只在图 5-75a 中给出电路示意框图，不详述 AM 包络检波的详细过程。不难看出，二极管、电容和电阻即可构成包络检波器，通过电容充放电就可以跟随已调信号包络 $A(t)$ 变化。图 5-75b 画出了包络检波前后的时域波形图。

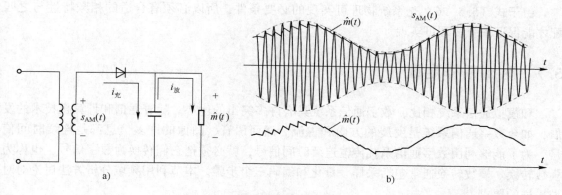

图 5-75　包络检波法

从以上两种振幅调制方式可以看出，常规 AM 采用包络检波，接收机容易设计，电路简单，成本低廉，但是缺点是载波分量占据了信号大部分功率，因此 AM 信号的功率利用率低。与之相反，AM-SC 信号进行了载波抑制，不携带载波分量，信息完全由边带传送，功率利用率比常规 AM 高。但从时间波形可以看出，其包络不再与调制信号的变化规律一致，所以不能用简单的包络检波来恢复调制信号，需在接收方产生同频同相的载波进行相干解调。

5.6.4　系统物理可实现的条件

前面提到过，理想低通滤波器是物理不可实现的非因果系统。实际应用中通常可以通过时域准则和频域准则来判断系统的物理可实现性。

（1）时域准则

若系统的单位冲激响应 $h(t)$ 满足因果性，即 $t<0$ 时 $h(t)=0$，则系统是物理可实现的。可见，由于理想低通滤波器在 $t<0$ 时，$h(t)\neq0$，所以是物理不可实现的。

（2）频域准则

若系统的幅频函数 $|H(\omega)|$ 满足平方可积条件，即

$$\int_{-\infty}^{+\infty} |H(\omega)|^2 d\omega < \infty \qquad (5.6-15)$$

则物理可实现的必要条件为

$$\int_{-\infty}^{\infty} \frac{|\ln|H(\omega)||}{1+\omega^2} d\omega < \infty \qquad (5.6-16)$$

式（5.6-16）称为佩利-维纳准则，它给出了判断系统物理可实现的必要条件，所以不满足该条件的系统是物理不可实现的。

理想低通滤波器的幅频函数满足平方可积条件，但是在 $-\infty \sim \omega_c$ 和 $\omega_c \sim +\infty$ 的频带范围

内 $|H(\omega)| = 0$，则 $\int_{-\infty}^{+\infty} \dfrac{|\ln|H(\omega)||}{1+\omega^2}\mathrm{d}\omega \to \infty$，所以根据佩利-维纳准则，也可以判断理想低通滤波器是物理不可实现的。同样，理想高通滤波器、理想低通滤波器以及理想带阻滤波器由于幅频特性在某个频带内的幅值为零，均为物理不可实现的。

由于式（5.5-26）是系统物理可实现的必要条件，所以必须有合适的相频特性与之匹配才能保证系统物理可实现。

5.7　时域采样定理

和模拟通信系统相比，数字通信系统具有许多突出的优势。随着通信和计算机技术的发展，如今数字通信系统是发展的方向和主流。然而语音、图像的许多信息都是连续时间信号。为了能够利用数字通信系统传输连续时间信号，就必须把它们转换为数字信号，也称为模数转换。模数转换通常包括采样、量化和编码三个步骤。本节利用频域分析方法讨论对时域采样的要求。

5.7.1　时域采样

所谓时域采样就是利用"采样器"从连续时间信号中抽取一系列离散样值的过程。

图 5-76 描述了连续时间信号 $f(t)$ 与采样信号 $f_{\mathrm{s}}(t)$ 之间的关系。可以看出采样后的信号 $f_{\mathrm{s}}(t)$ 是由原信号 $f(t)$ 中抽取的样点构成的。通常采样也称为"抽样"或"取样"。

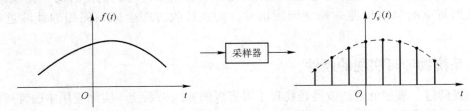

图 5-76　原信号及采样信号的时域波形

采样过程可以通过物理开关的闭合和断开来实现，如图 5-77 所示。当开关在位置"1"时，输出 $f_{\mathrm{s}}(t)=f(t)$；当开关在位置"2"时，输出 $f_{\mathrm{s}}(t)=0$；当开关在位置"1"和"2"之间周期切换时，输出为输入信号的一些样值，完成了信号的采样。

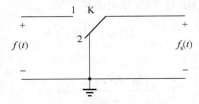

图 5-77　采样的开关模型

从图 5-76 所示的时域波形可以看出，连续时间信号被离散采样后，其大部分被丢弃，采样信号只是原信号中的一部分。实际系统中就是把这些样值点再进行量化和编码转换为数字信号。那么对采样通常有什么要求呢? 能否从采样信号中恢复原信号呢? 如果能恢复, 有什么条件呢? 对于这些问题, 可以采用前面学习的频域分析方法进行讨论。

5.7.2 采样信号的频谱

采样过程可以抽象为图 5-78a 所示的乘法器。可以看出当 $p(t)=1$ 时, $f_s(t)=f(t)$; 当 $p(t)=0$ 时, $f_s(t)=f(t)$, 在 $p(t)$ 的控制下, 就完成了采样的过程。通常 $p(t)$ 称为采样脉冲, 采样信号可看作是连续时间信号与采样脉冲的乘积, 即

$$f_s(t)=f(t)\times p(t) \tag{5.7-1}$$

采样脉冲可以存在多种形式, 如果采用如图 5-78b 所示的周期矩形脉冲信号, 则这种采样方式与实际开关的作用非常相似, 称为自然采样。通常把采样脉冲的周期 T_s 称为采样周期, 它的倒数 $f_s=1/T_s$ 称为采样频率, $\omega_s=2\pi/T_s$ 称为采样角频率, 有时也简称为采样频率。

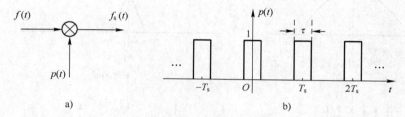

图 5-78 时域采样的乘法模型

为了简化采样的分析, 先考虑一种特殊的采样方式, 即理想采样。

（1）理想采样

理想采样是指采样脉冲为周期冲激序列, 即

$$p(t)=\delta_{T_s}(t)=\sum_{n=-\infty}^{+\infty}\delta(t-nT_s)$$

此时采样信号的时域表示式为

$$f_s(t)=f(t)p(t)=f(t)\sum_{n=-\infty}^{+\infty}\delta(t-nT_s) \tag{5.7-2}$$

设 $f(t)\leftrightarrow F(\omega)$, $\delta_{T_s}(t)\leftrightarrow P(\omega)$, $f_s(t)\leftrightarrow F_s(\omega)$, 则采样信号的傅里叶变换为

$$F_s(\omega)=\mathcal{F}[f(t)\delta_{T_s}(t)]=\frac{1}{2\pi}F(\omega)*P(\omega) \tag{5.7-3}$$

由周期信号的傅里叶变换公式, 可知

$$\delta_{T_s}(t)=\sum_{n=-\infty}^{+\infty}\delta(t-nT_s)\leftrightarrow P(\omega)=\omega_s\sum_{n=-\infty}^{+\infty}\delta(\omega-n\omega_s)$$

所以

$$F_s(\omega)=\frac{1}{2\pi}F(\omega)*\omega_s\sum_{n=-\infty}^{+\infty}\delta(\omega-n\omega_s)$$

$$=\frac{\omega_s}{2\pi}\sum_{n=-\infty}^{+\infty}F(\omega-n\omega_s)=\frac{1}{T_s}\sum_{n=-\infty}^{\infty}F(\omega-n\omega_s) \tag{5.7-4}$$

从式 (5.7-4) 可以看出, 理想采样信号的频谱是原信号频谱的加权周期重复, 重复周

167

期为 ω_s，加权系数是常数 $1/T_s$。

设信号 $f(t)$ 是一个频带有限的信号，其最高频率为 ω_m，幅度最大值为 1，时域波形和频谱图如图 5-79a、b 所示。理想采样时，采样脉冲为周期冲激序列，其频谱也是一个周期冲激序列，其时域波形和频谱图分别如图 5-79c、d 所示。图 5-79e 为采样信号的时域波形，图 5-79f 给出了采样频率 ω_s 大于信号最高频率 ω_m 两倍，即 $\omega_s>2\omega_m$ 时采样信号的频谱图。

从图 5-79f 中可以看出，采样后信号的频谱 $F_s(\omega)$ 是将原信号频谱 $F(\omega)$ 以 ω_s 为周期的周期重复，同时幅度变为原来的 $1/T_s$。当 $\omega_s>2\omega_m$ 时，$F_s(\omega)$ 包含原信号频谱的全部信息，所以可以使用一个幅度为 T_s，截止频率 $\omega_m<\omega_c<\omega_s-\omega_m$ 的理想低通滤波器，即可得到原信号的频谱 $F(\omega)$，从而恢复原信号 $f(t)$，如图 5-80 所示。

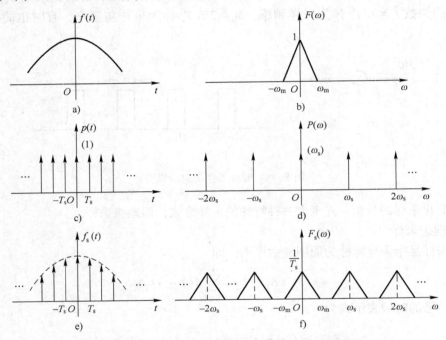

图 5-79　$\omega_s>2\omega_m$ 时采样信号与原信号之间的关系图

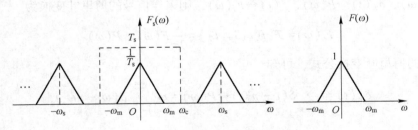

图 5-80　$\omega_s>2\omega_m$ 时恢复原信号

图 5-81a、b 分别给出了 $\omega_s=2\omega_m$ 和 $\omega_s<2\omega_m$ 时采样脉冲和采样信号的频谱图，可以看出当 $\omega_s<2\omega_m$ 时，由于采样信号的频谱发生了混叠，因此无法恢复原始信号。

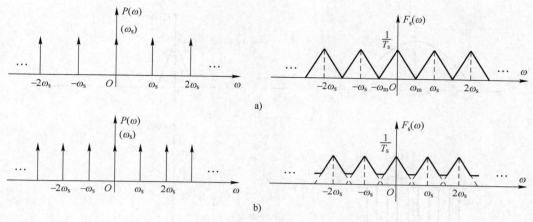

图 5-81　$\omega_s = 2\omega_m$ 和 $\omega_s < 2\omega_m$ 采样信号的频谱图

（2）自然采样

自然采样是指采样脉冲为周期矩形脉冲信号，即 $p(t)$ 的时域波形如图 5-82 所示。

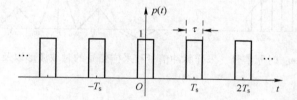

图 5-82　周期矩形脉冲信号的时域波形

采样信号 $f_s(t) = f(t) \cdot p(t)$，利用周期信号的傅里叶变换，可知

$$P(\omega) = 2\pi \sum_{n=-\infty}^{+\infty} p_n \delta(\omega - n\omega_s)$$

式中，p_n 为周期矩形脉冲信号的傅里叶级数的复系数，可表示为

$$p_n = \frac{\tau}{T_s} \mathrm{Sa}\left(\frac{n\omega_s \tau}{2}\right)$$

故

$$
\begin{aligned}
F_s(\omega) &= \frac{1}{2\pi} F(\omega) * \frac{2\pi\tau}{T_s} \sum_{n=-\infty}^{+\infty} \mathrm{Sa}\left(\frac{n\omega_s \tau}{2}\right) \delta(\omega - n\omega_s) \\
&= \frac{\tau}{T_s} \sum_{n=-\infty}^{+\infty} \mathrm{Sa}\left(\frac{n\omega_s \tau}{2}\right) F(\omega - n\omega_s)
\end{aligned}
\tag{5.7-5}
$$

可以看出，自然采样信号的频谱图是原信号频谱图的周期重复，重复周期为 ω_s，只是此时幅度加权系数不是常数。图 5-83 给出了当 $\omega_s > 2\omega_m$ 时，原信号、采样脉冲信号和采样信号的时域波形以及对应的频谱图。

与理想采样类似，当 $\omega_s \geq 2\omega_m$ 时，采样信号的频谱没有混叠，可以通过理想低通滤波器恢复原信号；当 $\omega_s < 2\omega_m$ 时，采样信号的频谱存在混叠，不能无失真恢复原信号。

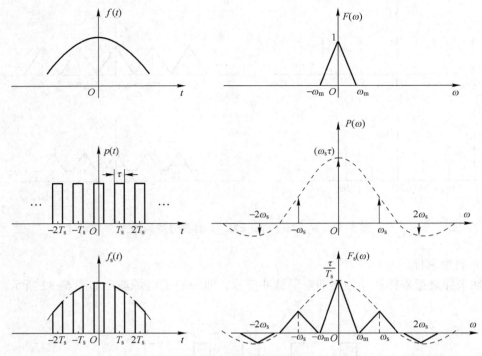

图 5-83 $\omega_s > 2\omega_m$ 时原信号、采样脉冲信号和采样信号的时域波形以及对应的频谱图

5.7.3 时域采样定理

从前面的分析可知，如果 $f(t)$ 为带宽有限的连续信号，其频谱 $F(\omega)$ 的最高频率为 f_m，若以采样间隔 $T_s \leqslant 1/(2f_m)$ 对信号 $f(t)$ 进行等间隔采样，所得的采样信号 $f_s(t)$ 将包含原信号的全部信息，因而可利用 $f_s(t)$ 恢复原信号。这就是时域采样定理的内容。

时域采样定理是由美国科学家奈奎斯特（Nyquist）提出的，所以通常把该定理称为奈奎斯特采样定理。它给出了从采样信号中恢复出原始信号的条件，即采样间隔 T_s 要满足

$$T_s \leqslant \frac{1}{2f_m}$$

或采样频率满足

$$f_s \geqslant 2f_m \text{ 或 } \omega_s \geqslant 2\omega_m$$

通常把信号最高频率的两倍 $f_s = 2f_m$ 称为奈奎斯特采样频率，其倒数 $T_s = \dfrac{1}{2f_m}$ 称为奈奎斯特采样间隔。

例 5-35 若下列信号被理想采样，求信号无失真恢复的最小采样频率。
（1）$\mathrm{Sa}(100t)$；（2）$\mathrm{Sa}^2(100t)$。

解：（1）根据对称性，有 $\mathrm{Sa}(100t) \leftrightarrow \dfrac{\pi}{100}G_{200}(\omega)$。

可以看出信号 $\mathrm{Sa}(100t)$ 最高频率 $\omega_m = 100\,\mathrm{rad/s}$，所以无失真恢复的最小采样频率为 $\omega_s = 2\omega_m = 200\,\mathrm{rad/s}$。

（2）时域相乘对应于频域卷积，卷积结果所占有的频宽等于两个频谱函数频宽之和。所以信号 $\mathrm{Sa}^2(100t)$ 的最高频率 $\omega_\mathrm{m}=200\,\mathrm{rad/s}$，无失真恢复的最小采样频率为

$$\omega_\mathrm{s}=2\omega_\mathrm{m}=400\,\mathrm{rad/s}$$

例 5-36 已知 $f(t)$ 的频谱如图 5-84a 所示，通过如图 5-84b 所示的系统，其中 $\delta_T(t)=\displaystyle\sum_{n=-\infty}^{+\infty}\delta(t-nT)$。

（1）求从 $f_\mathrm{s}(t)$ 中无失真恢复 $f(t)$ 时最大采样间隔 $T_{\max}$。

（2）画出 $T=T_{\max}$ 时 $f_\mathrm{s}(t)$ 的频谱图。

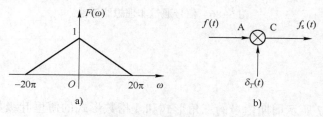

图 5-84　例 5-36 图

解：（1）从图 5-84a 中可以看出，$\omega_{\max}=20\pi$。

根据时域采样定理，可知当 $\omega_\mathrm{s}\geqslant 2\omega_{\max}=40\pi$ 时，可以从 $f_\mathrm{s}(t)$ 中无失真恢复 $f(t)$，所以最大采样间隔 $T_{\max}=\dfrac{2\pi}{2\omega_{\max}}=0.05\,\mathrm{s}$。

（2）当 $T=T_{\max}$ 时，采样频率 $\omega_\mathrm{s}=2\omega_\mathrm{m}=40\pi$，理想采样信号的频谱为

$$F_\mathrm{s}(\omega)=\frac{1}{T_\mathrm{s}}\sum_{n=-\infty}^{\infty}F(\omega-n\omega_\mathrm{s})=20\sum_{n=-\infty}^{\infty}F(\omega-40n\pi)$$

所以 $f_\mathrm{s}(t)$ 的频谱图如图 5-85 所示。

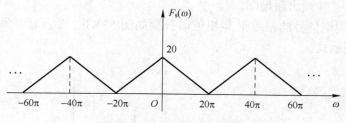

图 5-85　采样信号的频谱图

采样在模拟信号的数字化中有着广泛的应用，但是在实际工程应用中还需要考虑两个问题。第一个问题是：工程中的实际信号通常时间有限、频带无限宽，此时直接对信号进行采样会造成频谱混叠，所以需要采用一个低通滤波器（通常称为抗混叠滤波器）以限制输入信号的频带范围。例如，以信号有效带宽作为滤波器截止频率，滤除高频成分，再进行采样。此时虽然避免了频谱混叠，但由于损失了高频成分，会带来信号的失真，所以只能在允许一定失真的情况下近似恢复原始信号。第二个问题是：根据佩利-维纳准则，理想低通滤波器是物理不可实现的，实际滤波器总有一个过渡带，如图 5-86a 所示。此时若采样频率等于信号最高频率的两倍，通过滤波器得到的就不仅是原信号的频率成分，如图 5-86b 所

示。所以在实际工程应用中采样频率通常要大于信号最高频率的两倍，通常选择为信号最高频率的 3~6 倍。

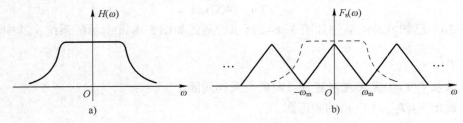

图 5-86 信号通过非理想滤波器

习题 5

5-1 求图 5-87 所示周期信号的三角形式和复指数形式的傅里叶级数表示式。

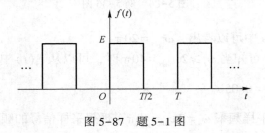

图 5-87 题 5-1 图

5-2 周期信号 $f(t)=3\cos t+2\sin\left(2t+\dfrac{\pi}{6}\right)-2\cos\left(4t-\dfrac{2\pi}{3}\right)$，写出其标准三角形式和复指数形式的傅里叶级数，并画出频谱图。

5-3 已知一周期信号的幅度谱和相位谱分别如图 5-88a、b 所示，写出信号的三角形式的傅里叶级数表示式。

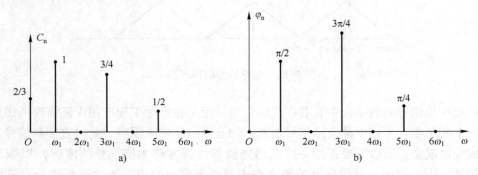

图 5-88 题 5-3 图

5-4 已知图 5-89 所示周期对称方波信号 $f(t)$ 的三角形式傅里叶级数为

$$f(t)=\frac{2E}{\pi}\sum_{n=1}^{\infty}\frac{1}{n}\sin\frac{n\pi}{2}\cos n\omega_1 t$$

（1）画出信号 $f(t)$ 的三角形式的频谱图。

（2）试写出 $f(t)$ 的复指数形式傅里叶级数，并画出复指数形式的频谱图。

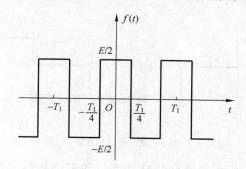

图 5-89 题 5-4 图

5-5 求图 5-90 所示半波余弦信号的傅里叶级数展开式。当 $E=10\,\text{V}$，$f=10\,\text{kHz}$ 时，大致画出其幅度谱。

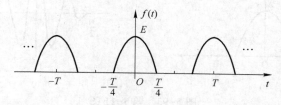

图 5-90 题 5-5 图

5-6 已知频谱函数 $F(\omega)=\dfrac{j\omega+3}{(j\omega)^2+3j\omega+2}+2\pi\delta(\omega)$，求原信号 $f(t)$。

5-7 已知 $\mathcal{F}[f(t)]=F(\omega)$，求下列信号的傅里叶变换。

（1）$2f(3t-1)$；（2）$e^{-j2t}f(t-2)$；（3）$f(t)\cos t$。

5-8 求下列信号的傅里叶变换。

（1）$\varepsilon(t)-\varepsilon(t-2)$；（2）$\cos(\beta t)\varepsilon(t)$；（3）$\dfrac{\sin t}{2t}$。

5-9 已知信号 $f(t)$ 的时域波形如图 5-91a、b 所示，求其傅里叶变换 $F(\omega)$。

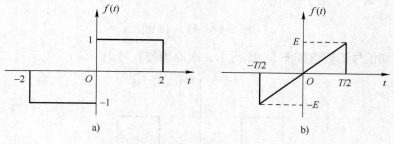

图 5-91 题 5-9 图

5-10 已知图 5-92a 所示信号 $f_1(t)$ 的傅里叶变换为 $F_1(\omega)$，求图 5-92b 所示信号 $f_2(t)$ 的傅里叶变换 $F_2(\omega)$。

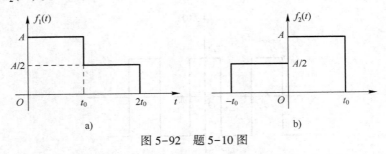

图 5-92 题 5-10 图

5-11 求图 5-93a、b 所示半波余弦脉冲和三角形调幅信号的傅里叶变换，并画出频谱图。

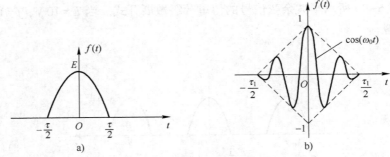

图 5-93 题 5-11 图

5-12 已知 $x(t)=E[\varepsilon(t+1)-\varepsilon(t-1)]$，求 $y(t)=x(t)\cos200\pi t$ 的频谱 $Y(\omega)$，并画出频谱图。

5-13 $f_1(t)$ 与 $f_2(t)$ 的频谱分别如图 5-94a、b 所示，分别画出 $f_1(t)+f_2(t)$，$f_1(t)*f_2(t)$ 及 $f_1(t)×f_2(t)$ 的频谱图。

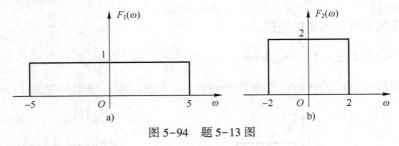

图 5-94 题 5-13 图

5-14 已知信号的频谱如图 5-95 所示，求原信号 $f(t)$。

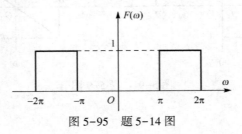

图 5-95 题 5-14 图

174

5-15　已知频谱函数 $F(\omega)$ 如下式，求原信号 $f(t)$。

$$F(\omega)=\frac{2\sin[3(\omega-2\pi)]}{\omega-2\pi}$$

5-16　图 5-96a 所示信号 $f(t)$ 的傅里叶变换为 $F(\omega)=R(\omega)+\mathrm{j}X(\omega)$，求图 5-96b 所示信号 $y(t)$ 的傅里叶变换 $Y(\omega)$。

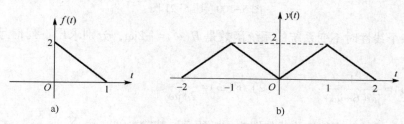

图 5-96　题 5-16 图

5-17　如图 5-97 所示信号 $f(t)$，已知其傅里叶变换式 $f(t)\leftrightarrow F(\omega)=\left|F(\omega)\right|\mathrm{e}^{\mathrm{j}\varphi(\omega)}$，利用傅里叶变换的性质（不做积分变换），求：

（1）$\displaystyle\int_{-\infty}^{+\infty}F(\omega)\mathrm{d}\omega$；　　　（2）$F(0)$；　　　　　（3）$\varphi(\omega)$。

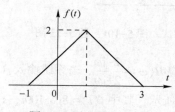

题 5-97 图　题 5-17 图

5-18　已知一线性时不变系统的方程如下，求系统函数 $H(\omega)$ 和单位冲激响应 $h(t)$。

$$\frac{\mathrm{d}^2 y(t)}{\mathrm{d}t^2}+4\frac{\mathrm{d}y(t)}{\mathrm{d}t}+3y(t)=\frac{\mathrm{d}f(t)}{\mathrm{d}t}+2f(t)$$

5-19　求图 5-98 中以 $u_{\mathrm{R}}(t)$ 为响应的系统函数 $H(\omega)$，并画出频率特性曲线。

5-20　求图 5-99 所示电路的系统函数 $H(\omega)=\dfrac{U_2(\omega)}{U_1(\omega)}$，其中 $R=1\,\Omega$，$L=1\mathrm{H}$，$C=1\mathrm{F}$。

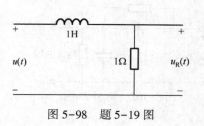

图 5-98　题 5-19 图　　　　　　　　　图 5-99　题 5-20 图

5-21　求图 5-100 所示电路的系统函数 $H(\omega)=\dfrac{U_{\mathrm{C}}(\omega)}{F(\omega)}$ 和单位冲激响应 $h(t)$。

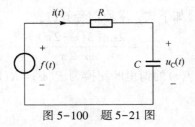

图 5-100 题 5-21 图

5-22 一个线性时不变系统的系统函数是 $H(\omega)=-2\mathrm{j}\omega$，分别求出下列信号经过系统的输出 $y(t)$。

（1）$F(\omega)=\dfrac{1}{\mathrm{j}\omega(6+\mathrm{j}\omega)}$；   （2）$F(\omega)=\dfrac{1}{2+\mathrm{j}\omega}$。

5-23 已知系统频率特性曲线如图 5-101 所示，若输入 $f(t)=\displaystyle\sum_{n=0}^{\infty}\cos nt$，试求输出 $y(t)$。

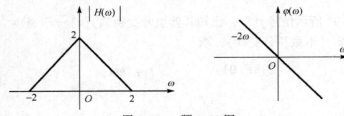

图 5-101 题 5-23 图

5-24 某 LTI 系统的频率响应 $H(\omega)=\dfrac{2-\mathrm{j}\omega}{2+\mathrm{j}\omega}$，若系统输入 $f(t)=\cos(2t)$，求系统输出 $y(t)$。

5-25 已知系统如图 5-102 所示，其中 $f(t)=8\cos 100t$，$s(t)=\cos 500t$，系统函数 $H(\omega)=\varepsilon(\omega+120)-\varepsilon(\omega-120)$，试求系统响应 $y(t)$。

5-26 系统函数 $H(\omega)=\dfrac{1}{1+\mathrm{j}\omega}$，激励为 $f(t)=\sin t+\sin 3t$，求系统稳态响应 $y(t)$，并讨论信号经传输后是否引起失真。

5-27 图 5-103 所示电路中 $R_1=2\,\Omega$，$R_2=1\,\Omega$，$C_1=1\mathrm{F}$ 和 $C_2=2\mathrm{F}$，求系统函数 $H(\omega)=\dfrac{U_2(\omega)}{U_1(\omega)}$，并判断系统是否为无失真系统。

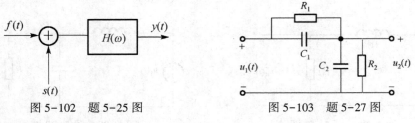

图 5-102 题 5-25 图   图 5-103 题 5-27 图

5-28 描述某线性时不变系统的微分方程为

$$\frac{\mathrm{d}^2 y(t)}{\mathrm{d}t^2}+5\frac{\mathrm{d}y(t)}{\mathrm{d}t}+6y(t)=\frac{\mathrm{d}f(t)}{\mathrm{d}t}+f(t)$$

求激励 $f(t)=\mathrm{e}^{-t}\varepsilon(t)$ 时，系统零状态响应 $y(t)$。

5-29 系统如图 5-104a 所示，其中 $e(t) = \dfrac{\sin 2\pi t}{2\pi t}$，理想带通滤波器的频率响应如图 5-104b 所示，求 $y(t)$ 和 $r(t)$，并画出它们的频谱图。

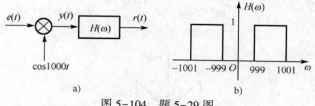

图 5-104 题 5-29 图

5-30 已知某系统如图 5-105a 所示，频率响应特性 $H(\omega)$ 及激励信号的频谱 $F(\omega)$ 分别如图 5-105b、c 所示。

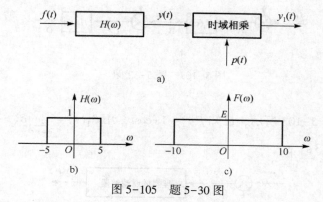

图 5-105 题 5-30 图

（1）写出 $y(t)$ 的频谱 $Y(\omega)$ 的表达式，并画出频谱图。

（2）若 $p(t) = \cos 200t$，画出 $y_1(t)$ 的频谱 $Y_s(\omega)$。

5-31 画出图 5-106 所示系统中 B、C、D、E、F 各点的频谱图。已知 $f(t)$ 频谱 $F_A(\omega)$ 如图 5-106b 所示，$\delta_T(t) = \displaystyle\sum_{n=-\infty}^{\infty} \delta(t - nT)$，$T = 0.02\,\mathrm{s}$。

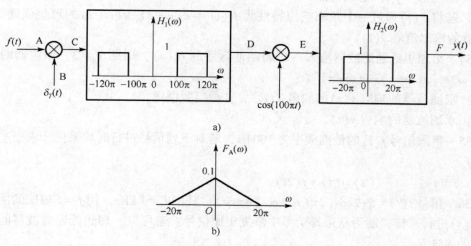

图 5-106 题 5-31 图

5-32 带限信号 $f(t)$ 的频谱如图 5-107a 所示，画出当 $f(t)$ 通过图 5-107b 所示的系统时，系统 A、B、C、D 各点的频谱图。图 5-107b 中两滤波器的系统函数分别为

$$H_1(\omega)=\begin{cases} K & |\omega| \geqslant |\omega_0| \\ 0 & |\omega| < |\omega_0| \end{cases} \qquad H_2(\omega)=\begin{cases} K & |\omega| \leqslant |\omega_0| \\ 0 & |\omega| > |\omega_0| \end{cases}$$

式中，$\omega_0 > \omega_1$。

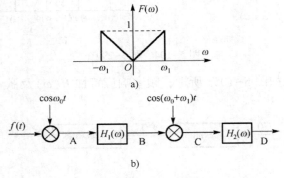

图 5-107 题 5-32 图

5-33 系统如图 5-108 所示，已知 $f(t)=1+\cos t$，用 $\delta_T(t)=\displaystyle\sum_{n=-\infty}^{\infty} \delta(t-nT_s)$ 对其进行理想采样，其中 $T_s=\pi/3 \text{ s}$。

图 5-108 题 5-33 图

（1）求信号 $f(t)$ 的频谱 $F(\omega)$，并画出频谱图。

（2）画出信号 $f_s(t)$ 的频谱图。

（3）若将 $f_s(t)$ 通过一个频率响应特性为 $H(\omega)=\varepsilon(\omega+2)-\varepsilon(\omega-2)$ 的理想低通滤波器，求滤波器的输出信号 $y(t)$。

5-34 给理想低通滤波器输入一个周期冲激序列 $\delta_T(t)$，周期 $T_s=3$，滤波器的系统函数为 $H(\omega)=[\varepsilon(\omega+\pi)-\varepsilon(\omega-\pi)]$。

（1）求滤波器的响应 $y(t)$ 的频谱 $Y(\omega)$，并画出频谱图。

（2）求滤波器的响应 $y(t)$。

5-35 带限信号 $f(t)$ 的最高频率为 100 Hz，若对下列信号进行时域采样，求奈奎斯特采样频率 f_s。

（1）$f^2(t)$；　　（2）$f(t)*f(2t)$。

5-36 信号 $f(t)=5+2\cos(2\pi f_1 t)+\cos(4\pi f_1 t)$，其中 $f_1=1\text{ kHz}$，用 $f_s=5\text{ kHz}$ 的冲激函数序列 $\delta_{T_s}(t)$ 进行采样，能否从采样信号中恢复出原信号？若可以，理想低通滤波器的截止频率 f_c 应如何选择。

第 6 章 Multisim 仿真应用

随着计算机技术的发展，电子设计自动化（EDA）技术已经成为帮助学生学习和设计电路或系统的主要手段，并且取得了良好的学习效果，比较常用的 EDA 软件有 Multisim、PSpice、MATLAB 等。其中，美国国家仪器有限公司（National Instruments，NI）推出的 Multisim 仿真软件以其强大的功能成为众多 EDA 软件中的优秀代表。Multisim 意为"万能仿真"，它以 Windows 为平台，包含电路原理图的图形输入、电路硬件描述语言输入方式，适用于各种类型模拟、数字和模数混合系统的设计，具有丰富的仿真分析能力，并且可以完成印制电路板（PCB）设计等任务。采用 Multisim 仿真软件进行电路与系统分析时，可以方便地通过各种虚拟仪表获得测试结果，直观地观测电路响应，更好地理解理论知识，并为将来使用真实仪表打下基础；同时在进行电路与系统设计时，Multisim 仿真软件可以方便地更改系统结构和元器件参数，对实际中难以测量的电路属性进行研究，避免实验调试中出现的危险，大大节约了电路与系统设计的时间和成本，快速地建立理论设计与工程应用之间的关联。

Multisim 目前已推出第 14.0 版，利用 Multisim 14 可以实现计算机仿真设计与虚拟实验，与传统的电路与系统的设计与实验方法相比，具有如下特点：设计与实验可以同步进行，可以边设计边实验，修改调试方便；设计和实验用的元器件及测试仪器仪表齐全，可以完成各种类型的电路与系统设计与实验；可方便地对电路与系统参数进行测试和分析；可直接打印输出实验数据、测试参数、曲线和原理图；实验中不消耗实际的元器件，实验所需元器件的种类和数量不受限制，实验成本低，实验速度快，效率高；设计和实验成功的电路和系统可以直接在产品中使用。

本章就将以 Multisim 14 为基础介绍该软件的基本使用方法，并通过丰富的实例介绍其在电路与系统仿真中的应用。

6.1 操作环境简介

6.1.1 Multisim 14 主界面

在阅读这部分内容时，应该较熟练地掌握 Windows 及其应用软件的一般使用方法，并且已成功安装 Multisim 14 评估版（可从 http://www.ni.com 下载）、教育版或专业版。运行程序后，出现 Multisim 14 主界面如图 6-1 所示。

Multisim 14 主界面模拟了一个实际的电子工作台，主要包括：菜单栏、快捷工具栏、仪器仪表栏、电路编辑区、设计工作箱区和设计信息显示区等。菜单栏位于主界面的最上方，通过菜单栏可以对 Multisim 的所有功能进行操作。

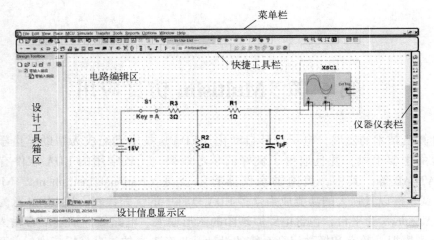

图 6-1　Multisim 14 主界面

由于菜单中的选项与大多数 Windows 应用软件选项功能一致，只是增加了一些 EDA 软件专属选项，如 Place、Simulate、Transfer、Tools 及 Reports 等，此处仅对专属选项菜单功能进行详细说明。

1）Place 菜单：为"放置"菜单，通过该菜单可以输入电路图，放置元器件、节点、导线、文本、注释等常用的绘制电路图要素，同时还可以创建新层次模块、新建子电路等层次化电路设计操作，如图 6-2 所示。

图 6-2　Place 菜单

2）Simulate 菜单：为"仿真"菜单，主要对电路进行运行、暂停、停止、交互仿真设置等相关仿真操作，如图 6-3 所示。

3）Transfer 菜单：为"文件传输"菜单，主要负责把所设计的电路（或系统）及电路（或系统）的分析结果发送到 MathCAD 和 Excel 等其他应用程序，如图 6-4 所示。

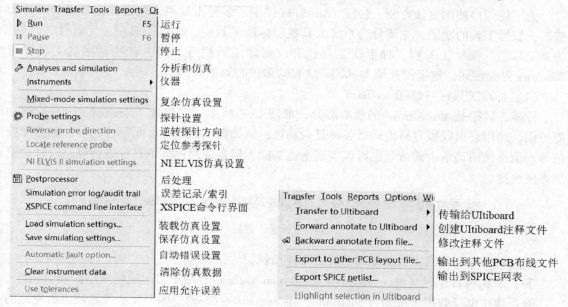

图 6-3　Simulate 菜单

图 6-4　Transfer 菜单

4）Tools 菜单：为"工具"菜单，主要用于创建、编辑、替换、更新元器件，还可以设置电器检查规则、显示面包板等，如图 6-5 所示。

5）Reports 菜单：为"报表"菜单，主要包括材料清单、元器件报表、网表报表等各种报表相关的选项，如图 6-6 所示。

图 6-5　Tools 菜单

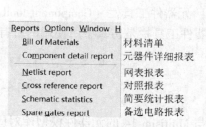

图 6-6　Reports 菜单

6.1.2 快捷工具栏

为了使用户使用更加方便、快捷，Multisim 提供了多种工具栏，包含一些常用的工具和按钮，根据工具的功能，主要分为系统工具栏、标准工具栏、浏览工具栏、元器件工具栏、仿真工具栏、探针工具栏、梯形图工具栏和仪器库工具栏等。其中有些常用的工具栏与 Windows 界面相同，这里仅介绍 Multisim 独有的和核心的工具栏。

（1）标准工具栏（Main toolbar）

标准工具栏是 Multisim 14 的核心部分，如图 6-7 所示。它包含了 Multisim 的一般性功能按钮，运用它可以很容易地运行各种复杂功能，例如窗口的取舍、元器件向导、数据库按钮等。虽然使用菜单中的命令也可以实现上述功能，但是使用标准工具栏进行电路设计会更加方便快捷。

图 6-7 标准工具栏

下面对标准工具栏主要图标和功能进行详细说明。

：层次项目按钮（Show and hide the design toolbox），用于显示或隐藏层次项目栏。

：层次电子数据表按钮（Show and hide spreadsheet bar），用于显示或隐藏当前电路的电子数据表。

：Spice 网表查看器按钮（Show and hide Spice netlist viewer），用于显示或隐藏 Spice 网表查看器。

：虚拟面包板查看按钮（Show and hide breadboard），用于显示或隐藏虚拟面包板。

：图表视图查看按钮（Show and hide grapher viewer），用于显示图表视图。

：后处理按钮（Postprocessor），用于对仿真结果进行进一步处理。

：创建元器件向导按钮（Component wizard），用于在创建元器件时输入元器件基本信息。

：数据库按钮（Database manager），用于开启数据库管理对话框，从而对元器件进行编辑。

：当前电路图中所使用的所有元器件列表。

：电气性能测试按钮（Electrical rules checking），用于对当前电路电气性能进行测试。

（2）元器件工具栏（Component toolbar）

元器件工具栏是仿真中所使用的所有元器件的符号库，如图 6-8 所示。

图 6-8 元器件工具栏

它与 Multisim 14 的元器件模型库对应，共有 18 个分类库，大大扩充了元器件库中的仿真元件数量，且选用的元器件与实际情况非常之接近，使仿真设计更精确、可靠。当选取元器件符号时，实质上是正在调用该元器件的数学模型。

由于篇幅有限，这里仅对与本教材中电路与系统仿真相关的元器件库进行详细介绍。

✦：电源或信号源库（Sources），包括电源、信号电压源、信号电流源、可控电压源、可控电流源、函数控制器件、数字时钟七大类电源。

〰：基本元器件库（Basic components），包括基本的现实元器件，如电阻、电容、电感、开关、变压器等，还包括虚拟元器件，虚拟电阻、虚拟电容、虚拟电感和虚拟继电器等。

▷：模拟元器件库（Analog components），包括运放、滤波器、比较器、模拟开关等模拟器件。

▭：电源库（Power components），包含转换控制器、熔丝、稳压器、电压抑制、隔离电源等元器件。

（3）仿真工具栏（Simulation toolbar）

仿真工具栏提供了运行仿真和分析的快捷按钮，如图 6-9 所示。当原理图输入完毕以后，给设计好的电路或系统接上虚拟仪表，用鼠标单击"运行""暂停""停止"或"活动分析"四个按钮，就可以方便地进行仿真分析。

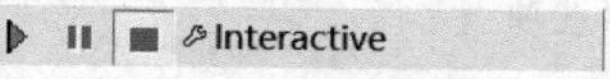

图 6-9　仿真工具栏

（4）探针工具栏（Probe toolbar）

探针工具栏提供了观测电路与系统响应各种探针的快捷按钮，如图 6-10 所示，还可以对探针进行各种设置。探针包括电压探针、电流探针、功率探针、数字探针等，可用于测量电压和电流的瞬时值、峰峰值、有效值、直流分量，数字信号频率以及各器件消耗平均功率等。

图 6-10　仿真工具栏

6.1.3　仪器仪表栏

Multisim 提供多种虚拟仪器仪表，这些虚拟仪表与实验室中的真实仪表在外观上非常相似，可方便地测量仿真电路和系统的各种参数和性能，就像在实验室里真实地做实验一样。不仅如此，Multisim 还支持对测试数据进行分析、保存和打印，Multisim 14 还可以根据用户需求自主设计个性化仪器仪表。接下来就对电路与信号系统学习中主要用到的几种虚拟仪表进行简要的介绍。

（1）数字万用表（Multimeter）

Multisim 14 提供的数字万用表，图标如图 6-11a 所示，可以测量电路两节点之间的交流和直流电压、电流、电阻以及分贝，它的接线符号如图 6-11b 所示。双击接线符号，可以打开万用表的操作面板，如图 6-12a 所示。

正极　负极

b)

图 6-11　数字万用表

　　万用表可以自动调整测量范围，使用时无需定义。它内部的电阻和电流默认接近理想值，测试时还可以通过操作面板的内部设置界面，根据灵敏度修改万用表内阻，如图 6-12b 所示。

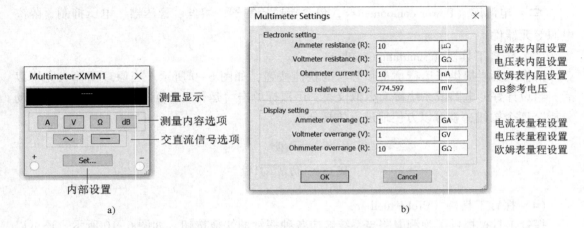

a)　　　　　　　　　　　　　　　　　　b)

图 6-12　数字万用表操作面板和内部设置界面

📖 注意：在测量阻抗很高的电路的电压时，要调高电压表的内阻抗；而当测量阻抗很低的电路的电流时，要调低电流表的内阻抗，减小测量误差。

（2）函数发生器（Function generator）

　　函数发生器可输出正弦波、三角波和方波等各种波形，图标如图 6-13a 所示。它的接线符号如图 6-13b 所示。函数发生器共有 3 个接线端，分别是正极性端、负极性端和公共端。其中公共端为信号提供了参考点，当信号以大地作为参考点时，应将公共端接地，此时正极性端输出正信号，负极性端输出负信号。

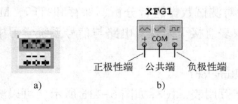

正极性端　公共端　负极性端

a)　　　　　　　　　b)

图 6-13　函数发生器

双击函数发生器接线符号，还可以打开操作面板，设置输出信号的波形、幅值、占空比、直流偏置电压等，如图6-14所示。

（3）功率计（Wattmeter）

功率计用来测量交直流电路的功率和功率因数，图标如图6-15a所示。将它的图标拖放到电路编辑区，就可看到接线符号，如图6-15b所示。由于功率等于电压和电流的乘积，功率计共有4个接线端，分别连接电压的正负极和电流的正负极。其中电压的正负极要与所测电路并联，而电流的正负极要与所测电路串联。

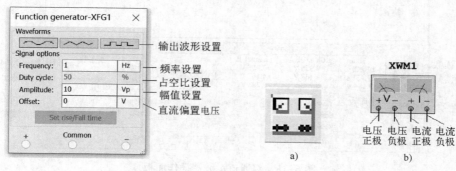

图6-14　函数发生器操作面板

图6-15　功率计

双击功率计符号，可打开显示面板，显示平均功率和功率因数，如图6-16所示。其中功率因数是电压和电流相位差的余弦值，范围在0~1之间。

（4）示波器（Oscilloscope）

两通道示波器可以显示一路或者两路电子信号变化的波形，图标如图6-17a所示。单击图标拖放到电路编辑区，就可看到它的接线符号，如图6-17b所示。示波器的接线符号共有3个端子：通道A输入端、通道B输入端、外触发信号输入端和接地端。注意：如果待测量电路已设计有接地端，示波器可以不接地；外部触发信号的接地须与示波器的接地端相连。

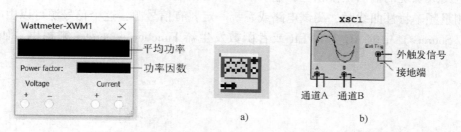

图6-16　功率计显示面板

图6-17　双通道示波器

双击示波器接线符号，打开示波器操作面板，如图6-18所示。可通过操作面板设置扫描时间、波形起始点、每刻度数值、输入耦合方式、触发方式、垂直游标、显示屏背景和保存波形等。

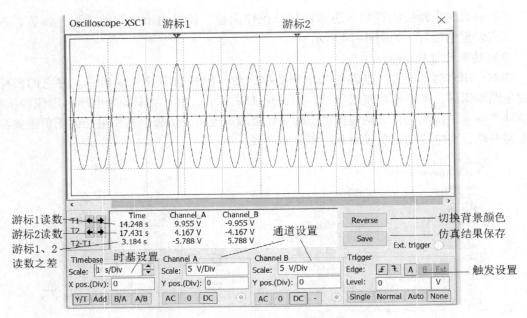

游标1读数 —— T1
游标2读数 —— T2
游标1、2 —— T2-T1
读数之差

	Time	Channel_A	Channel_B
	14.248 s	9.955 V	-9.955 V
	17.431 s	4.167 V	-4.167 V
	3.184 s	-5.788 V	5.788 V

通道设置

Reverse —— 切换背景颜色
Save —— 仿真结果保存
Ext. trigger

时基设置
Timebase
Scale: 1 s/Div
X pos.(Div): 0
Y/T Add B/A A/B

Channel A
Scale: 5 V/Div
Y pos.(Div): 0
AC 0 DC

Channel B
Scale: 5 V/Div
Y pos.(Div): 0
AC 0 DC

Trigger
Edge: A B Ext —— 触发设置
Level: 0 V
Single Normal Auto None

图 6-18　双通道示波器操作面板

　　四通道示波器与两通道示波器在使用方法和参数调整上基本一致，只是多了一个通道控制旋钮 ◦。只有当旋钮拨到 A、B、C、D 其中一个通道位置时，才能对该通道进行设置。这里就不再赘述了。

　　（5）波特图仪（Bode plotter）
　　波特图仪可以测量电路和系统的频率特性，即幅频特性和相频特性，图标如图 6-19a 所示。使用时，只需将它的图标拖放到电路编辑区，即可看到它的接线符号，如图 6-19b 所示。波特图仪的接线符号共有两个端口，输入端口和输出端口。
　　测量的方法是：将波特图仪输入端口的正极与电路或系统的输入正极相连，输出端口的正极与电路或系统的输出正极相连，输入端口和输出端口的负极相连并接地。注意：使用波特图仪测量频率特性曲线时，测试电路或系统一定要有信号源，这个信号源可以由电源或信号源库（Sources）中的 AC_POWER 或者函数发生器 Function generator 来提供，如图 6-20 所示。

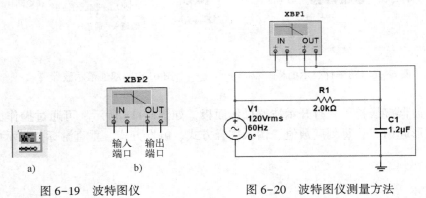

图 6-19　波特图仪　　　　　　　　图 6-20　波特图仪测量方法

双击波特图仪接线符号，打开操作面板，如图 6-21 所示，显示的是电路或系统的频率特性曲线，可以通过操作面板设置显示幅频特性或相频特性，选择坐标轴采用对数或线性，设置坐标的起始或终止值，移动垂直游标，存储频率特性曲线等。

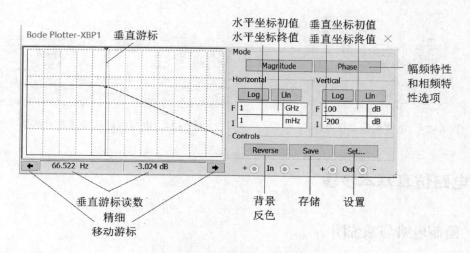

图 6-21　波特图仪操作面板

（6）电流探针（Current clamp）

电流探针，图标如图 6-22a 所示，模拟了实际工业中常用的钳形电流夹，通常用普通电流表测量电流时，需要将电路切断停机后才能将电流表接入进行测量，使用钳形电流表可以在不切断电路的情况下来测量电流。同时将电流夹的输出端接入示波器，还可以通过示波器观测输出端的电压。在工业应用中，输出端的电流和电压的比值为 1 V/mA，如图 6-22b 所示，因此输出端电压的波形即为所测电路的电流波形，单位为 mA。

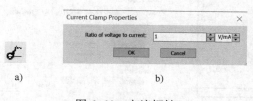

图 6-22　电流探针

测量的方法是：将电流探针夹子通过所需测试电流的支路，再将探针的输出端连接到示波器，如图 6-23 所示。双击钳形电流表符号，可在图 6-22b 界面中设置电压与电流比值为 1 V/mA。运行电路仿真后，在示波器面板观察输出电压波形。通过调整示波器操作面板的 XY 方向的每刻度数值，可以使信号显示到最优状态。拖动示波器操作面板的一根游标到测试点，可读出测试点的电流值，如图 6-24 所示。

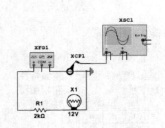

图 6-23　电流探针测量电路

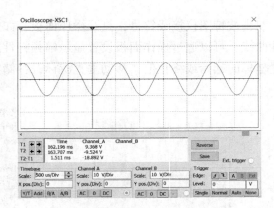

图 6-24　电流探针示波器显示结果

6.2　电路仿真基本步骤

6.2.1　绘制电路与系统图

绘制电路与系统图是进行分析和设计的第一步，用户从元器件库中选择需要的元器件放置在电路编辑区，并用导线将元器件连接起来，为后续的仿真分析做好准备。

（1）创建电路窗口

运行 Multisim 14 软件，自动打开一个空白电路窗口，也可以通过〈Ctrl+N〉或单击 □ 按钮来创建一个新的电路窗口，通过鼠标滚轮或 🔍🔍🔍🔍 🖿 可以调节窗口的缩放。

如果用户想通过背景网格对元器件进行定位，可以通过选择菜单"Options"→"Sheet Properties"→"Workspace"→"Show grid"命令，如图 6-25a 所示；或者通过选择菜单 "View"→"Show grid"命令可以在窗口中显示背景网格，如图 6-25b 所示。

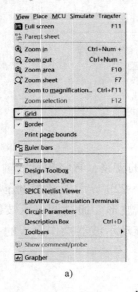

a)

b)

图 6-25　显示背景网格

（2）元器件的选取

接下来在创建的电路窗口中放入合适的元器件，Multisim 14 将所有的元器件存放于 3 个数据库中，分别为"Master Database"厂商提供的元器件库、"Corporate Database"用户自行向厂商索取的元器件库和"User Database"用户自建元器件库。可以通过元器件工具栏快速打开各分类元器件库，也可以通过"Place"→"Component"命令浏览 3 个数据库的所有元器件，如图 6-26 所示。图中各标识含义如下。

Database：选取元器件所在的数据库，如 Master Database 等。

Group：选取元器件的类型，如 Basic、Sources 等。

Family：选取元器件在某种类型中的系列，如电阻、电感、电容等。

Component：选取某种系列中的具体元器件，如 1 k 电阻。

Symbol：显示元器件的电路符号。

Function：显示元器件的功能。

Model manufacturer/ID：显示元器件的厂家/编号。

Packagemanufacturer/type：显示元器件的封装厂家/类型。

Hyperlink：超链接文件。

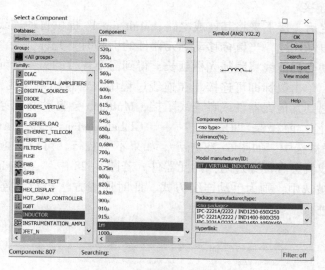

图 6-26　元器件数据库

（3）元器件的放置

在图 6-26 元器件数据库中选定所需元器件，按下"OK"按钮，窗口消失，元器件跟随光标移动，说明处于待放置状态。移动光标到合适位置，单击鼠标就可以放置该元器件。每个元器件的上标均由字母和数字组成，其中字母代表元器件类型，数字代表元器件放置的先后顺序；下标为元器件参数，如图 6-27a 所示。

若想将放置好的元器件再移动到其他位置，直接用鼠标拖动这个元器件即可，此时元器件的上下标会跟随元器件一起移动；如果想复制此元器件，可以单击该元器件，按下快捷键〈Ctrl+C〉，再按下〈Ctrl+V〉，这时会有复制好的元器件随光标移动，单击鼠标放置在合适的位置即可。若想旋转元器件，只需在元器件上点击鼠标右键，在出现的快捷菜单中选择

"Rotate 90° clockwise" 顺时针旋转 90°，或者选择 "Rotate 90° counter clockwise" 逆时针旋转 90°，如图 6-27b 所示。也可以采用快捷键〈Ctrl+R〉顺时针旋转 90°，采用快捷键〈Ctrl+shift+R〉逆时针旋转 90°。

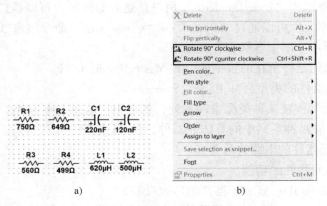

图 6-27 元器件放置

（4）元器件的连接

放置好元器件之后，接下来将其连成电路，Multisim 14 提供自动连线和手动连线两种连线方式。一般采用自动连线，当鼠标移动到元器件的引脚时，光标变为 "+" 号，此时单击鼠标开始连线，移动光标连线将跟随光标延长，得到需要连接的另一个元器件引脚处，光标处出现一个小红点，单击鼠标即可连接。在连线过程中，若想结束连线，按下〈Esc〉键即可。如果在连线时遇到其他元器件或者连线阻挡，Multisim 会自动避免穿过阻挡元器件或连线，找到合适的路径，前提是 "Options" → "Global Options" → "Autowire when writing components" 复选框被选中，如图 6-28 所示。如果不想绕行，可以在拖动连线的同时，按下〈Shift〉键，连线就会直接穿过阻挡的元器件。若图 6-28 中 "Autowire when writing components" 复选框未被选中，则为手动连线方式，此时连线方法与自动连线一致，只是连线将按照用户的要求进行。

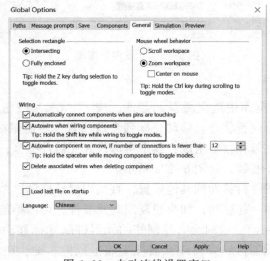

图 6-28 自动连线设置窗口

当需要更改连线时，用鼠标选中该连线，连线上会出现拖动点，在拖动点处按住鼠标左键拖动，就可更改连线的路径。如果需要增加拖动点，在要增加的连线拖动点处，按住〈Ctrl〉键，光标变为双斜箭头，再单击鼠标左键即可；如果要取消拖动点，再次按住〈Ctrl〉键，光标变为十字叉，在要取消的拖动点处单击鼠标左键即可。

6.2.2 仿真分析方法

在 6.1.3 小节中，介绍了如何用虚拟仪器仪表观测电路或系统的响应波形，以及对电路与系统的特征参数进行测量和分析。然而，虚拟仪器仪表只能直观地反映在现有的电路或系统结构和参数下，响应有没有达到设计指标要求，但对元器件参数或温度变化等因素对电路或系统造成的影响则无能为力。因此，Multisim 14 提供了丰富的仿真分析功能，不仅可以完成电压、电流和频率特性的测量，还可以对电路和系统的性能和参数的影响做出全面的分析。

通过 Simulation 菜单下"Analyses and simulation"选项，或者在仿真工具栏 Simulation toolbar 中直接单击 ∥Interactive 按钮，打开"Analyses and Simulation"窗口，如图 6-29 所示。该窗口左侧列出了所有仿真分析方法，共有 20 种仿真分析功能：交互式仿真、直流工作点分析、直流扫描分析、瞬态分析、单频交流分析、参数扫描分析、噪声和噪声系数分析、傅里叶分析等，详见图 6-29 中的注释。由于篇幅有限，以下只对电路与系统分析常用的分析方法进行详细说明。

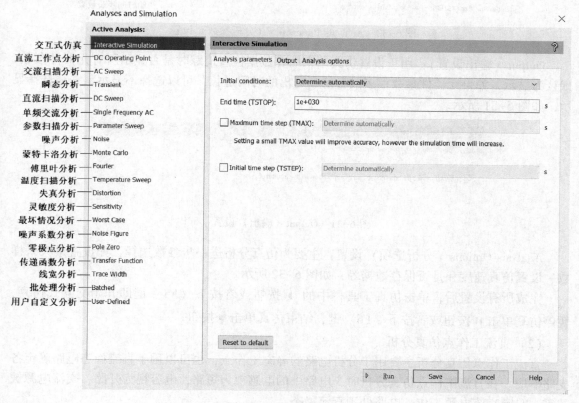

图 6-29　仿真分析窗口

（1）交互式仿真分析

交互式仿真分析是最常用的仿真方法，它的功能是对电路或系统进行时域仿真分析，它的仿真结果不能直接显示在界面中，而需要在所设计的电路或系统里通过虚拟仪器仪表或者探针等显示。在开始交互式仿真之前，需要进行分析设置，包括：Analysis Parameters（分析参数）、Output（输出）和 Analysis Options（分析选项）。

Analysis Parameters（分析参数）设置：用于设置仿真的初始条件、开始时间、结束时间和仿真步长等，具体内容如图 6-30 所示。其中仿真的初始条件有 4 种，分别是 Determine automatically（系统自动设定）、Set to zero（零状态）、User-defined（用户自定义）、Calculate DC operating point（直流工作点为初始条件）。设置仿真最大步长默认为系统自动设定，也可以勾选修改，设置较小的最大仿真时间步长，这样做可以提高仿真的精度，但是也会延长仿真的时间。

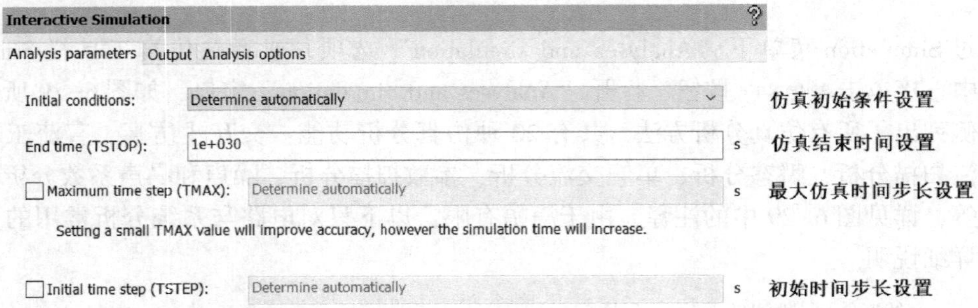

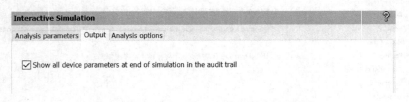

图 6-30　Analysis Parameters（分析参数）设置

Output（输出设置）：用于设置仿真结束后在数据检查追踪时是否显示所有元器件参数，默认为显示，如果元器件参数很多或者仿真退出的时间过长，可以选择不显示，一般选择显示，如图 6-31 所示。

图 6-31　Output（输出）设置

Analysis Options（分析选项）设置：主要为仿真分析进一步参数选择，如设置最大采样数、设置仿真速度和是否保存数据等，如图 6-32 所示。

完成所有设置后，单击仿真工具栏中的 ▷ 按钮或者按下〈F5〉键即开始交互式仿真，暂停仿真单击 ‖ 按钮或者按下〈F6〉键，结束仿真单击 ■ 按钮。

（2）直流工作点仿真分析

直流工作点仿真分析主要用于分析电路的静态工作点，也可以用于直流稳态电路确定各支路响应。在直流工作点仿真分析时，电路中的电感视为短路，电容视为开路，交流电源被置零，只有直流电源工作，电路处于直流稳态。

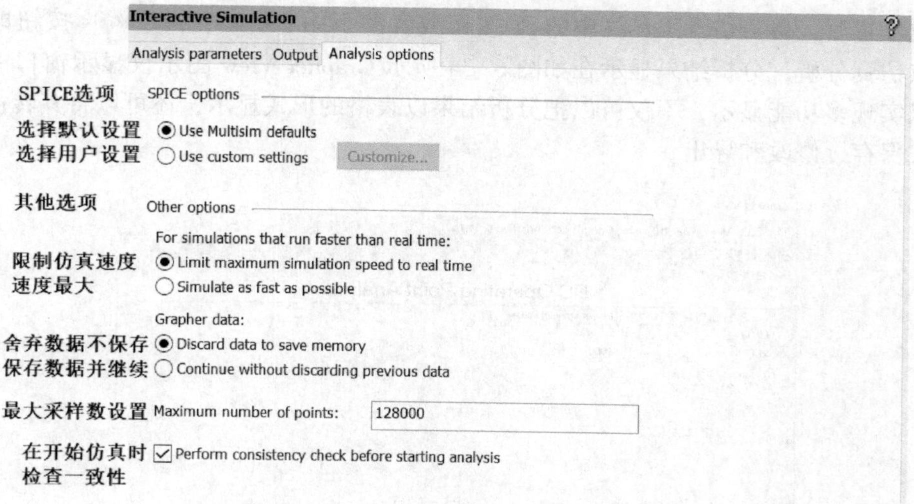

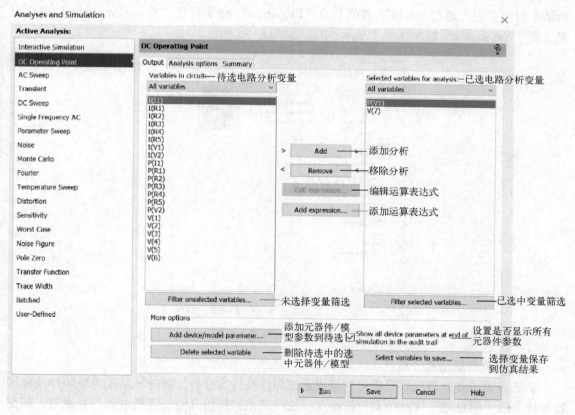

图 6-32 Analysis Options（分析选项）设置

在选择直流工作点分析方法后，会出现 3 个选项卡，分别是 Output（输出）、Analysis options（分析选项）和 Summary（汇总）。其中后两种一般采用默认设置即可，而 Output（输出）选项设置需要手动添加需要分析的变量，例如某个节点电压、某条支路电流、某个元器件的功率等，如图 6-33 所示。

图 6-33 直流工作点 Output 选项设置

完成设置后，单击仿真工具栏中的 ▷ 按钮或者按下图 6-13 中的 ▷ Run 按钮即开始直流工作点仿真分析，分析结果显示在如图 6-34 所示 Grapher View 图示仪显示窗口中。图示分析可以实现多功能显示，不仅可以把分析结果以表格的形式显示，还可以将其转换为其他数据格式保存、修改和导出。

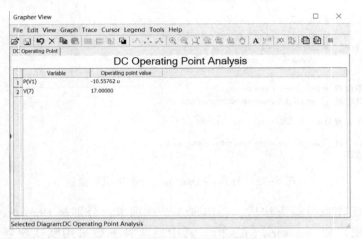

图 6-34　直流工作点图示仪显示窗口

需要注意的是，如果设计电路或系统图中网络名称没有显示，导致无法与直流工作点分析结果对应，应先通过"Edit"菜单下的"Properties"命令打开"Sheet Properties"窗口设置，在"Net names"栏中选择"Show all"，如图 6-35 所示。

图 6-35　网络名称显示设置

（3）交流扫描仿真分析

交流扫描仿真分析可以完成对电路或系统频率特性的分析，其分析结果为幅频特性和相频特性曲线。同直流工作点仿真分析相比，进行交流扫描仿真时，直流电源均被置零，而交流电源正常工作，电感和电容元件工作于交流模式。需要注意的是，无论设计电路与系统时

194

接入的是何种交流信号源，进行交流扫描仿真时，均默认为输入信号是正弦激励源，并且扫描的频率段是由用户自己在 AC Sweep 窗口来设置的。Analysis options（分析选项）设置和 Summary（汇总）选项卡依旧采用默认设置，Output（输出）选项设置与直流工作点类似，这里不再赘述，仅介绍 Frequency parameters（频率参数）选项卡的设置方法，如图 6-36 所示。

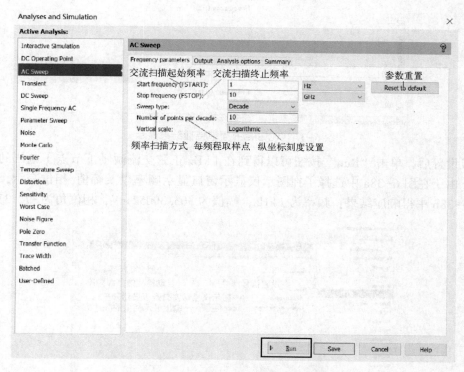

图 6-36　AC Sweep 频率参数选项设置

　　系统默认的频率参数设置为：交流扫描起始频率为 1 Hz，终止频率为 10 GHz；频率扫描方式为 10 倍频（用户可以在下拉菜单中修改为 8 倍频或线性）；每频程的取样点数为 10，即 10 倍频取样 10 个点（用户可修改取样点数，数目越高仿真精度越高，但仿真速度越慢）；纵坐标刻度为对数（用户可以在下拉菜单中修改为分贝、倍数或线性）。设置完成后，单击"Run"按钮，即开始仿真，仿真结果在 Grapher View 图示仪窗口中显示，如图 6-37 所示。上面的曲线是幅频特性曲线，下面的是相频特性曲线。

　　（4）单频交流仿真分析

　　单频交流仿真分析可以完成单一频率交流激励源作用下电路或系统的响应的分析求解，在分析之前，首先要完成对仿真的设置。Analysis options、Summary 和 Output 选项设置与前类似，这里不再赘述，仅介绍 Frequency parameters（频率参数）选项卡的设置方法，如图 6-38a 所示。激励信号的频率可手动输入，也可用"Auto-detect"按键自动检测电路图中信号源的频率作为激励信号的频率。如果需要在图示仪显示窗口显示频率，需要在 Frequency column 中勾选。输出相量的显示方式有两种：一种是幅值/相位表示；另一种是实部/虚部表示，可以根据需求在下拉菜单中选择。

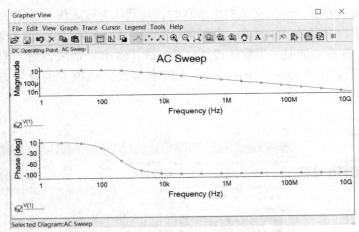

图 6-37　AC Sweep 频率特性结果显示

　　完成设置后，单击"Run"按钮可以得到在 1 kHz 正弦交流激励下节点 1 电压的响应相量结果。由于在图 6-38a 中选择了在图示仪显示窗口显示频率以及幅值/相位表示，这里可以在图 6-38b 中得响应结果：频率为 1 kHz，幅值为 303.30052 mV，相位角为-72.33493°。

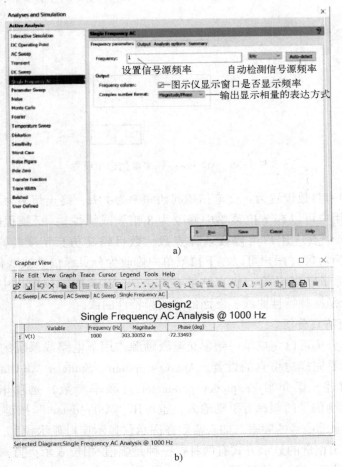

图 6-38　Single Frequency AC 仿真

6.3 电路仿真实例

6.3.1 方程法的仿真分析

第 1 章中学习的方程法是进行电路分析的一种重要的方法，这种方法的特点是不需要改变电路的结构，其分析思路为：选择一组合适的变量，根据两类约束建立改组变量的独立方程组，通过求解电路方程，进而求得所需的响应。尽管方程法通过引入独立变量、独立方程的概念大大减少了列写和求解方程的数目和难度，然而当电路的规模越来越大时，网孔数和节点的数目也很大，此时就需要借助仿真软件来进行电路的分析和求解了。如图 6-39 所示方程法求解电路，我们可通过交互式仿真和直流工作点分析两种方法对其展开仿真分析。

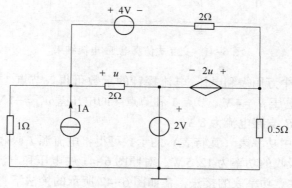

图 6-39　方程法求解电路

（1）方程法的交互式仿真分析

在 Multisim 14 电路编辑区绘制电路模型如图 6-40 所示，可以通过仪器仪表库的万用表或电压/电流探针读取各支路电流及各节点电压，结果如图 6-41 所示。

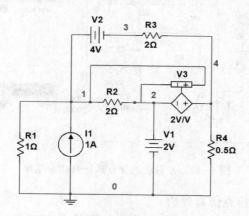

图 6-40　方程法的交互式仿真模型

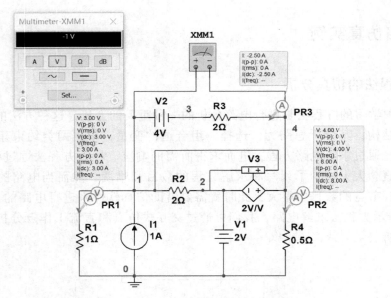

图 6-41　交互式仿真电压/电流结果

通过读取图 6-41 中万用表和电压/电流探针的示数可得：节点 1 电压 $u_1 = 3$ V，节点 2 电压 $u_2 = 2$ V，节点 4 电压 $u_4 = 4$ V，节点 1 和节点 4 的电压差 $u_{14} = -1$ V；R_1 支路电流为 3 A，R_3 支路电流为 2.5 A，R_4 支路电流为 8 A。

通过读取图 6-42 中功率表（瓦特表）的示数可得：电流源 I_1 吸收的功率为 -3 W，即发出功率 3 W；电阻 R_3 吸收的功率为 12.5 W。对照图 6-41 中电压和电流的仿真结果，进行验算，发现结果一致。注意功率表的接法，在如图 6-42 所示的接法下，电压和电流为关联参考方向，所以功率表的示数为元器件所吸收的功率。

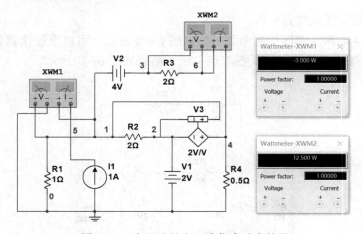

图 6-42　方程法的交互式仿真功率结果

（2）方程法的直流工作点仿真分析

采用直流工作点仿真分析，将上述变量添加到待分析变量列表中，可得仿真结果如图 6-43 所示，对照两种分析得到的结论完全一致。通过对比不难发现，直流工作点仿真分析法可以方便地得到所有节点的电压、支路的电流和各元器件的功率。

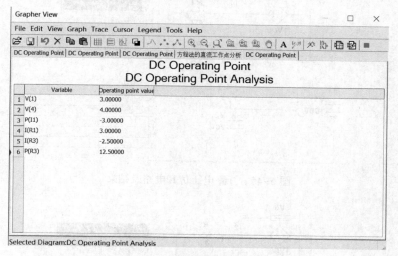

图 6-43　方程法的直流工作点仿真结果

6.3.2　最大功率传输问题的仿真分析

在工程应用中常常遇到最大功率传输问题，即有源二端网络在连接负载电阻后，通过改变负载电阻的阻值使其传输最大功率。第 2 章中最大功率传输定理说明：当负载电阻与有源二端网络的等效内阻相等时，即 $R_0 = R_L$ 时，负载的功率达到最大值为 $p_{L_{max}} = u_{OC}^2 / (4R_0)$。

如图 6-44 所示电路，若希望求负载 R_L 上获得的最大传输功率，就要求出端口 ab 以左有源二端网络的戴维南等效电路，采用交互式仿真分析法分别求出开路电压 U_{OC} 和等效内阻 R_0。过程如下。

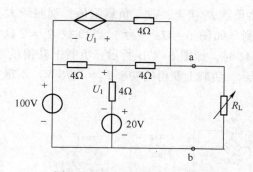

图 6-44　最大功率传输问题

1）将负载 R_L 断开，用虚拟万用表测量开路电压 U_{OC}，如图 6-45 所示。读取示数，开路电压 $U_{OC} = 120 \, V$。

2）将负载 R_L 断开，同时将内部独立源 V1 和 V2 置零，用虚拟万用表测量内部等效电阻 R_0，如图 6-46 所示。读取示数，等效内阻 $R_0 = 3 \, \Omega$。

3）根据最大功率传输定理，当 $R_L = R_0 = 3 \, \Omega$ 时，负载 R_L 上可以获得最大的传输功率 P_{max} 为

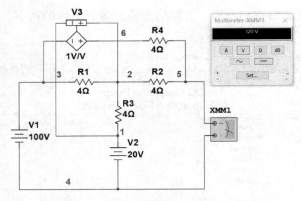

图 6-45　开路电压仿真电路及结果

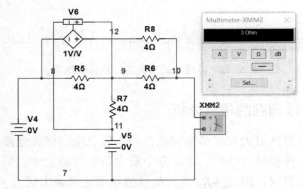

图 6-46　等效内阻仿真电路及结果

$$P_{\max} = \frac{U_{OC}^2}{4R_0} = \frac{120^2}{4 \times 3} = 1200\ \text{W}$$

下面通过仿真验证：将负载 R_L 接上，改变负载阻值，观测最大功率点，仿真电路及结果如图 6-47 所示。通过观测，如图 6-47a 所示，当负载 $R_L = 2\ \Omega$ 时，负载上获得的功率 $P_L = 1152\ \text{W}$；当负载 $R_L = 3\ \Omega$ 时，如图 6-47b 所示，负载上获得的功率 $P_L = 1200\ \text{W}$；当负载 $R_L = 4\ \Omega$ 时，如图 6-47c 所示，负载上获得的功率 $P_L = 1176\ \text{W}$。不难发现，仿真结果与理论推导一致。

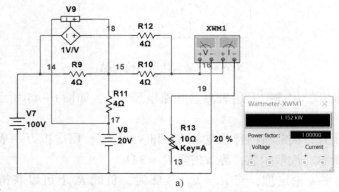

a)

图 6-47　改变负载 R_L 时功率 P_L 变化的仿真电路及结果

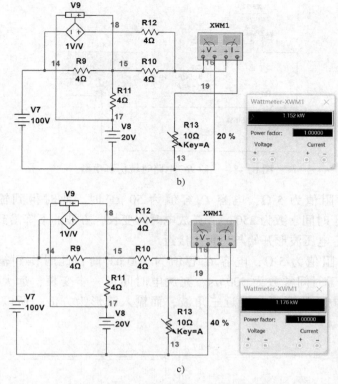

图 6-47   改变负载 R_L 时功率 P_L 变化的仿真电路及结果（续）

6.3.3   一阶动态电路的仿真分析

在第 3 章中我们学习了一阶动态电路的分析和求解，当直流电源突然加到动态元件上时，由于动态元件的储能性质，动态元件的电压或电流会以指数规律上升到恒定值；再将电源撤除时，动态元件又会通过电阻释放储能，动态元件上的电压或电流将以指数规律下降至零。前一阶段的响应称为零状态响应，后一阶段的响应称为零输入响应。现在我们设计一个最简单的一阶动态电路，即只有一个电容和一个电阻构成的电路，给这个电路通以方波信号作为激励源，讨论当元件参数发生改变时对零状态和零输入响应的影响。

仿真电路如图 6-48 所示，电路由可变电容和可变电阻串接而成，激励源选用函数发生器，设置幅度为 5 V，偏置为 5 V（即幅值为 10 V），频率为 1 kHz，占空比为 50% 的方波。将电容两端的电压作为响应信号接入虚拟示波器 Channel A，将激励源方波信号作为输入信号接入虚拟示波器 Channel B，改变可变电容和可变电阻数值，观测波形的改变。

当调节电阻 R_1 阻值为 5 Ω，电容 C_1 容值为 5 μF 时，此时得到输入/输出波形如图 6-49a 所示。由于时间常数为 25 μs，充放电时间很短，远小于方波的脉冲宽度，所以输出电容电压波形与输入方波波形非常接近。反之，若输出信号取电阻两端的电压，如图 6-49b 所示，可得输出电压在输入电压发生变化时产生跳变尖脉冲，此时电路具有微分功能。

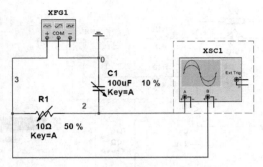

图 6-48　一阶 RC 电路时域仿真模型

当调节电阻 R_1 阻值为 5 Ω，电容 C_1 容值为 50 μF 时，此时得到输入/输出波形如图 6-49c 所示。由于时间常数为 250 μs，充放电时间变长，方波的下降沿到来时电容尚未充满电，所以输出电容电压波形开始与三角波接近。

当调节电阻 R_1 阻值为 5 Ω，电容 C_1 容值为 100 μF 时，此时得到输入/输出波形如图 6-49d 所示。由于时间常数为 500 μs，充放电时间进一步变长，远大于输入信号的脉冲宽度，输出电容电压波形更加接近三角波，而输入波形为方波，所以此电路可实现积分功能。

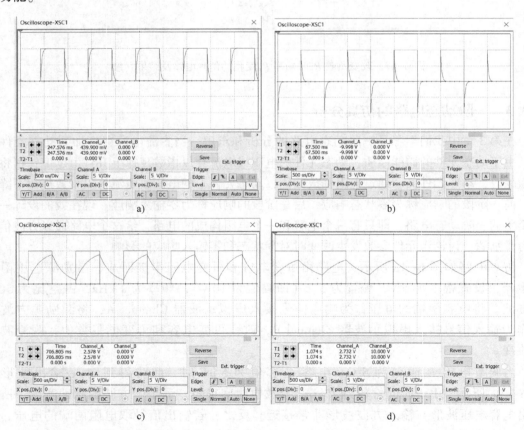

图 6-49　一阶 RC 电路仿真波形

进一步实验，将图 6-48 中的示波器换成波特图仪，如图 6-50 所示，观察一阶 RC 电路的频率特性。设置波特图仪起始频率为 1 mHz，终止频率为 1 GHz，可得幅频特性和相频特性曲线如图 6-51a、b 所示。从图中不难发现，一阶 RC 电路具有低通和相位滞后特性，其截止频率为 6.365 kHz。根据截止频率的定义可得

$$f_c = \frac{1}{2\pi RC} = \frac{1}{2\pi \times 5 \times 5 \times 10^{-6}} \text{ Hz} = 6365 \text{ Hz}$$

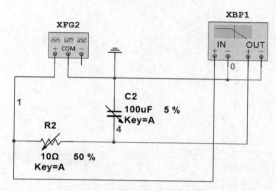

图 6-50 一阶 RC 电路频域仿真模型

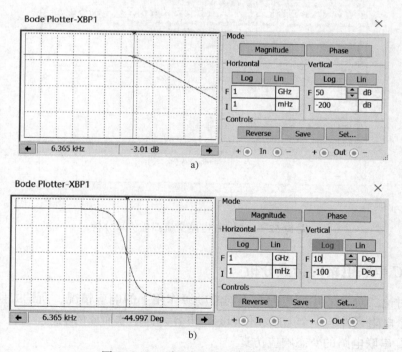

图 6-51 一阶 RC 电路频率特性曲线

因此仿真实验的分析结果与理论分析一致。除了使用波特图仪可以观测频率特性之外，还可以采用交流扫描分析方法（AC Sweep），频率参数选项采用如图 6-52a 所示的设置，输出选项选择输出变量为节点 4 的电压，可得交流扫描分析结果如图 6-52b 所示。

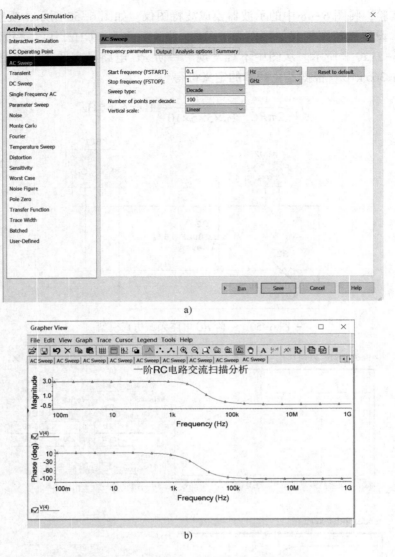

a)

b)

图 6-52　一阶 RC 电路交流扫描仿真分析

6.3.4　RLC 串联电路的仿真分析

本节将讨论二阶 RLC 串联电路在不同激励源作用下的响应情况，所谓二阶 RLC 串联电路是指由一个电阻元件、一个电感元件和一个电容元件串联而成的电路。

（1）RLC 串联电路的暂态响应仿真

当输入为直流激励源时，讨论二阶 RLC 串联电路的零状态响应，这时会有四种情况。第一种情况是 $R<2\sqrt{L}/\sqrt{C}$，此时电路的损耗电阻比较小，电路处于欠阻尼状态，因此充放电时电容两端的电压是以阻尼振荡的方式上升达到稳定值；第二种情况是 $R>2\sqrt{L}/\sqrt{C}$，此时电路的损耗电阻比较大，电路处于过阻尼状态，因此充放电时电容两端的电压单调上升达到稳定值；第三种情况是 $R=2\sqrt{L}/\sqrt{C}$，电路处于临界阻尼状态，此为过阻尼和欠阻尼的分界点；第四种情况是 $R=0$，电路处于无阻尼状态，电感和电容的储能相互交换而无损耗，因此电容两端的电压呈现出等幅振荡而无法稳定。下面分别对这四种情况进行仿真，仿真电路如图 6-53 所示。采用阶跃信号源作为电路的输入，在 1 ms 时产生一个幅值为 5 V 的阶跃信号，电感 $L_1=100$ mH，电容 $C_1=10$ μF，电阻 $R_1=0\sim300$ Ω 之间可调。选取暂态仿真分析方法，仿真设置如图 6-54 所示，初始条件选取零状态，起始时间为 0 s，终止时间为 50 ms，为了增加仿真精度，将最大步长设置为 $1e^{-6}s$，输出选择为电容电压和电感电流，即节点 2 电压和 L_1 电流。

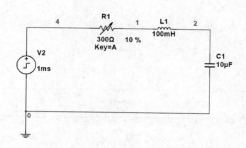

图 6-53　RLC 串联电路暂态仿真模型

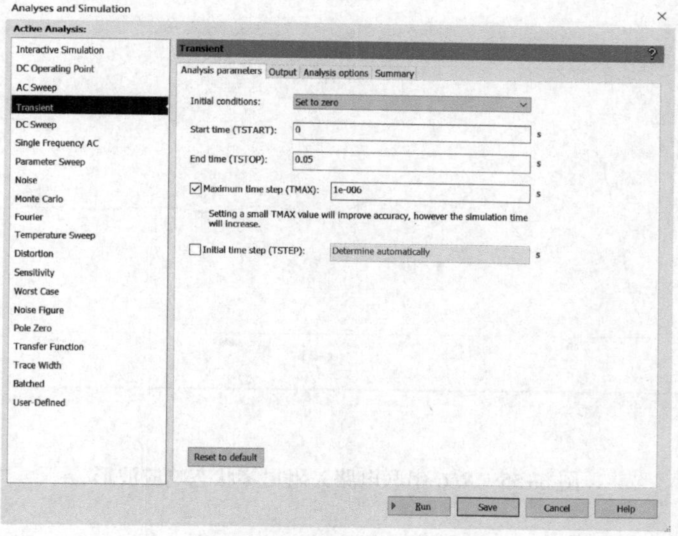

图 6-54　RLC 串联电路暂态仿真设置

设置完成后，单击 "Run" 按钮，得到仿真结果如图 6-55 所示。由于设置电阻值为 30 Ω，电路处于欠阻尼状态，可以看到电容两端电压如图 6-55a 所示，从 1 ms 起以阻尼振荡方式上升至 5 V；电感电流如图 6-55b 所示，从 1 ms 起以阻尼振荡方式回复至 0 A。

修改电阻阻值为 300 Ω，电路处于过阻尼状态，仿真结果如图 6-56 所示。从图中可以看到电容两端的电压如图 6-56a 所示，从 1 ms 起单调上升至 5 V；电感电流如图 6-56b 所示，电流从 1 ms 起快速上升到极大值，后单调下降到 0 A。

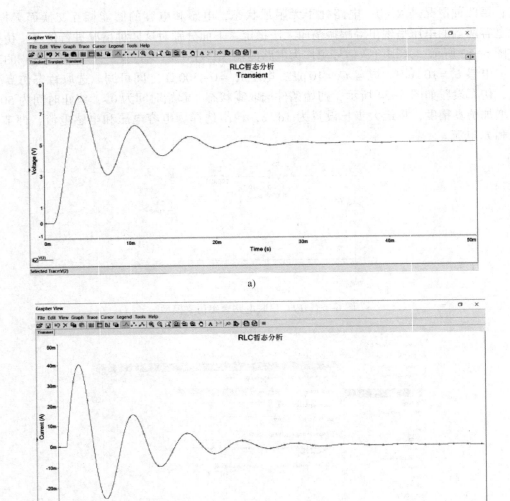

a)

b)

图 6-55   *RLC* 串联电路欠阻尼零状态响应波形

修改电阻阻值为 200 Ω，使电路恰好处于临界阻尼状态，仿真结果如图 6-57 所示。从图中可以看到电容两端的电压如图 6-57a 所示，从 1 ms 起单调上升至 5 V，但上升速度较过阻尼时更快；电感电流如图 6-57b 所示，电流从 1 ms 起快速上升到极大值，后单调下降到 0 A。

修改电阻阻值为 0 Ω，电路处于无阻尼状态，仿真结果如图 6-58 所示。可以看到电容两端的电压如图 6-58a 所示，从 1 ms 起开始以 5 V 为平均值进行等幅振荡；电感电流如图 6-58b 所示，从 1 ms 起开始以 0 A 为平均值进行等幅振荡。

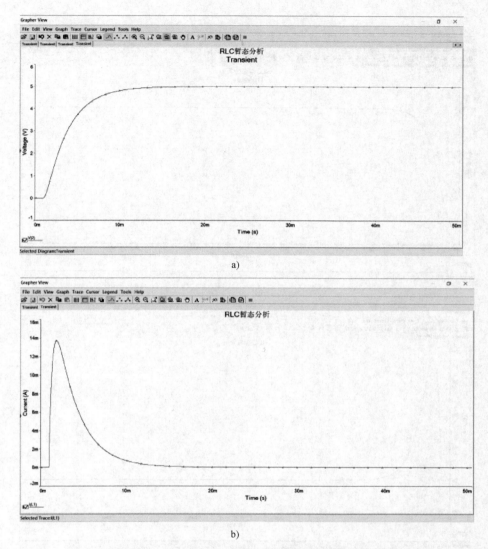

a)

b)

图 6-56　*RLC* 串联电路过阻尼电容电压零状态响应波形

（2）*RLC* 串联电路的正弦稳态仿真

在现今工程实际中，许多电工电子设备都工作于正弦交流信号下，例如生活中所用的市电、三相电动机、家用电器等，这些电路最关注的是正弦激励下响应的稳态分量部分，称之为正弦稳态分析。

下面就对 *RLC* 串联电路进行单一频率正弦激励下的稳态响应仿真，仿真电路如图 6-59 所示。将图 6-53 中激励源由阶跃信号换为有效值为 220 V、频率为 50 Hz、初相角为 0° 的正弦波，观察各万用表的示数如图 6-60 所示，可得各元件电压和回路电流的有效值，分别为：$U_{R1} = 102.247$ V，$U_{L1} = 21.484$ V，$I = 681.649$ mA，$U_{C1} = 216.278$ V。不难发现，各元件电压的有效值之和并不等于激励源的电压有效值，可见电路变量的有效值并不满足基尔霍夫定律。

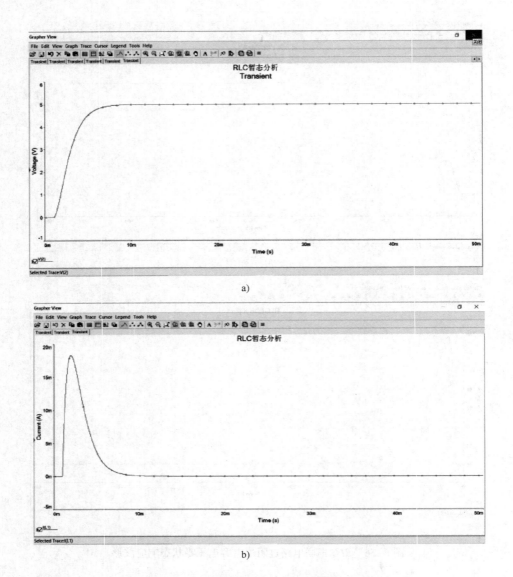

a)

b)

图 6-57 *RLC* 串联电路临界阻尼零状态响应波形

为了更进一步研究电路响应，还需要了解各元器件的电压、电流波形，将图 6-59 中的万用表换为双通道滤波器和电流测试探针，得到如图 6-61 所示的仿真模型。其中每个双通道示波器的 Channel A 连接显示各元器件的电压波形，而示波器的 Channel B 连接显示电流测试探针的测试结果。电流测试探针参数设置为 1 mV/1 mA，此时 Channel B 显示的电压波形就是 *RLC* 串联电路的电流波形。

首先观测的是电感元件的电压和回路电流波形，如图 6-62 所示，不难发现电感元件的电压比电流在相位上超前 90°。读取游标 1 和和游标 2 的示数（方框标注），电感电压最大值 $U_{L1m} = 30.205\,\mathrm{V}$，回路电流最大值 $I_{L1m} = 960.903\,\mathrm{mA}$。对照图 6-60 中电感电压和电流的有效值数值，结果吻合。

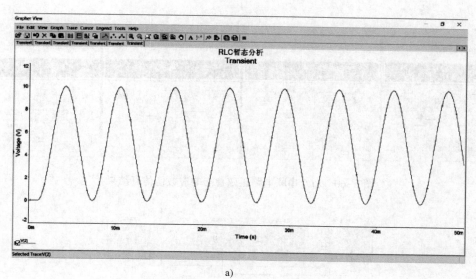

a)

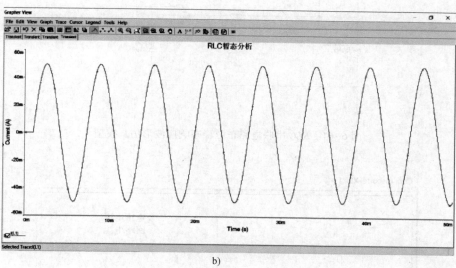

b)

图 6-58　*RLC* 串联电路无阻尼零状态响应波形

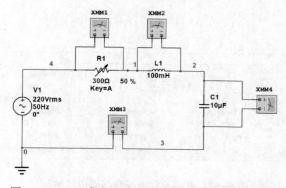

图 6-59　*RLC* 串联电路正弦稳态响应数值仿真模型

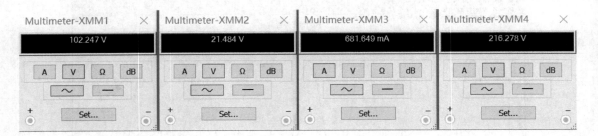

图 6-60　RLC 串联电路正弦稳态响应数值仿真结果

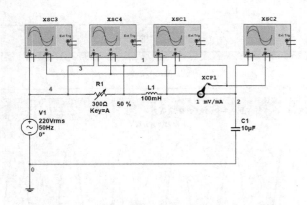

图 6-61　RLC 串联电路正弦稳态响应波形仿真模型

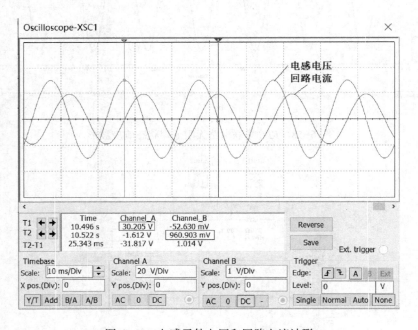

图 6-62　电感元件电压和回路电流波形

接下来观测的是电容元件的电压和回路电流波形，如图 6-63 所示，不难发现电容元件的电压比电流在相位上滞后 90°。读取游标 1 的示数（方框标注），电容电压最大值 U_{C1m} = 305.322 V。对照图 6-60 中电容电压的有效值数值，结果吻合。

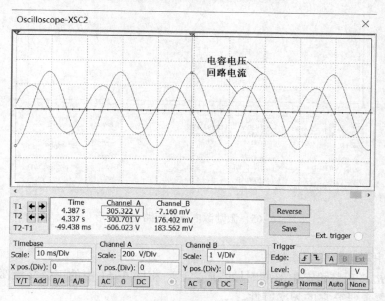

图 6-63　电容元件电压和回路电流波形

然后观测的是电阻元件的电压和回路电流波形，如图 6-64 所示，不难发现电阻元件的电压和电流同相位。读取游标 1 的示数（方框标注），电阻电压最大值 U_{R1m} = 144.256 V。对照图 6-60 中电阻电压的有效值数值，结果吻合。

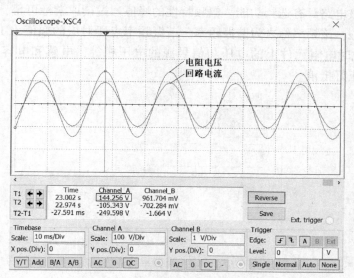

图 6-64　电阻元件电压和回路电流波形

最后观测的是激励源的电压和回路电流波形，如图 6-65 所示，不难发现激励源的电压波形相位滞后于电流波形，可见 *RLC* 串联后电路呈现容性。

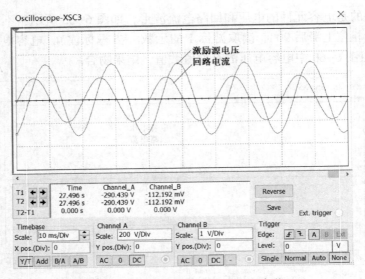

图 6-65　激励源电压和回路电流波形

（3）RLC 串联电路的频率特性

在分析了 RLC 正弦稳态电路的时域响应之后，将图 6-61 中的正弦交流激励源换为函数信号发生器，再来研究它的频率特性。

首先采用交互式仿真分析法，仿真参数按默认设置。用波特图仪观测频率特性，如图 6-66 所示，电感 $L_1 = 100\,\text{mH}$，电容 $C_1 = 10\,\mu\text{F}$，电阻 $R_1 = 150\,\Omega$，输入连接到函数信号发生器，输出连接到电阻 R_1 的电压，即节点 2 的电压。波特图仪的参数设置和频率特性如图 6-67 所示，图 6-67a 为幅频特性曲线，图 6-67b 为相频特性曲线，可见 RLC 串联电路的幅频特性反映了该电路具有选频功能。幅频特性的峰值通过读取游标可得，该峰值所对应的频率为 161.148 Hz，该频率称之为谐振频率。谐振频率点所对应的幅值为 1，相频特性曲线数值为 0，说明此时电阻元件上的电压与信号源的电压相等，电感和电容上的电压大小相等，方向相反，正好抵消。

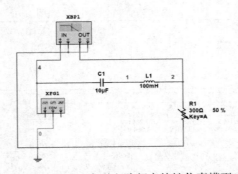

图 6-66　RLC 串联电路频率特性仿真模型

再采用交流扫描仿真分析法对其频率特性进行分析，如图 6-68 所示。当电阻 $R_1 = 150\,\Omega$ 时，频率特性曲线通过读取游标，谐振频率为 161 Hz，与交互式仿真结果一致。

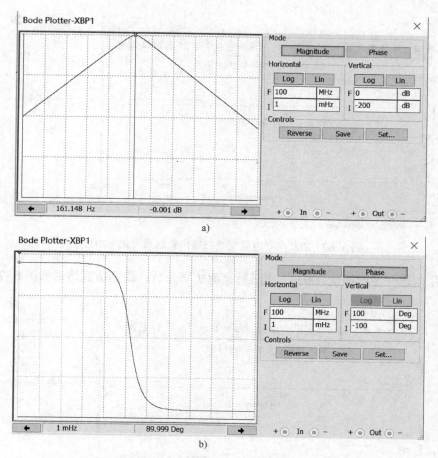

a)

b)

图 6-67 *RLC* 串联电路频率特性仿真结果 （$R_1 = 150\,\Omega$）

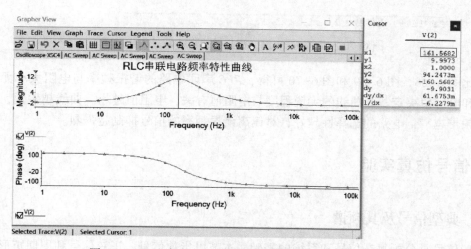

图 6-68 *RLC* 串联电路交流扫描仿真结果 （$R_1 = 150\,\Omega$）

将电阻 R_1 进一步减小至 $30\,\Omega$，再进行交流仿真分析，得到仿真结果如图 6-69 所示。

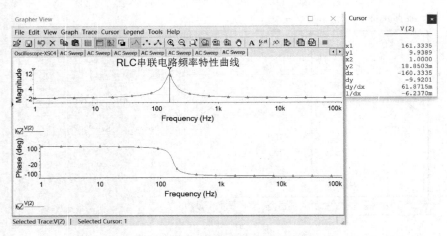

图 6-69　*RLC* 串联电路交流扫描仿真结果（$R_1 = 30\,\Omega$）

将电阻 R_1 进一步增加至 $300\,\Omega$，再进行交流仿真分析，得到仿真结果如图 6-70 所示。

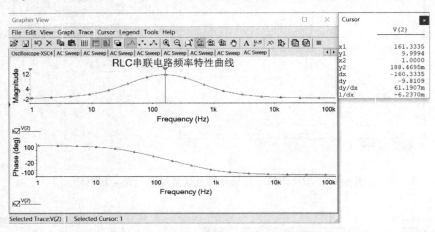

图 6-70　*RLC* 串联电路交流扫描仿真结果（$R_1 = 300\,\Omega$）

对比图 6-68、图 6-69 和图 6-70 可得，*RLC* 串联电路的谐振频率与电阻大小无关，仅由电感和电容值决定。而曲线的尖锐程度与电阻值有关，电阻值越小，曲线越尖锐，对应电路的通频带越窄，电路的选择性越好，对偏离谐振频率的信号抑制越强烈。

6.4　信号仿真实验

6.4.1　典型信号及其频谱

典型信号是分析复杂信号和系统的基础，本节以指数信号、正弦信号和周期矩形脉冲信号为例，分析这些信号的时域和频域特性。由于普通的函数信号发生器只能产生正弦波、三角波和矩形波，这里采用 Multisim 14 版本中自带的安捷伦信号发生器（Agilent function generator），可以从 "Simulate" 选项进入，如图 6-71 所示，其面板如图 6-72 所示。

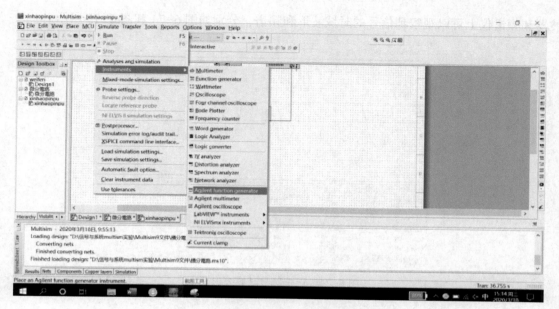

图 6-71 安捷伦信号发生器调用路径

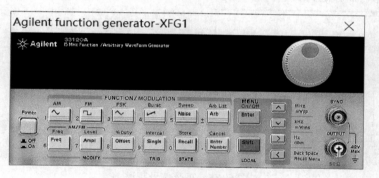

图 6-72 安捷伦示波器面板

信号时域波形和频谱观测电路如图 6-73 所示。

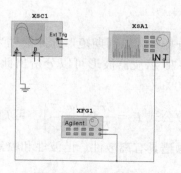

图 6-73 电路示意图

1. 正弦信号

在示波器面板上选择信号类型为正弦，设置正弦频率为 5 kHz，峰峰值为 4 V。分别在示波器和频谱仪上可以观察到信号的时域波形和频谱，分别如图 6-74 和图 6-75 所示。

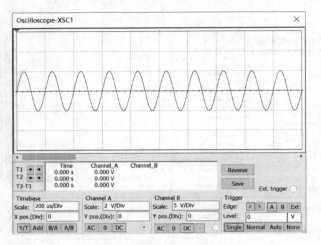

图 6-74　正弦信号时域波形图

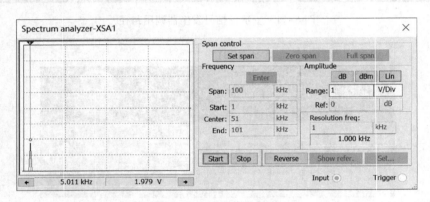

图 6-75　正弦信号频谱

由示波器的扫描时间为 $200\,\mu s/Div$，一个周期占用一格，可以计算出正弦信号的频率为 5 kHz，从频谱图上也可以验证。

2. 周期矩形脉冲信号

在周期信号的傅里叶级数分析中，以周期矩形脉冲信号为例讨论了其频谱的特点，此处通过频谱仪来观察。根据图 6-76 示波器波形可以分析出此时周期矩形脉冲信号的频率为 4 kHz，幅度为 4 V，占空比为 50%。

由周期矩形脉冲信号谱系数公式 $F_n = \dfrac{E\tau}{T}\mathrm{Sa}\left(\dfrac{n\omega_1\tau}{2}\right)$，可知其频谱包络为抽样信号，频谱出现在基波的整数倍频率上，频谱具有离散性、谐波性和收敛性。周期矩形脉冲信号频谱如图 6-77 所示。

3. 指数信号

指数信号是系统分析中的典型信号，因要通过示波器显示，此处为周期指数信号，其设置过程如下。

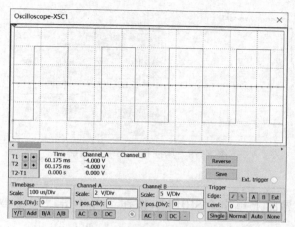

图 6-76　周期矩形信号时域波形

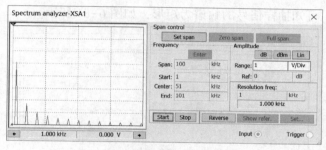

图 6-77　周期矩形信号频谱

1）单击"SHIFT"按钮，再单击"任意波（Arb）"，屏幕显示"SINC"，按键盘上的〈→〉键至屏幕显示"EXP_FALLE~"，按〈Enter〉键。

2）单击"SHIFT"按钮，再两次单击"任意波（Arb）"按钮，屏幕显示"EXP_RISE arb"，再按键盘上的〈→〉键，则屏幕显示"EXP_FALL arb"，按〈ENTER〉键进行保存。

3）设置波形的频率与幅度。

图 6-78 显示了频率为 500 Hz，峰峰值为 5 V 的周期衰减指数信号的时域波形，其频谱如图 6-79 所示。

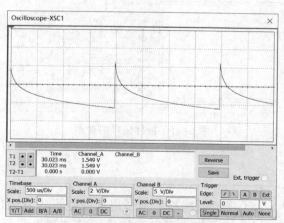

图 6-78　周期指数信号时域波形

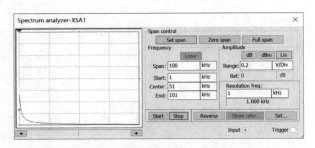

图 6-79 周期指数信号的频谱

4. 抽样信号

在信号发生器的界面上单击"SHIFT"按钮，再单击"任意波（Arb）"，屏幕显示"SINC"，设置频率和幅度，即可得到抽样信号 $\mathrm{Sa}(t)=\dfrac{\sin t}{t}$ 的波形，如图 6-80 所示。由傅里叶变换的对称性质，可知抽样信号的频谱为矩形，如图 6-81 所示。

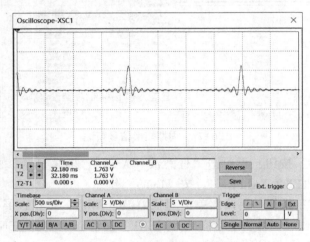

图 6-80 抽样信号的时域波形

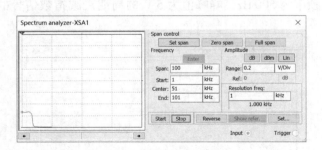

图 6-81 抽样信号的频谱

6.4.2 调制解调

在现代通信系统中，为了将较低频率的信号以无线电形式发送传输，需对信号进行调制。根据信号与系统的频域分析可知，发送端常采用的调制方法是将信号与 $\cos\omega_0 t$ 相乘，如图 6-82 所示。由傅里叶变换的频移性质可知，此时信号的频谱会移动 ω_0 个单位。

$$f(t)\cos\omega_0 t \leftrightarrow \frac{1}{2}\left[F(\omega+\omega_0)+F(\omega-\omega_0)\right]$$

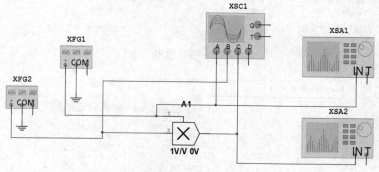

图 6-82　调制系统框图

利用两个函数信号发生器分别产生调制信号 $f(t)$ 和本地载波 $\cos\omega_0 t$，用示波器观测信号时域波形，用频谱分析仪观测信号频域波形，仿真电路如图 6-83 所示。

图 6-83　调制系统仿真图

设置信号发生器 1 输出的调制信号 $f(t)$ 为 4 kHz 的正弦波，信号发生器 2 输出的本地载波信号 $\cos\omega_0 t$ 的频率为 50 kHz，如图 6-84 所示。利用四通道示波器可分别观察调制信号、本地载波和调制结果的波形，如图 6-85 所示。

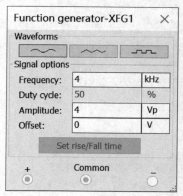
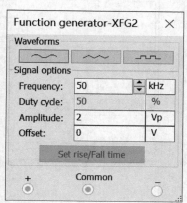

图 6-84　调制信号、本地载波信号设置

调用频谱分析仪 可观察调制信号和调制后信号的频谱，分别如图 6-86a、b、c 所示。图 6-86b、c 中分别标注出调制后信号的频谱中心出现在 46 kHz 和 54 kHz，符合理论分析结果。

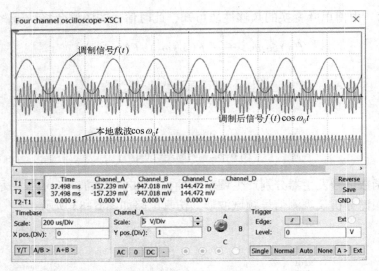

图 6-85　信号波形示意

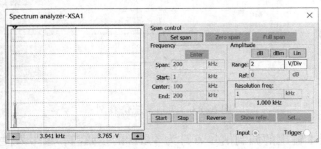

a)

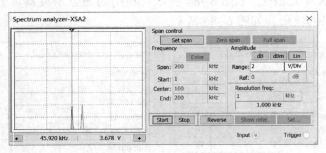

b)

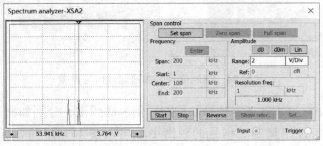

c)

图 6-86　调制前后信号频谱图

在系统接收端接收到调制后的信号 $f(t)\cos(\omega_0 t)$，需要从中恢复出原信号 $f(t)$。其处理过程与调制过程刚好相反，将信号从较高频率搬移到低频，采取的方法仍是信号与 $\cos(\omega_0 t)$ 相乘。结合前面分析可知，此时信号的频谱为

$$g(t)\cdot\cos(\omega_0 t)\leftrightarrow\frac{1}{2}\big[G(\omega+\omega_0)+G(\omega-\omega_0)\big]$$

$$=\frac{1}{2}\big[F(\omega+2\omega_0)+2F(\omega)+F(\omega-2\omega_0)\big]$$

从公式中可以看出，此时信号频谱中包含了原信号 $f(t)$ 的频谱 $F(\omega)$，只需要通过低通滤波器即可将原信号恢复出来，系统结构如图 6-87 所示，系统仿真电路如图 6-88 所示。

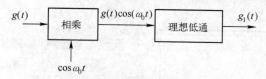

图 6-87　解调系统框图

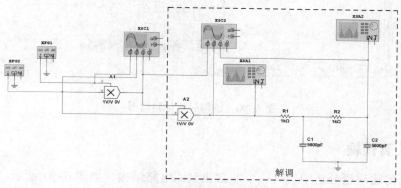

图 6-88　解调仿真电路图

打开四通道示波器 2，图 6-89 分别显示了 $g(t)$、$g(t)\cos\omega_0 t$ 以及恢复信号 $g_1(t)$ 的波形。从图中可以看出，经过低通滤波器恢复的信号 $g_1(t)$ 与原信号 $f(t)$ 的波形形状相同。$g(t)\cos\omega_0 t$ 以及恢复信号 $g_1(t)$ 的频谱如图 6-90a、b 所示。

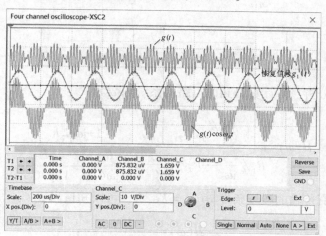

图 6-89　解调波形示意

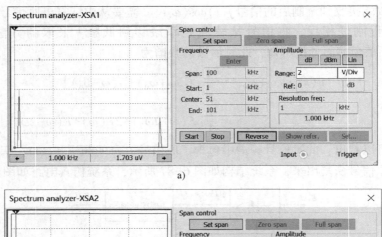

a)

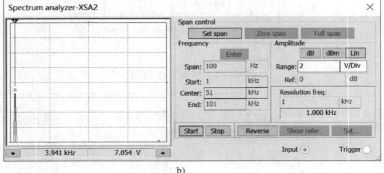

b)

图 6-90　解调后信号频谱图

6.4.3　无失真传输

在无失真传输理论分析中，有一个非常典型的电路结构，如图 6-91 所示。

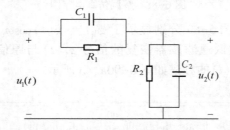

图 6-91　无失真典型电路

利用频域电路分析，可计算得到此电路的系统函数为

$$H(\omega)=\frac{R_2 /\!/ \dfrac{1}{j\omega C_2}}{R_1 /\!/ \dfrac{1}{j\omega C_1}+R_2 /\!/ \dfrac{1}{j\omega C_2}}=\frac{\dfrac{R_2}{1+j\omega C_2 R_2}}{\dfrac{R_1}{1+j\omega C_1 R_1}+\dfrac{R_2}{1+j\omega C_2 R_2}}$$

根据系统无失真传输的频域条件 $H(\omega)=K\mathrm{e}^{-j\omega t_0}$，可以知道当 $R_1 C_1=R_2 C_2$ 时，

$$H(\omega)=\frac{R_2}{R_1+R_2}$$

222

此时系统满足条件。

按照图 6-91，在 Multisim 中搭建仿真电路，其中 $C_1 = C_2 = 2200\,\mathrm{pF}$，$R_1 = 1\,\mathrm{k\Omega}$，$R_2$ 为可调电阻，阻值范围为 $0 \sim 5\,\mathrm{k\Omega}$。函数信号发生器产生一个频率为 $2\,\mathrm{kHz}$，幅度为 $2\,\mathrm{V}$，占空比为 50% 的方波。仿真电路如图 6-92 所示。

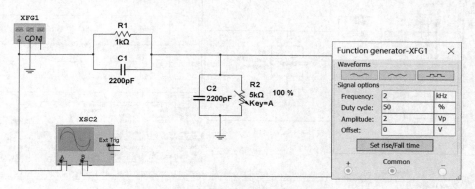

图 6-92　无失真系统仿真模型

当 R_2 的滚动条设置为 100%，即阻值为 $5\,\mathrm{k\Omega}$ 时，$R_1 C_1 \neq R_2 C_2$，可观测到输出波形与输入波形不一致，信号发生失真，如图 6-93 所示。

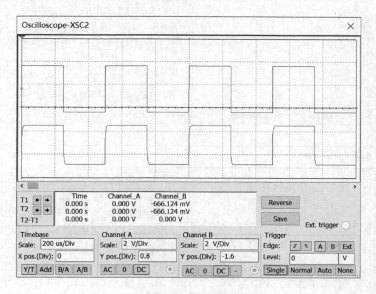

图 6-93　信号失真

由无失真条件可知，当 R_2 阻值为 $1\,\mathrm{k\Omega}$，即滚动条设置为 20% 时，输出信号应与输入信号形状一样，结果如图 6-94 所示。此时，可利用波特图仪来测量此时系统的幅频特性和相频特性，结果如图 6-95a、b 所示。

为了更加清晰地观测失真系统的频域特性，设置 $C_2 = 30\,\mathrm{\mu F}$，$R_2 = 100\,\mathrm{k\Omega}$，从示波器可以看出输出信号严重失真，如图 6-96 所示。观察此时系统的频域特性，幅频特性和相频特

223

性均不满足无失真条件，如图 6-97a、b 所示。

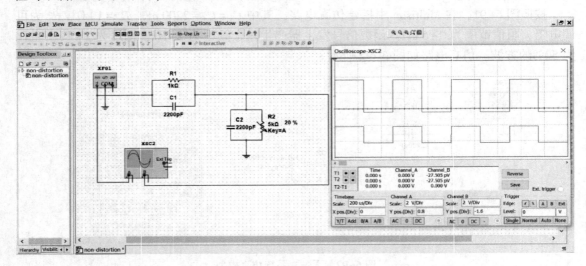

图 6-94 信号无失真

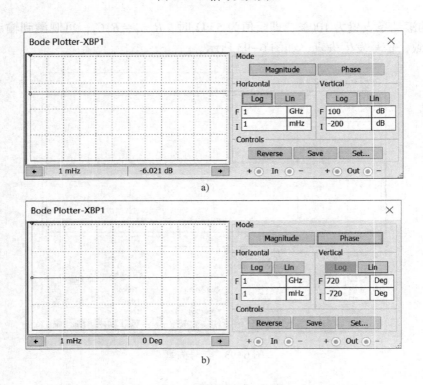

图 6-95 无失真系统频率特性

改变信号源中信号的类型、频率，调整电路中元器件参数，重复以上操作，均可获得与理论分析一致的结果。

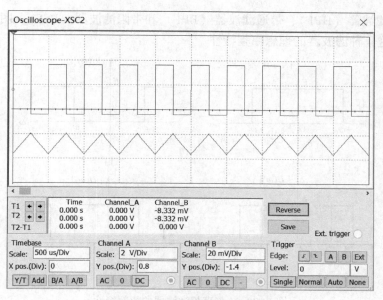

图 6-96　失真系统时域波形示意

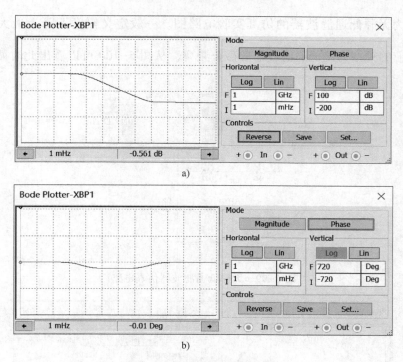

a)

b)

图 6-97　失真系统频率特性

6.4.4　滤波器

　　滤波器是由电容、电感和电阻组成的滤波电路,实现频率选择的功能。滤波器可以使信号中特定的频率成分通过,而极大地衰减其他频率成分。利用滤波器的这种选频作用,可以滤除干扰噪声或进行频谱分析。按所通过信号的频段范围不同,滤波器可分为低通滤波器

（LPF）、高通滤波器（HPF）、带通滤波器（BPF）和带阻滤波器（BSF）。图6-98a、b、c、d分别显示了这4种滤波器的理想幅频特性。

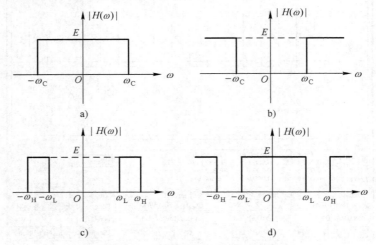

图6-98　4种理想滤波器的幅频特性

图6-99为无源低通滤波器的仿真实验电路图。一般定义幅度下降为最大值的$\frac{1}{\sqrt{2}}$，即−3 db时，对应的频率为该低通滤波器的截止频率，从图6-100可以看出此时截止频率约为10 kHz。

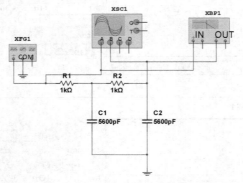

图6-99　无源低通滤波器仿真电路

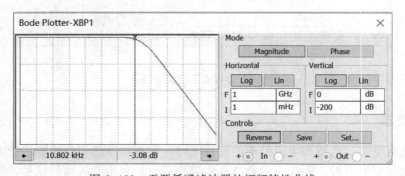

图6-100　无源低通滤波器的幅频特性曲线

设置信号函数发生器产生 10 Hz 的方波，由于截止频率远大于基波频率，此时能通过信号的 1000 次谐波，因此从示波器观察到输出端信号基本无失真，如图 6-101 所示。

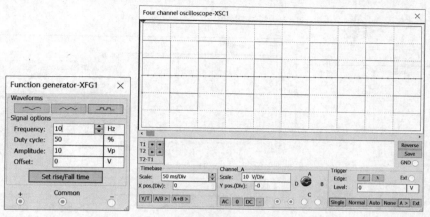

图 6-101　10 Hz 方波经过低通滤波器波形示意图

增大输入信号的频率为 1 kHz，此时信号 10 次以后的谐波会衰减，输出信号发生失真；继续增大输入信号频率为 15 kHz 时，信号严重失真。仿真结果分别如图 6-102a、b 所示。

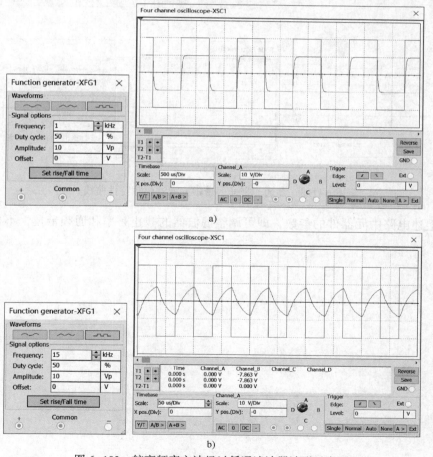

图 6-102　较高频率方波经过低通滤波器波形示意图

无源高通滤波器、带通滤波器和带阻滤波器的仿真电路和幅频特性分别如图 6-103a、b、c 所示。

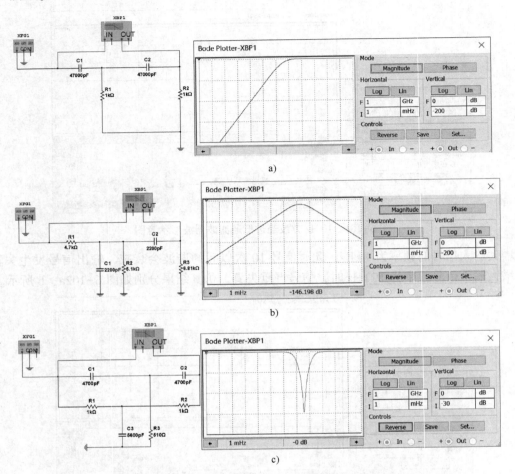

图 6-103　高通、带通、带阻滤波器幅频特性曲线

　　改变上述电路中元器件的参数，即可调整滤波器的截止频率和通频带宽，不再赘述。

参 考 文 献

[1] 刘景夏，胡冰新，张兆东，等．电路分析基础 [M]．北京：清华大学出版社，2012.

[2] 王松林，吴大正，等．电路基础 [M]．3 版．西安：西安电子科技大学出版社，2015.

[3] 李瀚荪．电路分析基础 [M]．4 版．北京：高等教育出版社，2006.

[4] 于歆杰，等．电路原理 [M]．北京：清华大学出版社，2007.

[5] 张永瑞．电路分析基础 [M]．4 版．西安：西安电子科技大学出版社，2017.

[6] FLOYD T L，等．电路分析基础系统方法 [M]．周玲玲，等译．北京：机械工业出版社，2016.

[7] 陈洪亮，田社平，等．电路分析基础 [M]．北京：清华大学出版社，2009.

[8] 史健芳，陈慧英，等．电路分析基础 [M]．2 版．北京：人民邮电出版社，2013.

[9] 刘陈，周井泉，于舒娟．电路分析基础 [M]．5 版．北京：人民邮电出版社，2017.

[10] 徐昌彪，管春，冯志宇，等．电路、信号与系统 [M]．北京：电子工业出版社，2012.

[11] 廖丽娟，武淑红，郝晓丽，等．电路与信号分析基础 [M]．北京：电子工业出版社，2012.

[12] 周井泉，于舒娟，史学军，等．电路与信号分析 [M]．西安：西安电子科技大学出版社，2009.

[13] 汪英，吴泳．电路与信号 [M]．西安：西安电子科技大学出版社，2011.

[14] 汪英，吴泳，刘军华．电路与信号基础 [M]．西安：西安电子科技大学出版社，2013.

[15] 苏开荣．电路与信号 [M]．北京：北京邮电大学出版社，2006.

[16] 吴大正．信号与线性系统 [M]．4 版．北京：高等教育出版社，2006.

[17] 张小虹．信号与系统 [M]．4 版．西安：西安电子科技大学出版社，2018.

[18] 燕庆明．信号与系统教程 [M]．2 版．北京：高等教育出版社，2007.

[19] 陈生谭，郭宝龙，李学武，等．信号与系统 [M]．西安：西安电子科技大学出版社，2001.

[20] 郑君里．教与写的记忆——信号与系统评注 [M]．北京：高等教育出版社，2005.

[21] 郑君里，应启珩，杨为理．信号与系统 [M]．3 版．北京：高等教育出版社，2011.

[22] 张建奇，张增年，陈琢，等．信号与系统 [M]．杭州：浙江大学出版社，2006.

[23] 岳振军，贾永兴，余远德，等．信号与系统 [M]．北京：机械工业出版社，2008.

[24] 陈亮，刘景夏，贾永兴，等．电路与信号分析 [M]．北京：电子工业出版社，2014.

[25] 王丽娟，贾永兴，王友军，等．信号与系统 [M]．北京：机械工业出版社，2015.

[26] OPPENHEIM A V，等．信号与系统 [M]．2 版．刘树棠，译．西安：西安交通大学出版社，2002.

[27] LATHI B L．线性系统与信号 [M]．2 版．刘树棠，王薇洁，译．西安：西安交通大学出版社，2006.

[28] 郑君里，应启珩，杨为理．信号与系统引论 [M]．北京：高等教育出版社，2009.

[29] 邱关源，罗先觉．电路 [M]．5 版．北京：高等教育出版社，2019.

[30] 张新喜．Multisim 14 电子系统仿真与设计 [M]．2 版．北京：机械工业出版社，2019.

[31] ALEXANDER C K．电路基础（原书第 6 版）[M]．段哲民，等，译．北京：机械工业出版社，2018.

[32] 吕波，王敏，等．Multisim 14 电路设计与仿真 [M]．北京：机械工业出版社，2016.

[33] 周润景，崔婧，等．Multisim 电路系统设计与仿真教程 [M]．北京：机械工业出版社，2018.

[34] 江明珠，周斌，丘学勇．信号与系统实验教程：基于 Multisim 的仿真与硬件实现 [M]．武汉：华中科技大学出版社，2018.

[35] 林凌，李刚．电路与信号分析实验指导书：基于 Multisim、Tina-TI 和 MATLAB [M]．北京：电子工业出版社，2017.